蛋鸡饲料配方设计

王继华　刘　伯　张伟峰　著

科　学　出　版　社

北　京

内 容 简 介

本书详细介绍了蛋鸡饲料配方设计技术和方法技巧，这些配方设计技术和方法技巧多是作者在科研或生产中实际使用过的。本书给出了大量实用饲料配方，供同行研究和模仿；本书还系统介绍了天气炎热时的夏季设计蛋鸡饲料配方的技术和通过饲料调控鸡蛋的质量等，供同行参考。

本书适合于蛋鸡营养与饲料专业科技工作者、饲料配方师、相应专业高年级大学生阅读，对于相关专业的年轻教师也有参考价值。

图书在版编目(CIP)数据

蛋鸡饲料配方设计 / 王继华，刘伯，张伟峰著. —北京：科学出版社，2015.7

ISBN 978-7-03-044690-9

Ⅰ.①蛋… Ⅱ.①王… ②刘… ③张… Ⅲ.①卵用鸡-饲料-配方 Ⅳ.①S831.5

中国版本图书馆CIP数据核字(2015)第124245号

责任编辑：王 静 李 迪 / 责任校对：郑金红

责任印制：赵 博 / 封面设计：北京铭轩堂广告设计有限公司

科 学 出 版 社 出版

北京东黄城根北街 16 号

邮政编码：100717

http://www.sciencep.com

中煤（北京）印务有限公司印刷

科学出版社发行 各地新华书店经销

*

2015 年 7 月第 一 版 开本：720×1000 B5

2025 年 1 月第六次印刷 印张：15 3/4

字数：308 000

定价：68.00 元

前　言

我国是蛋鸡养殖大国，商品代蛋鸡占世界存栏量的40%～45%，鸡蛋的年产量约有2000万t。在养鸡生产中，饲料投入占总生产成本的70%左右，所以提高养鸡经济效益的关键是使用物美价廉的配合饲料。目前专业化、工厂化生产的配合饲料，其技术含量高低主要取决于饲料配方，这是生产配合饲料的核心技术。由于行业竞争和科技进步，对配方师的技术要求越来越高。要从多种原料、多项指标、多个配方，设计出“营养全、消化率高、适口性好、体积适当、成本低、效益高”的最佳饲料配方，不仅需要营养学和饲料学知识，而且需要懂得饲料加工技术。

我曾在 2005 年出版过《鸡饲料配方设计技术》一书，十余年来，此书 3 次印刷，说明业界同行需要这类书籍。但十几年来，鸡的饲料营养研究有了很大发展，原书的很多内容都需要充实和修改。目前从事饲料配方设计的同行一般都是本科及以上学历，与十几年前的情况大不一样，仅仅停留在科普水平的内容显然已不能满足行业发展需要，这是促使我们编写此书的又一原因。限于篇幅，本书主要介绍蛋鸡饲料配方设计技术。

在此书完稿之际，对于多年来为本书的修改提出建议和意见的养殖界、饲料界同行表示衷心的感谢。限于作者的知识和技术水平，本书不当之处在所难免，恳望读者不吝赐教。我的电子信箱是hdwangjihua@126.com。

王继华

2015年3月1日

河北工程大学动物科学系

目　录

动物为维持生命及生长发育、繁殖和生产需要，每天必须采食一定数量的饲料。饲料中含有动物需要的各种养分，包括蛋白质、碳水化合物、粗脂肪、矿物质、维生素和水等。要提高动物生产和饲料转化效率，必须了解饲料养分对动物生存、繁衍和生产所起的作用。

目前蛋鸡一般是规模化饲养，所用饲料为配合饲料。配合饲料的质量主要取决于饲料原料、饲料配方和饲料加工。

饲料配方是否能达到设计目标的关键在于：对动物营养需要量的认识是否准确；对饲料原料的有效养分含量或生物学效价掌握的准确程度；对配合饲料加工储藏过程中养分损失的准确预测。所以这些研究是营养学、饲料学和配方师的首要目标。

1　鸡饲料营养基础

从人类认识的角度来看，人类对动物所需养分和饲料所含养分的认识过程是由粗到细、由简到繁。从动物本身来看，随着动物种类、性别、年龄、生理状态和生产性能的不同，其所需养分的种类和数量也有变化。

1.1　鸡的采食行为和采食量

1）鸡对食物的选择有先天和后天两个原因。虽然鸡味蕾较少，嗅觉不够发达，但是鸡还是能够根据色彩、味道或风味区别不同来源的饲料，特别是在可以选择食物时。鸡鉴别有营养的和有害的饲料不是从父母那里学来的，这不同于哺乳动物，现在集约化饲养的鸡不是父母带大的。

鸟类在很大程度上是根据视觉或饲料的外观来选择各种饲料或食物；拒绝或接受某一饲料是根据其颜色和外观。据报道，鸡最喜欢浅黄色玉米（yellow-white maize），其次是黄色玉米、橙色玉米，最后是橙红色玉米，鸟类只有很饿时才会采食红色、红蓝色和蓝色种子，很少采食黑色和绿色饲料。这与作者的经验不符，作者散养的鸡自己大量采食生长期的绿色牧草，如苜蓿，并且鸡的食欲很好，正如一些研究表明的，雏鸡偏爱与出壳后饲喂的饲料颜色相同的饲料。颜色可使鸟类避免采食产生疾病的饲料，所以饲料的颜色很重要。

据报道，鸟类拥有敏锐的味觉，可以根据甜、咸、酸和涩区别饲料，已经证明酸败和腐败可以减少鸟类对饲料的采食量。不同物种的家禽有不同的味觉歧视

(taste discrimination)，这好像是遗传差异。蔗糖溶液似乎是鸡偏爱的唯一糖类，这个偏好可用来防止鸡被饿死，这在雏鸡或鸡群疾病暴发时很有用。现有证据表明，大多数风味剂添加到家禽饲料中并不刺激饲料摄入量。

嗅觉对于鸟类来说可能不如哺乳动物重要，鸟类缺乏嗅探(sniffing)行为。参与控制采食量的因素有温度、黏度、唾液产量、水的渗透压、饲料的营养成分和饲料的毒性。

已证明鸟类具有一定程度的“营养智慧”(nutritional wisdom)或“特定的胃口”(specific appetites)，营养不良的饲料采食量较小。产蛋鸡有根据日粮能量水平调节采食量的能力，因此，根据饲料的能量水平调节其他营养物质的浓度非常重要。现代肉鸡似乎已失去了根据饲粮能量水平调节采食量的能力，另外，肉鸡似乎有能力选择饲料蛋白质以均衡采食，如果能自由选择饲料的话。

据报道，小麦和向日葵种子、大米、煮熟的土豆、马铃薯薄片和鲜鱼对鸡的适口性很好；燕麦、黑麦、稻谷、荞麦、大麦的适口性不好，除非经过培训；亚麻籽粕鸡似乎很不喜欢吃。

2)鸡的采食量由能量需要量决定，这是设计饲料配方的基础，也是考察竞争企业蛋鸡饲料档次的重要考虑因素。鸡的采食量取决于鸡群品种和遗传性能、饲料营养浓度和能量水平、鸡的年龄和体重、环境温度和空气流速、饲养管理方案和鸡舍设备等。

采食量受遗传影响，白壳蛋鸡的采食量小于褐壳蛋鸡。近年鸡的生产性能不断提高，但采食量下降了。褐壳蛋鸡育种公司推荐的饲养标准主要差别在于钙的需要量不同。同是褐壳蛋鸡，其采食量也有差别，例如，褐壳蛋鸡 18 周龄体重在 1475～1580g，耗料量在 6.3～6.8kg 内变异；白壳蛋鸡的采食量也有差异。不同育种公司发布的饲料采食量见表 1-1、表 1-2 和表 1-3，可供参考。

表 1-1　蛋鸡生长期的采食量　　(单位：g)

周龄	海兰褐		罗曼褐		伊沙褐		海塞克斯褐	
	体重	耗料	体重	耗料	体重	耗料	体重	耗料
1	70	13	75	11	65	11	60	10
2	115	20	130	17	120	17	120	21
3	190	25	195	22	200	25	200	26
4	290	29	275	28	285	32	280	31
5	380	33	367	35	380	37	360	35
6	480	37	475	41	470	42	440	39
7	590	41	563	47	560	46	520	43
8	690	46	685	51	650	50	600	46
9	790	51	782	55	740	53	680	49

续表

周龄	海兰褐		罗曼褐		伊沙褐		海塞克斯褐	
	体重	耗料	体重	耗料	体重	耗料	体重	耗料
10	890	56	874	58	830	57	760	52
11	990	61	961	60	920	61	850	54
12	1080	66	1043	64	1010	64	940	56
13	1160	70	1123	65	1100	67	1030	59
14	1250	73	1197	68	1185	70	1120	62
15	1340	75	1264	70	1270	72	1210	66
16	1410	77	1330	71	1355	75	1305	71
17	1480	79	1400	72	1440	78	1400	77
累计耗料		5775	—	5845	—	5999	—	5579

表 1-2 白壳蛋鸡的采食量 (单位：g)

发育阶段	谢弗 1 (Shaver1)	海蓝 36 (Hyline 36)	海蓝 98 (Hyline 98)	罗曼 (Lohmann)	宝万 (Bovan)
雏鸡	1099	1085	1141	350	931
生长期	2072	621	665	1258	1239
育成期	2702	2645	3241	3327	2023
预产期		860	980	1048	924
产蛋期		448			476
18 周龄前合计	5873	5659	6027	5983	5593

注：日粮能量浓度会影响采食量

表 1-3 褐壳蛋鸡的采食量 (单位：g)

发育阶段	谢弗(Shaver)	伊沙(ISA)	海蓝(Hyline)	罗曼(Lohmann)	宝万(Bovan)
雏鸡	600	840	1099		1148
生长期	2100	1694	966	1764	1351
育成期	3000	2758	3346	3577	2170
预产期	588	525	1163	1029	1015
产蛋期	600	480			539
18 周龄前合计	6888	6297	6574	6370	6223

注：日粮能量浓度会影响采食量

影响采食量的物理因素是饲料颗粒的粒径。已经证明，肉仔鸡根据饲料颗粒大小选择饲料，采食量最大的是 1.18～2.36mm 的颗粒。年龄大的鸡偏好颗粒大于 2.36mm 的饲料。

社会互作也影响鸡的采食量，已经证明单饲的鸡采食量小于群饲的鸡。

低温环境中提高日粮能量浓度有助于提高青年鸡 126 日龄体重，高温环境降低采食量，提高日粮能量浓度未必有效(表 1-4)。

表 1-4　温度对蛋鸡 18 周龄前生长和采食量的影响

温度及日糖能量浓度	126 天体重/g	饲料采食量/kg	代谢能采食量/Mcal①	蛋白质采食量/g
温度 18℃				
2.5Mcal ME/kg	1398	7.99	20.04	1330
3.0Mcal ME/kg	1434	6.98	21.07	1160
温度 30℃				
2.5Mcal ME/kg	1266	6.05	15.17	1010
3.0Mcal ME/kg	1218	5.19	15.69	870

①1Mcal=1000000cal，1cal= 4.184J；ME，代谢能

数据来源：Leeson and Summers，2008

1.2　鸡对饲料养分的消化吸收

饲料的消化(digestion)是为吸收(absorption)所做的准备，即通过机械的、化学的和微生物的途径降低饲料颗粒大小，同时也改变了饲料颗粒的溶解度(solubility)。鸡的消化道与其他非反刍物种如猪或人不同(图 1-1)。

(1)鸡对饲料的消化

饲料中养分在被动物利用前必须经消化过程。禽类没有牙齿，靠喙采食饲料，尖喙便于采食谷物种子，喙也能撕碎大块食物。饲料与口腔内的唾液混合，吞入食管膨大部——嗉囊中储存并将饲料湿润和软化，再进入腺胃。食物在腺胃停留时间很短，消化作用不强。禽类的肌胃壁肌肉坚厚，可对饲料进行机械性磨碎，肌胃内的砂粒更有助于饲料的磨碎和消化。禽类肠道较短，饲料在肠道中停留时间不长，所以酶的消化和微生物的发酵消化都比猪弱。未消化的食物残渣和尿液通过泄殖腔排出。

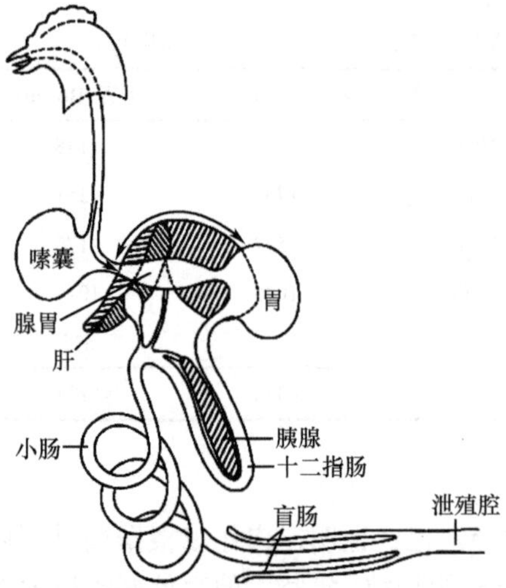

图 1-1　鸡的消化系统(Henry et al.，1933)

在消化过程中，大分子物质如蛋白质、脂肪和碳水化合物，通过化学方法包

括将一分子水加入化学键中被水解成简单成分。水解为消化作用的基本方式，需要借助肠道中各种消化酶的帮助来完成消化活动。

鸡消化饲料的主要部位是小肠。淀粉消化起自口腔，而后为嗉囊，在小肠完成消化作用，淀粉消化的终产物葡萄糖在小肠吸收；二糖、麦芽糖和蔗糖在小肠中消化成单糖。脂肪也在小肠中消化，但脂肪的消化需要由肝脏产生而储存在胆囊的胆盐存在才能进行，当食物进入肠道时就刺激胆囊释放胆汁。胰脂肪酶能将甘油三酯消化成脂肪酸和甘油单酯，再与胆盐交互作用形成微小分子(微胶粒)，从而将脂肪消化产物溶解以便吸收。蛋白质消化所需的酶较其他养分需要的多，因为水解蛋白质分子中的每一种特殊键都需要一种特殊的酶来作用，所有消化蛋白质的酶的作用，首先是将蛋白质分子分解成称为肽的小分子，然后分解成氨基酸，被动物吸收。含有2～6个氨基酸的寡肽常称为小肽，也能被动物小肠直接吸收，目前已知这种吸收方式具有重要的生物学价值。维生素和矿物质一般不需要消化，虽然维生素中有些化学键在饲料消化过程中被解散。消化产物在小肠吸收，是经由特殊转运系统自肠细胞膜穿过，将消化后的养分快速而完全吸收。

大肠内容物的移动较慢，没有消化酶加入。纤维素和未消化的物质在盲肠会发生一些微生物分解，但是消化作用有限。对纤维素的消化程度可能会随着鸡年龄的增加和饮食习性的不同而不同，因此，纤维饲料如苜蓿，对于鸡来说只有相对较低的饲料价值。剩余的可溶于水的营养物质在结肠被吸收。大肠内某些水溶性维生素和蛋白质合成的价值是可疑的，因为这部分肠道的吸收有限。大肠从肠内容物吸收很多的水，剩余的未消化的残渣形成粪便，然后与尿液混合通过泄殖腔排出。

(2) 细菌的消化作用

食物通过鸡的消化系统十分迅速，而微生物消化作用只发生在盲肠，盲肠内有许多细菌能消化纤维素、其他复杂碳水化合物和食物，但进入盲肠而进行消化作用的食物数量很少，仅为全部消耗食物量的小部分，对家禽来说盲肠中的消化作用不太重要。

(3) 消化后营养物质的吸收

饲料中营养物质在动物消化道内经物理的、化学的或微生物的消化后，再经消化道上皮细胞进入血液或淋巴的过程称为吸收。动物营养学上把消化吸收了的营养物质视为可消化营养物质。各种动物口腔和食道内均不吸收营养物质，非反刍动物的胃可吸收少量葡萄糖、小肽和水。各种动物吸收营养物质的主要场所为小肠，鸡吸收消化产物——单糖、氨基酸和脂肪酸的主要部位为小肠后段的空肠和回肠；反刍动物不同于非反刍动物的是，其瘤胃可吸收氨和挥发性脂肪酸，其余3个胃主要是吸收水和无机盐。高等动物可消化营养物质的吸收机制有胞饮吸收、被动吸收和主动吸收 3 种方式，主动吸收形式是高等动物吸收营养物质的主要方式。

在大多数禽类物种，整个消化过程需要 2.5～25h，与消化道的充满程度有关，或者说与饲料采食量有关。

1.3 动物的消化力与饲料的可消化性

饲料原料中的养分不是全都能被消化吸收的。为了测定有多少养分可被家禽利用，应进行消化率研究。虽然有多种试验方法可用来量化饲料的代谢能含量，但都属于平衡试验的类型，即测定所消费的能量和粪、尿中含有的能量。

饲料(feedstuff)被动物消化的性质或程度称为饲料的可消化性；动物消化饲料中营养物质的能力称为动物的消化力。饲料的可消化性和动物的消化力是营养物质消化过程不可分割的两个方面。消化率(the digestibility coefficient)是衡量饲料养分的可消化性和动物消化力这两个方面的统一指标，是通过消化试验(digestibility experiment)测定的，一般定义为饲料中消化吸收的养分占食入饲料养分的百分率，用来衡量饲料的有效性。

有许多因素可影响饲料养分的消化率，大致有动物(包括动物的遗传性能、性别、年龄、生理状态)、饲料(包括饲料种类、化学成分、饲料中的抗营养物质和饲料加工等)和饲养管理(包括动物环境、饲养水平等)3 个方面。同一饲料对不同遗传型或不同生理阶段的动物有不同的消化率；同一遗传型同一生理阶段的动物对不同饲料的消化率不同；同一遗传型同一生理状态的动物对同一饲料不同养分的消化率也不同，这是非常重要的、有实用价值的营养参数。

研究人员测量饲料中的养分量和粪便中的养分量(测量回肠中的养分量更准确)，两者之间的差别通常表示为百分比或相对数 1(1 代表完全消化)，是指养分被动物消化吸收的比例。目前各种饲料都有自己的一套独特的饲料消化率。也可以测定一种养分或者一个完整饲料原料的消化率。鸟类消化率测定比猪更复杂，因为其粪便和尿液是通过泄殖腔一起排出的。所以，有必要将粪便和尿液分开，通常是通过外科手术在鸡的结肠安装一个瘘袋(colostomy bag)来收集粪便。用该方法测量的消化率称为表观消化率(apparent digestibility)，因为粪便和回肠食糜含有肠道和相关器官分泌到肠道内的黏液性物质，也含有因为食糜通过而磨损脱落到肠道内的肠壁细胞，测定并校正了这些内源性损失(endogenous losses)后就是真消化率(true digestibility)。一般饲料数据库中列出的消化率是表观消化率，除非另有说明。

设计饲料配方时应当注意：饲料中蛋白质的表观消化率小于真消化率，因为计算表观消化率时把来源于消化道的代谢蛋白质、消化酶和肠道微生物等都视为未消化的饲料蛋白质，造成粪中排出的蛋白质的计算量与真实情况不符；饲料脂肪含量少，测定表观消化率易受代谢来源的脂肪和分析误差的影响，测定值有波动；饲料矿物质的消化率，更易受消化道来源的代谢矿物质循环利用的影响，所以矿物质应采用真实消化率。

有些饲料原料含有干扰饲料消化的物质，如抗营养物质，具体内容参见第2章。

1.4 肠道健康与免疫营养学

肠道健康是动物健康和生产性能的重要决定因素，肠道先天免疫系统对维持肠道健康至关重要。肠道是维持鸡体健康的一个非常重要的器官，直到最近人们才知道肠上皮细胞层不仅仅是一个简单的物理屏障，肠道除了吸收营养，防止不必要的物质和细菌的进入，肠内免疫系统在细胞免疫上还有重要作用。上皮细胞(enterocyte)和免疫细胞(immunocompetent cell)都是先天免疫系统的一部分，肠上皮细胞和肠道菌群的互作也扮演着重要角色。更重要的是，相对于全身免疫系统，肠道免疫系统是较大的黏膜免疫系统。

鸡在采食后，饲料会导致肠道发生“采食后的(小)肠低度炎症反应”(postprandial low-grade inflammation response)，它是身体的正常生理反应，反应强弱与饲料的能值、血糖指数(glycemic index，GI)和特定饲料组分(如脂肪酸)有关，如果不能严格控制炎症，就会对肠道本身造成极大破坏。血糖指数译作血糖生成指数可能更贴切，是指血液中的葡萄糖浓度增加速度与摄取食物中的碳水化合物的关系。高血糖指数的个体溶解碳水化合物较快，低血糖指数的个体溶解碳水化合物较慢。

在肠道发生采食后炎症时，肠上皮细胞、树突状细胞和巨噬细胞参与消除炎症反应(Wells et al.，2011)。此外，许多神经末梢的存在表明中枢神经系统也会参与其中，这从采食后炎症的情况中已经得到确认。因为肠道经常接触外来物质如饲料，所以身体发展出控制炎症和免疫性肠道系统就不足为奇了。鸡体通过神经反射控制抗炎作用，即抗炎反射(the anti-inflammatory reflex)，其中起关键作用的是迷走神经(图1-2)。然而，这种机制时时面临大量危险因素(如高能量饲料)，或者说，动物肠道健康经常面临着危险。一般检测肠道健康状况是不容易的，特别是家禽，因为没有合适的生物标志和检测方法。

过去一般是通过添加抗炎物质如抗菌生长促进剂(the antimicrobial growth promoter，AGP)来消除采食后炎症的。由于限制抗生素使用，需要研究其他材料和方法来对抗采食后炎症。目前可用的非抗生素抗炎剂主要是一些植物提取物。此外，还可以使用一些提高机体抗病力的添加剂，如酶制剂、酸化剂、微生态制剂等。再就是注意饲料原料的质量和配合饲料的营养平衡，尤其是酸碱平衡和离子平衡。

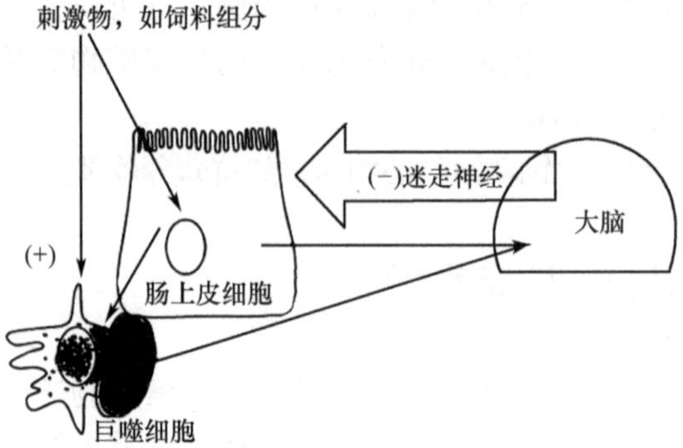

图 1-2　肠道抗炎反射示意图(据 Niewold，2013 改编)

饲料的组分可以刺激发炎(+)，刺激肠上皮细胞和巨噬细胞，导致产生促炎性白细胞介素(ILS)，并传达到大脑，大脑通过迷走神经，下达(−)调节信号

有关研究已经发展为一门独立的学科——免疫营养学，国内外已有专著出版，但是关于鸡的研究报道较少。

1.5　日粮电解质平衡

日粮中矿物质离子及其平衡影响家禽体内的酸碱平衡，进而影响家禽体内各种酶的活性与正常生理功能，从而影响家禽生产性能。在充分考虑日粮能量蛋白质平衡、氨基酸平衡(理想蛋白质模式)和钙磷平衡后，日粮电解质平衡的重要性逐渐受到重视。电解质平衡有助于提高营养物质的利用，充分发挥家畜生长和生产潜能。

王继华等(2012)曾对日粮电解质平衡的概念、饲料电解质平衡值的计算方法做过详细介绍，这里不再赘述。

1.5.1　日粮电解质平衡对家禽营养代谢的作用机制

通过长期进化，动物机体形成了复杂的电解质平衡调节机制，以维持体内的酸碱平衡、渗透压平衡。电解质平衡通过对体内酸碱平衡的影响而发挥作用，而酸碱平衡状态又是通过对体内微环境 pH 的影响而改变机体营养代谢的，同时体内某些酶又以电解质离子钾、钠、钙和镁等作为辅因子，电解质是酶正常催化活性必不可少的成分。所以，日粮离子水平及其平衡值的变化可改变体内酸碱状态，影响动物体内消化酶活性。机体内环境适宜时，各种酶处于高活性状态，可提高饲料养分利用率，提高饲料消化利用率和采食量；反之，日粮电解质不平衡，在一定范围内，机体可以通过自身调节作用来维持内环境平衡，但如果超出调节范围，机体正常平衡状态就会被破坏，各种酶和激素的活性就会降低，养分利用率和采食量则随之下降。

日粮电解质平衡还会影响氨基酸平衡。研究表明，细胞内高浓度钾离子是核糖体保持蛋白质合成过程所必需的。在日粮中添加高水平钠和钾的可代谢盐或有机酸盐，能降低精氨酸和赖氨酸间的拮抗作用，因为在赖氨酸与精氨酸的拮抗作用中，高赖氨酸影响精氨酸酶活性，从而使精氨酸分解增加，而金属阳离子可以提高赖氨酸氧化分解过程中L-赖氨酸-α-酮戊二酸还原酶的活性，从而使过量的赖氨酸部分分解，使赖氨酸与精氨酸比例趋于平衡。

正常生理状态下动物体液中的离子浓度见表1-5。

表1-5 动物体液中的离子浓度

动物	离子	浓度/(mEq/L)		
		血浆	红细胞	全血
猪	K^+	6	102	46
	Na^+	130	14	76
	Cl^-	<96	<56	<77
蛋鸡	K^+	55	116	45
	Na^+	134	18	109
	Cl^-	<122	<45	<103

1.5.2 日粮电解质平衡(DCAB)对家禽的影响

有体外产品的动物(如鸡)对DCAB最敏感。

1)电解质平衡对家禽生长的影响。日粮离子平衡状况是影响动物生长性能的主要因素之一。使用天然日粮或纯合日粮进行的试验证实，一般当日粮(Na^++K^+−Cl^-)为250mEq/kg时，家禽生长性能最佳。

2)电解质平衡对产蛋性能的影响。大量研究表明，饲粮电解质平衡会影响血液中阴阳离子比例，从而影响蛋鸡产蛋性能。据报道，电解质离子平衡值(DEB)过低(83mmol/kg和33mmol/kg)或过高(3193mmol/kg和418mmol/kg)都会降低蛋鸡的采食量和产蛋水平；饲粮含氯过多(2.13%)会严重降低鸡采食量和产蛋性能，不利于蛋壳钙化。也有试验证实，摄入高钠(0.52%)低氯(<0.12%)饲粮时，鸡采食量减少，产蛋率下降。有报道，DEB在137～245mEq/kg内，产蛋性能差异不大。饲粮钠为0.15%，氯含量为0.15%～0.60%时，65～72周龄蛋鸡的产蛋率、蛋重和饲料报酬差异不明显。一般规律显示，蛋禽的适宜生产日粮电解质平衡值为180～300mEq/kg。这说明，由于产蛋家禽处于成年期，机体内环境自我调节能力较强，可以忍受较严重的电解质失衡状态而不影响生产。

3)电解质平衡对蛋壳质量的影响。日粮电解质平衡是影响蛋壳质量的重要因素之一。蛋壳形成过程受日粮离子平衡及钙、磷代谢等多种因素的影响，日粮中过量的氯使蛋壳的强度和厚度均显著降低。据报道，在饮水中加入矿物质氯化钠250mg、氯化钾40mg，破裂蛋、软壳蛋增加1倍，在饮水中加入食盐200g/L、400g/L、600g/L，破蛋率从6.5%增加到10.4%、14.2%和18.9%。据报道，产蛋鸡以蛋壳强度和厚度为指标，钠和氯的最佳比例为1∶0.6。血液$NaHCO_3$的浓度与蛋壳质量呈正相关。在蛋鸡日粮中添加$NaHCO_3$能改善蛋壳质量，主要原因是$NaHCO_3$能导致血液中碱储增高和磷酸根的浓度降低，血磷浓度降低有利于改善蛋壳质量。试验证实，饲料中添加0.1%～0.5% $NaHCO_3$替代食盐，可减少蛋壳损失1%～2%。此外，日粮电解质平衡值也会明显影响蛋壳质量，DEB 过低(68mEq/kg)或过高(296mEq/kg)时，蛋壳变薄。当DEB在150mEq/kg以上时，蛋壳厚度随DEB上升而增加。提高饲粮钾含量(由 0.66%提高到 0.88%)，可改善蛋壳品质。一般蛋鸡在适宜生产的日粮电解质平衡值范围内，都可以保证蛋壳品质。

4) 电解质平衡对家禽腿病的影响。仔鸡胫骨短粗症(TD)属于代谢性疾病，多发于快速生长的肉仔公鸡，且病情发展迅速，对其病因研究发现，年龄、性别、遗传和环境及多种营养因素均与胫骨短粗症发病率有关。就营养因素来说，多种矿物质都可以单独或综合影响发病率，离子平衡是重要病因之一。当日粮氯离子过多，而又没有相应的钾、钠离子平衡时，TD的发病率增高。硫酸根加剧TD病情；高氯和高磷的摄取也导致发病率提高；高镁日粮可以降低由高氯和高磷导致的高发病率。有研究表明，饲粮钠、钾供给量影响肉鸡TD的发生率，而且与饲粮钙、氯水平相关；饲粮钙、钠或钾含量升高，TD发生率下降；在饲粮钠水平较低时，只有饲粮钾和氯含量均高时才有降低TD的作用。有报道，当饲粮氯含量高(0.36%)时，高水平有效磷(0.65%)导致肉仔鸡TD发生率显著增加。饲粮中以氨基酸盐酸盐和氯化钙形式存在的氯化物含量过高，会降低鸡胫骨中灰分含量。有报道，当DEB为200～400mEq/kg时，最高的TD发生率(＞20%)在DEB=200mEq/kg组；而最低的TD发生率(＜3%)在EB=400mEq/kg组；有人以等摩尔的硫酸盐取代对照组日粮的碳酸盐，结果试验组TD发病率明显升高，比较分析得到的结论是，影响TD发病率的不是硫酸根浓度的升高，而是酸碱平衡因素。对于酸碱平衡影响TD发病率的机制观点不一，但多数观点是日粮中阴阳离子比例的变化改变了体内酸碱平衡状况，从而影响了TD发病率，随DEB的上升，TD的发生率呈下降趋势。

5) 日粮电解质平衡的应用。为保证家禽机体电解质平衡，必须使饲料中最重要的电解质钠、钾、氯的含量充足，比例平衡。可以使用重碳酸盐、碳酸盐、铵盐等氯化钠以外的电解质，这样既可以避免单纯使用氯化钠造成的钠少氯多，又可以保证电解质平衡值达到最佳。具体做法是：首先将饲料中氯的含量用氯化钠补充充足，钠不足的部分再由碳酸氢钠补充；钾可以碳酸钾、氯化钾形式添加；氯可以用氯化铵或氯化钾形式补充。总之，为充分发挥家禽营养潜力和健康状态，在设计饲料配方时必须考虑饲料电解质平衡。

6) 当按照公式 ($Na^{+}+K^{+}-Cl^{-}-S^{-}$) 计算饲料的电解质平衡时，添加赖氨酸盐酸盐 (lysine-HCl) 的同时也添加了氯，添加蛋氨酸 (甲硫氨酸) 时就多加了硫，少用大豆则钾减少，所以现有的配合饲料对鸡来说比较倾向于酸性，而碳酸氢钠不含氯，这也许是很多试验报道添加碳酸氢钠提高蛋鸡生产性能的主要原因。

1.5.3 饲料的酸结合力

通常将饲料对胃酸的影响定义为饲料的酸结合力，即 100g 饲料水溶液中，用 1mol/L 盐酸滴定，当 pH 下降到 4 时所消耗的盐酸量，也称为该饲料的系酸力。系酸力高的日粮可大量中和胃酸，使肠道 pH 升高，影响鸡体健康。几种原料的酸结合力为：脱脂奶粉 3.07，小麦 8.99，酵母 30.10，豆粕 50.68，鱼粉 60.38，全脂奶粉 66.37，矿物质预混料 1260.50。

不同原料系酸力水平不同，如乳清粉、脱脂奶粉等系酸力较低。为了维持日粮的系酸力，日粮乳清粉含量高时，需添加酸化剂的量较小，甚至不添加也不影响饲料消化率；而豆粕、鱼粉等系酸力较大，食入后使胃内 pH 迅速上升，只有在饲料中添加大量酸化剂才能维持胃内适宜酸度。

1.6 鸡的营养代谢性疾病

营养不良可导致营养代谢病。蛋鸡的营养代谢病有很多报道，如张乃生(2005)的《畜禽营养代谢病防治》。这里以啄癖、异食癖和尿石症等最常见营养代谢病为例简介于下。

1.6.1 啄癖

大群养鸡，特别是高密度饲养，常出现鸡相互啄羽、啄肛、啄趾、啄蛋等恶癖，其中啄羽最常见。鸡发生啄癖如不及时防范和制止，即会迅速在全群中蔓延发展，造成严重的经济损失。

啄羽常见于产蛋高峰期和换羽期，也见于雏鸡。其主要原因是饲料中的微量元素不全面，含硫氨基酸、叶酸、胆碱和 B 族维生素缺乏。此外，突然更换饲料种类、限制饲养不当和患体外寄生虫病等也是发生啄羽癖的诱因。

啄肛常见于开产鸡，通常在小母鸡开始产蛋几天后发生，大概与其体内激素变化有关，产蛋后子宫脱垂或产大蛋使肛门撕裂，也会导致啄肛。啄肛也见于发生腹泻的雏鸡，诱因是肛门带有腥臭粪便。

啄蛋主要是饲养管理不当造成的钙、磷或蛋白质不足等因素所致，常伴有薄壳蛋或软壳蛋。

啄趾常见于雏鸡，由饥饿导致。采食拥挤或小鸡找不着食物会啄自己或相邻鸡的脚趾。啄冠、啄髯多见于公鸡间争斗，啄鳞多见于脚部被外寄生虫侵袭而发生病变的鸡。

引起啄癖的原因很多，主要包括饲养管理、营养、疾病、品种等方面。

(1) 饲养管理不当

①温度过高，造成鸡体内热量散失受阻，而使鸡烦躁不安引起鸡互啄。②湿度过大或过小。太干燥或太潮湿的环境和垫料使鸡感到不适，应激发生啄癖。③鸡舍通风不良，氨气、硫化氢、二氧化碳等有害气体过多，破坏鸡生理平衡，导致鸡烦躁不安，紧迫及采食量下降；紧迫本身对某些营养成分的需要增加，再加上采食量减少，势必造成养分缺乏。④饲养密度过大，料槽、水槽不够导致采食及饮水不足。⑤光照强度过大，尤其是产蛋初期，强烈光照使蛋鸡肛门紧缩而导致微血管破裂出血，引起啄肛。⑥不同笼位、不同群、不同日龄、不同颜色或强弱不同的鸡混养。⑦换羽期，鸡自啄解痒造成出血引起啄斗。⑧环境突变或外界惊扰，如防疫、驱虫、转笼等。⑨产蛋箱不足。⑩断喙不当。目前预防啄癖最有效的方法就是断啄。⑪换料不当会导致养分不足，产生鸡只啄羽和互啄。

(2) 品种原因

土种鸡和蛋用品种性情好动，易发生啄斗行为；早熟母鸡，比较神经质，易产生啄癖。

(3) 疾病

①感染慢性或亚临床疾病，尤其是消化道疾病，如白痢、球虫病，会阻碍养分吸收，营养成分吸收受阻时导致鸡只啄羽。②体表寄生虫病、母鸡病原性或生理性脱肛、外伤时，极易引起啄癖。

(4) 饲料营养不合适

①饲用颗粒料比粉料易引起互啄。②蛋白质含量过低和蛋白质品质差，氨基酸不平衡及消化吸收利用率低；含硫氨基酸不足；赖氨酸不足；蛋白能量比不合理。③缺乏矿物质。日粮中的常量元素钙、磷缺乏或比例失调；缺乏钠和钾；硫酸铜含量过高会引起鸡只对胱氨酸的需求增加，而胱氨酸是羽毛生长的主要氨基酸；铜、铁、锌、锰、硫、硒等微量元素缺乏或比例失当；食盐缺乏或不足是诱发啄羽、啄蛋、啄肛的重要原因。④维生素，如维生素A、硫胺素、核黄素、生物素、泛酸等缺乏，会引起啄趾等。⑤粗纤维缺乏。粗纤维过多，会导致鸡，尤其是雏鸡消化不良，严重时造成消化道阻塞，但粗纤维缺乏时，肠蠕动不充分，易引起啄羽、啄肛等。⑥饲料质量低劣，发霉变质。黄曲霉毒素 B_1、T-2 毒素等

会影响鸡只营养吸收及羽毛发育；维生素 B_2、维生素 B_6 和维生素 B_{12} 缺乏、外界寄生虫侵扰，患其他慢性肠炎而造成营养吸收差等都可导致啄癖。

(5) 防治啄癖的营养措施

在饲料配方设计方面主要考虑以下几点。①提供完善的平衡日粮。②配方中粗纤维含量不要低于 2.5%。③根据不同阶段设计合理的蛋白能量比，同时改变蛋白质及氨基酸比值，特别是含硫氨基酸比例。在换羽、长翼羽、尾羽期间，适当加大含硫氨基酸比例，或在日粮中添加 0.5%生石膏(硫酸钙)或硫酸钠(芒硝)，增加叶酸、胆碱、钙、磷。④钙、磷等矿物质及其他微量元素和盐一般不会缺乏，可提高盐含量到 0.45%。⑤某些维生素缺乏(如维生素 B_1、维生素 B_6 等)也会引起互啄，许多厂家在设计配方时往往添加有足够量维生素，但为什么又会出现缺乏呢?这在很大程度上与维生素储存与使用方法不当有关。例如，在夏天，未用任何降温设施而储存两三个月以上，与氯化胆碱、微量元素、酸化剂、抗氧化剂、防霉剂等物质混合后而不及时使用，使得大量维生素被破坏。⑥不要单独使用豆粕作蛋白源，以免导致鸡体内性激素(雌酮)变化，引起啄斗。在配方中可适当添加动物性蛋白质饲料如血粉、鱼粉、蚕蛹粉等，或加入合成蛋氨酸、赖氨酸各 0.1%。⑦补喂砂砾，提高消化率。可从河砂中选出坚硬、不易破碎的砂石，雏鸡用小米粒大小，成鸡用绿豆粒至黄豆粒大小。

1.6.2 异食症

异食癖是指鸡采食一些不能食用的东西如粪便、垫草、破布、玻璃碎片等。导致鸡发生异食症的原因主要是日粮配合不当、营养缺乏，以及患严重寄生虫病和消化道疾病。鸡群一旦发生异食症要及时查找原因：一是查看鸡群密度是否过大，舍内光照是否过强，湿度是否过高，空气是否新鲜，通风是否良好；二是查看鸡群是否患有疾病，特别是是否患有寄生虫病和消化道疾病，肠道吸收功能是否良好；三是查看日粮的配合是否平衡和全面。根据查找的原因，给予相应改进，以消除鸡群异食症。

1.6.3 尿石症

在蛋鸡青年期后期至开产初期往往发生肾功能障碍，导致如尿路结石等问题，在试验条件下尿石症可造成 0.5%的死亡率。传染性支气管炎也常见这类症状。尿石症最常见的诱因是日粮矿物质不平衡。鸡死后，一个肾脏往往含矿晶，称为结石。结石经常由尿酸钠钙组成。

尿石症发生严重的是未成熟的小母鸡喂食高钙日粮直到产蛋期。例如，当母鸡从 10～12 周龄(相对成熟是在 18～19 周)饲喂蛋鸡日粮。然而，没有迹象表明开产前 2～3 周引入产蛋鸡日粮可以致病。

日粮矿物质不平衡易形成尿酸盐，缺水时尿酸盐难以排出。鸡群给予高蛋白质日粮时尿酸排泄可增加一倍。因为尿酸胶体携带负电荷，它们吸引阳离子如 Na^+，所以当这些阳离子多余时，就会增加尿酸盐排泄。有证据表明，Na^++K^+失衡时 Cl^- 水平影响肾功能。当日粮 Na^++K^+相对于 Cl^-过量时，就会有小部分鸡发生尿石症。可能这种鸡排泄的尿碱性更强，有利于矿物沉淀和尿酸盐形成。如前所述，尿路结石多见于性成熟前饲喂高钙水平日粮。在开产前 2～3 周喂 4%～5%的钙通常是没问题的，而令人惊讶的是，成年公鸡饲喂高钙日粮很少形成结石。日粮蛋白质含量高会增加血中尿酸水平，可能有利于尿酸的形成。

2　鸡的营养需要

2.1　鸡的能量需要

(1) 能量的度量单位

卡(cal)是指在 101.325kPa 的恒定压力下，将 1g 无空气的水从 14.5℃加热到 15.5℃所需的热量。准确的全称应为克卡(gram-calorie)。各种能(energy)的形式都可转变成热能，所以过去营养学者都习惯用热单位来表示能的量。“卡”，英文缩写为“cal”，1000 卡称为 1kcal(kilo calorie)，缩写成 kcal，1000kcal 称为 1 兆卡(maga calorie)，缩写为 Mcal。焦耳(joule)是指 1kg 质量的物体在力的方向上移动 1m 所做的功。换言之即用 1 牛顿的力把 1kg 质量的物体在力的方向上移动 1m 所需的能量，简称为“焦”。1N 是加在质量为 1kg 的物体上使之产生 $1m/s^2$ 加速度的力。

在动物营养学范畴，1984 年前用“卡(cal)”为单位表示能量，1984 年以后我国国家标准规定，统一改用“焦(J)”(或焦耳)为单位表示。焦与卡的换算关系为：1cal=4.184J，1kcal=4.184kJ，1Mcal=4.184MJ，1J=0.2388cal，1kJ=1000J，1MJ=1000kJ。

(2) 代谢能

饲料中的总能减去粪能和尿能(反刍动物和马等还要减去甲烷能)后的能值，称为代谢能(metabolizable energy，ME)。通常对甲烷能、代谢性粪能、内源性尿能忽略不计，所以又称为表观代谢能(apparent metabolizable energy，AME)，表观代谢能减去代谢性粪能及内源性尿能即为真代谢能(true metabolizable energy，TME)，有种种测定方案，可更进一步反映饲料的生理能值。通常未加注解的代谢能值即表观代谢能。用常规方法测定猪饲料中的表观代谢能时需粪、尿严格分离，分别测定，但禽类粪便和尿液一起排泄，所以在许多国家的家禽营养需要量常用代谢能作为计量标准。用鸡体沉积或分解的蛋白质氮来校正代谢能值，校正值称为氮校正代谢能(MEn)。

通过这些方法获得的代谢能是表观代谢能，因为粪中丢失的能量并非全部来自饲料，而是还有来自肠道和相关器官分泌的消化液、肠细胞脱落和内源性尿分泌物(endogenous urinary secretion)。真代谢能就是校正了这些损失后的代谢能。饲料研究人员已经测定了有关饲料的 AME 和 TME 并且用于饲料配方设计。

精确测定内源性损失很难。大多数饲料的 MEn 值相当于 TME 值(NRC，1994)，但是对于某些饲料原料，MEn 与 TME 值有实质差别，如米糠、麦麸。因此 NRC(1994)建议，在设计饲料配方时，针对这些原料，不应不加区别地互换 MEn 值与 TME 值。大多数报道的饲料 MEn 值是用小母鸡测定的，而 TME 值是用成年公鸡测定的。确定不同年龄家禽的 ME 值与 TME 值的研究很少报道。

代谢能的估计：不同动物对饲料的消化利用能力不同，所以同一饲料用于不同动物时的代谢能不同。NRC(1994)介绍了一些用饲料化学成分估计 ME 的方程，是表观代谢能(AME)，单位是 kcal/kg 饲料或 MJ/kg 饲料。实践中还可根据有关公式估计饲料代谢能(毛一鹏等，2002)：

能量饲料 $ME=4.184\times(-0.036337X_1+0.091\,893X_2-0.062\,025X_3+0.047\,236X_4-0.085\,197)$ $(R^2=0.81)$

动物性蛋白质饲料 $ME=4.184\times(0.029\,266X_1+0.085\,202X_2+0.096\,512)$ $(R^2=0.91)$

植物性蛋白质饲料 $ME=4.184\times(0.042\,431X_1+0.080\,297X_2-0.038\,323X_3+0.041\,593X_4-0.671\,555)$ $(R^2=0.66)$

青绿饲料 $ME=4.184\times(0.016\,889X_1+0.024\,867X_2-0.004\,568X_3+0.018\,602X_4+0.009\,494)$ $(R^2=0.95)$

上述公式中，ME 是代谢能(MJ/kg)；X_1、X_2、X_3 和 X_4 分别代表饲料中粗蛋白质、粗脂肪、粗纤维和无淡浸出物的百分含量。

在必需养分含量适宜的情况下，家禽以最大限度满足其 ME 需要作为决定采食的前提，即日粮 ME 浓度决定采食量，这是设计饲料配方的起点，也是确定日粮中必需氨基酸(EAA)、矿物质及维生素浓度的基础。日采食量高时，主要养分浓度可低些(如冬季，或生长后期和产蛋后期的蛋鸡，但必须保持营养的全价性)；日采食量低时，主要养分浓度应高些(如高温季节，或雏鸡、产蛋高峰期的蛋鸡)。一般杂粕型日粮的采食量较高，要防止日粮粗蛋白质(CP)过高而 ME 不足，此时宜添加酶制剂(或益生素)、氨基酸。随着日粮能量浓度增加，采食量下降，日粮中大多养分的浓度应按比例增加。

与经典的 NRC 及其他权威机构制订的营养需要量标准相比，我国单胃动物，尤其是蛋鸡和肉鸡配合饲料存在的普遍问题是能量水平相对偏低，而 CP 水平相对偏高(或蛋白质能量比偏高)，既浪费能量和蛋白质，同时又降低了动物生产性能。蛋白质能量比偏高的主要表现是动物采食量偏大、生产性能低(如产蛋率低而不稳、生长动物日增重偏低、被毛粗糙等)、饲料利用率低(如料肉比或料蛋比高)、代谢疾病增加(如蛋鸡的脂肪肝、痛风等)、产蛋结束时淘汰鸡体重偏小和羽毛少。在保证氨基酸需要量的前提下，添加油脂和复合酶制剂，降低配合饲料 CP 含量是纠蛋白能量比偏高的主要技术措施。

(3)净能

净能(net energy)是饲料代谢能减去热增耗(反刍动物还要减去发酵热)后的能值。热增耗(HI)主要由消化道微生物发酵热耗和养分新陈代谢所需热增耗两大部分组成，是动物机体内食入饲料后不可避免的损耗。净能一般根据消化能或代谢能计算。

为使读者了解各种能量间的数量关系，这里给出产蛋鸡摄入 1kg 饲料中的能量在不同阶段消耗的大致量。在 1kg 含有 4000kcal 能量的饲料中，有 2900kcal 可被母鸡用于代谢，约 2300kcal 能量用于维持、产蛋和组织生长。这个数量关系可用图 2-1 表示。

总能 4000

↓–粪能 800

消化能 3200

↓–尿能 300

代谢能 2900

↓–食后体增热 600

净能 2300=维持净能 1500+产蛋净能 800

图 2-1 产蛋鸡摄入 1kg 饲料中的能量(Mcal)在不同阶段消耗的量

(4)蛋鸡的能量需要量

任何生命活动都是在能量支持下进行的。一般认为，每天每只动物采食的能量一般相对稳定。饲粮中的能量浓度低时采食量增加，能量浓度高时采食量减少，这就是动物“为能而食”的假说(图 2-2)。

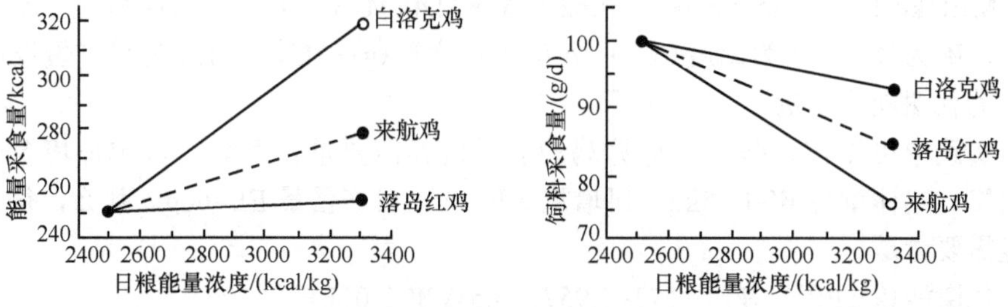

图 2-2 日粮能量浓度对采食量的影响

动物调节每天能量采食量的能力并不很精确。例如，饲料能量浓度高时蛋鸡会采食较多能量，导致体脂肪增加，影响产蛋性能。更重要的是，动物调节每天能量采食量的能力有限。当饲料中能量浓度过低时，虽然动物会尽量增加采食量以企图摄取足够能量，但由于消化道容积有限，动物消化能力也有限，仍有可能得不到足够的能量。这就会导致动物分解体组织以满足生存或生产需要，久而久之会降低生产性能和机体健康水平（表 2-1）。

表 2-1 日粮能量浓度对 0～20 周龄鸡生长和养分采食量的影响

日粮能量浓度/(kcal ME/kg)	20 周龄体重/g	能量采食量/Mcal	蛋白质采食量/kg
2650	1320c	20.6c	1.40a
2750	1378bc	21.0bc	1.37a
2850	1422ab	21.8ab	1.37a
2950	1489a	22.1ab	1.35ab
3050	1468a	21.4abc	1.26c
3150	1468a	22.5a	1.29bc

注：全部日粮 18% CP，0.36%蛋氨酸和 0.9%赖氨酸，同列数字后不同字母表示差异显著（$P<0.05$）

数据来源：Leeson and Summers，2008

一般认为，饲料中能量浓度只能在一定范围内变化，否则会影响动物生产性能和健康水平。例如，蛋鸡配合饲料中，代谢能含量在 11.08～12.13MJ/kg 内变化时，每日能量采食量大致不变；10.8MJ/kg 时已略显影响；低于 10.8MJ/kg 时就显著降低每天的代谢能采食量。但 Leeson 和 Summers（2008）认为日粮代谢能浓度低限是 2.5Mcal/kg，约 10.5MJ/kg，这是玉米豆粕型日粮的结果，如果使用杂粕，能量浓度低限会有所升高。

鸡能量采食量与体重、产蛋率和环境温度的关系为

NRC（1994）：

$$代谢能(kcal/天)=W^{0.75}(173-1.95T)+5.5\Delta W+2.07EE$$

巴西（2011）：

$$MEI(kcal/天)=115.5\times W^{0.75}+7.62\times\Delta W+2.4EM+3\times W^{0.75}\times(21-T)$$

式中，W 为体重；T 为温度（℃）；ΔW 为日增重（g）；EM 和 EE 为日产蛋量（g）；MEI 为代谢能采食量。

实践中可以按这些公式计算鸡的能量营养需要量。例如，假定环境温度为 T=21℃，鸡体重为 W=1.75kg，日增重 ΔW=0g，日产蛋量 EE=60g。那么，每天代谢能需要量是

$$\begin{aligned}代谢能(kcal/天)&=W^{0.75}(173-1.95T)+5.5\Delta W+2.07EE\\&=1.75^{0.75}(173-1.95\times21)+0+2.07\times60\\&=200.9+124.2\\&=325.1(kcal/天)\end{aligned}$$

如果上例产蛋率为 80%，其他情况不变，也就是体重=1.75kg，蛋重=60g，产蛋率=80%，临界温度=21℃，不生长，那么：

代谢能(kcal/天)$=W^{0.75}(173-1.95T)+5.5\Delta W+2.07EE$

$=1.75^{0.75}\times(173-1.95\times21)+0+2.07\times60\times0.8$

$=200.92+99.36$

=300.28(kcal/天)

同理可以计算出产蛋率=70%时每天的代谢能需要量:

代谢能(kcal/天)$=W^{0.75}(173-1.95T)+5.5\Delta W+2.07EE$

$=1.75^{0.75}\times(173-1.95\times21)+0+2.07\times60\times0.7$

$=200.92+86.94$

=287.86(kcal/天)

可以看出，维持需要量不变，只是产蛋需要量在改变。所以生产上高产蛋鸡维持需要量所占的比例小；换言之，从生物学角度考虑，低产鸡群的饲料大部分用于维持鸡群生命；从经济学角度考虑，当鸡群饲养的经济效益为零时就需要淘汰了。

如果日粮能量标准是 2850kcal/kg，那么，产蛋率 100%时需要的日采食量为 325.1/2.85=114.1(g)；产蛋率为 80%时的日粮采食量需要 300.28/2.85=105.4(g)；产蛋率为 70%时日采食量需要达到 287.86/2.85=101(g)。

如果日粮能量标准是 2650kcal/kg，那么，产蛋率 100%时需要的日采食量为 325.1/2.65=122.7(g)；产蛋率为 80%时的日粮采食量需要 300.28/2.65=113.3(g)；产蛋率为 70%时日采食量需要达到 287.86/2.65=108.6(g)。

按照同样的方法，可以计算出不同的日粮能量水平、鸡采食量与产蛋率的关系，如表 2-2 所示。

表 2-2 蛋鸡采食量(g)与日粮能量水平和产蛋率的关系推算

产蛋率/%	100	90	80	70	60	50
代谢能需要量/kcal	325	313	300	288	276	263
饲料代谢能浓度/(kcal/kg)						
2850	114	110	105	101	97	93
2800	116	112	107	103	98	94
2750	118	114	109	105	100	96
2700	120	116	111	107	102	98
2650	123	118	113	109	104	100
2600	125	120	115	111	106	102

饲料原料中能量的测定：将动物放置在标准环境中，测量某种原料释放出的总能量，减去一定数值为消化能或代谢能，测量前全面分析动物所食用饲料的各种营养成分，在已知其他营养成分含量满足正常代谢要求的前提下进行测定。但

是实际上原料当中的能量常不能被充分利用，例如，能量高时一部分被储藏在体内，造成浪费；蛋白质高时一部分蛋白质被脱掉氨基排出体外，造成浪费；饲料成分变异系数不达标；其他原因影响到能量物质的吸收和利用(如粗纤维含量，动物代谢过程中体内的酸碱和电解质平衡等)。所以经常出现，尽管配方中设计的能量够了，但动物还是表现为能量摄食不足的情况。动物体内代谢所需能量不足常见表现是：采食量增加，产蛋率降低，高峰维持时间缩短，均匀度不好控制。

在饲料能量水平、鸡的生理状态和饲养管理条件都相同时，鸡的采食量呈正态分布，饲养标准给出的是期望的能量采食量。设计饲料配方使用的饲养标准一般是单位质量的饲料所含的能量水平，蛋鸡饲养标准一般使用代谢能，前已述及，蛋鸡饲料的代谢能浓度不能低于 10.8MJ/kg。饲养标准中的其他养分都要根据日采食量/能量水平来确定其浓度，所以常有“其他养分都需要与能量成比例”之说。因此，确定日粮能量水平最重要。

某些药物(如氯霉素、呋喃唑酮等)对雏鸡的采食量有明显影响，从而阻碍雏鸡生长发育。因此，在雏鸡培育时应注意选择有效且刺激性小的药物，采取合理的途径和合适的剂量正确使用。

许多蛋鸡养殖者在育成期注重成本，降低日粮营养水平，结果预产蛋鸡体重低，蛋重小，双黄多，发病多，开产晚，产蛋高峰期短甚至没有高峰期，死淘率增加，产蛋周期缩短。

2.2 蛋白质的营养需要

(1)粗蛋白质

粗蛋白质(crude protein，CP)是常用于表示饲料中蛋白质含量的一种指标，一般用饲料中含氮化合物中的总氮量与 6.25 的乘积来表示，因为一般蛋白质含氮 16%。

(2)日粮蛋白质

日粮蛋白质含量并非越高越好。长期以来，蛋白质的重要性导致了生产实践中的一个严重误区：蛋白质越高越好。究其原因，是人们对动物营养和饲料的认识很肤浅，被一些貌似科学的试验结果所迷惑。早期曾有很多试验报道，蛋白质含量高，鸡的产蛋量也高，其实是当时设计的配合饲料营养不平衡。目前对于蛋白质的认识，有了很大进步，明确知道了鸡饲料中蛋白质含量“过犹不及”，过量的蛋白质需要鸡体消化、吸收、排泄等一系列消耗生理功能的代谢过程。蛋白质供给过剩不仅浪费，而且因需消化分解和排出它们而加重肝和肾的负担，严重时会导致肝脏结构和功能损伤，最终导致机体蛋白质中毒，即酸毒症。所以一般饲养标准都规定相应动物的蛋白质需要量。

目前很多理念强势冲击着营养界思路，如“蛋白质营养实际上就是氨基酸营养”，于是，目前又有走向另一个误区的趋势：很多人报道“低蛋白质日粮”的优点，以至于最近出版的NRC猪营养需要量(2012年第11版)给出的氮推荐值过低(王继华等，2014)，而更甚的是，美国养猪协会(卓越公司)推荐的《猪营养指南(NSNG)》(2010版)根本就没有推荐蛋白质需要量。实际上，日粮蛋白质过低，鸡体就会动用必需氨基酸甚至动用限制性氨基酸来合成非必需氨基酸，这不仅浪费了昂贵的必需氨基酸资源，提高了鸡饲料成本，而且，机体利用必需氨基酸合成非必需氨基酸是一个消耗鸡体生理功能的代谢过程。目前有大量研究表明了小肽营养的重要性。

(3)小肽

从理论上讲，按照饲料蛋白质的氨基酸含量和比例，完全用人工合成的氨基酸配合饲料应该能达到与用天然蛋白质饲料相同的效果。但研究结果表明，当饲料完整蛋白质水平降到一定程度时，添加人工合成氨基酸不能达到与天然饲料相同的效果。

这归因于小肽的营养效应。小肽营养理论是对理想氨基酸模型的重要补充。蛋白质在动物消化道的终产物中除氨基酸外，还有一些寡肽，尤其是小肽(2～6个氨基酸残基组成)，可以被肠道完整吸收进入血液循环，进而被组织利用。动物性蛋白质、豆饼在动物肠道中形成的可溶性蛋白质氮(寡肽)含量高，玉米蛋白则低。饲喂植物性蛋白质饲料、氨基酸平衡较差的蛋白质(小麦蛋白、玉米蛋白粉)时，空肠中则以游离氨基酸为主；氨基酸平衡的蛋白质易产生数量较多的小肽，劣质蛋白质则产生大量的游离氨基酸和少量分子质量大的肽片段。与游离氨基酸相比，小肽营养具有两大特点：第一，主动吸收，吸收速度快，耗能低，并且可以避免游离氨基酸之间的吸收竞争，进而提高动物生产性能。第二，小肽具有额外的生理或药理活性，可提高机体的免疫功能。

(4)全面考虑营养需要量

纵观关于动物营养需要量的试验研究报道，常常是只考虑少数几个指标，为了便于理解，现举出一个极端的例子，只考虑日粮蛋白质对鸡产蛋率的影响。如果某些限制性氨基酸不足，就会表现出蛋白质越高产蛋率越高的结果；反过来，如果限制性氨基酸超量供给，就会表现出蛋白质越低产蛋率越高的试验结果。

不少试验考虑的营养指标看似不少，实际上也可质疑或商榷。例如，基于“理想蛋白质模型”或“理想氨基酸模型”设计的配合饲料，甚至对于不同品种、不同性别、不同生长阶段、不同生理状态的鸡分别按照相应的“理想蛋白质模型”或“理想氨基酸模型”设计日粮，这并不等于这个试验就考虑了那么多的限制性氨基酸指标，因为这个“理想氨基酸模型”基本上是依赖于一个指标——赖氨酸，来确定其他限制性氨基酸的水平，所以这类试验可以说只考虑了“理想氨基酸模型”一个指标，更何况，到目前为止，并没有哪个理想氨基酸模型被证实是完全合理的。

退一步讲，即使营养需要量试验研究考虑了能量、蛋白质和必需氨基酸，也还远远不够，因为矿物质、维生素和纤维素等也不可忽视。这涉及营养需要量试验设计技术，关于动物营养需要量的试验研究结论都是基于一些特定的试验结果，在这些特定试验状态下，使得某些性能指标达到某个要求的“最佳营养供给量”或“最佳营养需要量”。这些“最佳营养需要量”是相对最佳，是除了假定观测指标外，其他未观测指标都处于最佳状态，这就是问题的根源所在。不妨用一个变量 y 表示动物生产性能，用 x_i 表示影响动物生产性能的各种因素，i=1，2，…，n，那么很显然，y 是依变量，x_i 是自变量，y 与 x_i 的关系可用一个统计模型表示为

$$y=f(x_i,\ i=1,\ 2,\ \cdots,\ n)+\mathrm{e}$$

只有考虑全部自变量 x_i 都处于最佳状态，依变量 y 的最佳状态才是“相对最佳”。

为什么仍然加上“相对”二字？因为对动物的“反应规范”所知甚少。在目前的认知上，最佳未必是真的最佳，这只需要回顾一下动物营养学的发展历史就可明白。那些权威的动物营养需要量标准为什么不断修订，不断改版？因为人们对动物营养需要量的认知在不断进步。在一个生产-市场系统中最佳的营养需要量，在另外一个生产-市场系统中未必最佳。全部自变量 x_i 的最佳状态，只是目前生产-市场系统中人们认知的最佳状态，随着科学技术的进步，人们的认知定会进步，生产-市场系统也会变化，目前的最佳状态定会改变。人们对动物营养需要量的认知不断进步的过程，就是动物营养学不断发展的过程，这是认识论、方法论的基本原理。

虽然关于动物营养需要量的研究很复杂，而理解和利用动物营养研究成果相对简单。设计饲料配方的配方师，有必要了解动物营养需要量的研究方法，有必要准确理解动物营养需要量的研究结论，只有这样，才能成为设计饲料配方的高手。

(5) 蛋白质消化率

蛋白质消化率反映蛋白质被动物消化吸收的比例，常以吸收的氮占食入氮的百分数(%)来表示，称为表观消化率。若从粪便中扣除因肠道上皮细胞脱落等产生的内源氮，则所得结果称为真消化率。

影响饲料消化率的主要因素有饲料品质，动物物种、品种、年龄、生理状态，饲养管理等。饲料品质因素包括：①蛋白质种类。例如，羽毛粉的粗蛋白质含量可达 86%，但消化率仅 25%；豆粕含粗蛋白质约 46%，消化率为 90%。②粗纤维水平影响蛋白质消化率。③粉碎粒度。④加工方式。例如，加热过度的豆粕其蛋白质消化率下降。⑤蛋白酶抑制因子。例如，生大豆含蛋白酶抑制因子，降低大豆蛋白质的消化率。⑥非蛋白氮，猪、鸡等不可利用。

以蛋鸡饲料为例，一般高峰及后期饲料中蛋白质含量为 16.5%～17.5%，日采食量约 120g，日总采食蛋白质量约 20g。对产蛋鸡来说可忽略不计体内蛋白质存

留量。日产蛋量为55g时，折算成干蛋白质为5g；蛋白质转化率实际为25%，约有75%的蛋白质被排出体外或被转化成其他成分。

(6)蛋鸡对蛋白质的需要量

从析因法考虑，动物对蛋白质的需要可以分解为维持需要和生产需要两部分。不同动物对蛋白质的需要量不同。动物对蛋白质的需要量随动物物种、品种、生长发育阶段、生理状况、生产性能、产品品质等而变化，环境温度过高或过低时也影响动物的蛋白质和氨基酸需要量。

为保持营养平衡，在设计饲料配方时必须根据能量水平调整蛋白质和氨基酸水平，各种氨基酸占粗蛋白质的比例应保持不变，这对白来航鸡和产蛋火鸡特别合适。

白来航鸡维持最佳产蛋性能每天需要大约18g粗蛋白质。详细地讲，一只中等体重的蛋鸡每天维持需要粗蛋白质7g，产一枚中等大小的蛋约需要14g粗蛋白质，所以可根据产蛋率来推算每天的蛋白质需要量：

产蛋率/%	粗蛋白质需要量/g
100	7+14×1=21.0
90	7+14×0.9=19.6
80	7+14×0.8=18.2
70	7+14×0.7=16.8
60	7+14×0.6=15.4
50	7+14×0.5=14.0

据此推算采食量、产蛋率和饲料中粗蛋白质含量的关系见表2-3。

表2-3 各种粗蛋白质含量和不同产蛋率下的日采食量(g)

	产蛋率/%	100	90	80	70	60	50
	日需CP/g	21.0	19.6	18.2	16.8	15.4	14.0
日	20	105.0	98.0	91.0	84.0	77.0	70.0
粮	19	110.5	103.2	95.8	88.4	81.1	73.7
蛋	18	116.7	108.9	101.1	93.3	85.6	77.8
白	17.5	120.0	112.0	104.0	96.0	88.0	80.0
质	17	123.5	115.3	107.1	98.8	90.6	82.4
水	16.5	127.3	118.8	110.3	101.8	93.3	84.8
平	16	131.3	122.5	113.8	105.0	96.3	87.5
/	15.5	135.5	126.5	117.4	108.4	99.4	90.3
%	15	140.0	130.7	121.3	112.0	102.7	93.3
	14.5	144.8	135.2	125.5	115.9	106.2	96.6
	14	150.0	140.0	130.0	120.0	110.0	100.0

从上表可以清楚地看出，要达到90%以上的产蛋率，则需要含粗蛋白质17.5%的日粮112.0g。

在设计饲料配方时，先要确定配方生产性能，也就是产蛋率，据此确定配方营养水平。例如，要设计产蛋率90%的饲料配方，则可先查表2-2和表2-3。既满足粗蛋白质需要又满足能量需要的交叉点就是合适的蛋白质和能量水平。在本例中如果确定日粮能量水平为2650kcal ME/kg，则根据表2-2可查出日采食为118g，这 118g 日粮需要含粗蛋白质 19.6g，也就是日粮的粗蛋白质水平应该是19.6/118=16.6%。也可以查表2-3，产蛋率90%的列，可以查到日粮粗蛋白质含量需要达到16.5%以上。

2.3 蛋白能量比

任何养分的需要量都是相对和互相依赖的，不能抛开一种养分而去确定另一种养分的需要量。日粮代谢能(ME)浓度决定采食量，继而决定日粮中的氨基酸应有浓度。随日粮ME浓度增加，采食量下降，日粮氨基酸等其他养分浓度应提高。动物营养与饲养研究者应在大量试验数据的基础上，通过计算机模拟，制订日粮主要养分浓度、采食量与经济效益间的动态模型，供生产实际参考。

(1)蛋白能量比的概念

蛋白能量比是动物营养研究和饲养实践中为衡量动物配合饲料营养平衡水平而定义的一个重要参数，是单位质量的配合饲料中蛋白质克数与代谢能的兆卡数(或兆焦数)之比，即蛋白能量比=粗蛋白质(CP，g/kg)/代谢能(ME，或其他形态的能，Mcal/kg或MJ/kg)。

蛋白能量比就是配合饲料中每兆卡有效能所对应的粗蛋白质克数。蛋白能量比值越大，表明饲料中蛋白质浓度越高。

(2)蛋白能量比的意义

日粮蛋白质与能量水平有一定组合效应。只要日粮蛋白能量比保持在一定范围内，动物就可通过调节采食量而保持其生产性能。只有保持蛋白质和能量的营养平衡，动物才能正常生活和生产。

生长期和肉用动物的胴体品质受蛋白能量比影响。蛋白能量比过低时，动物肥胖，胴体脂肪含量升高。肉鸡胴体脂肪含量和腹脂肪随蛋白质的升高而降低，随能量的升高而升高。

日粮的能量浓度影响鸡的采食量，因为鸡在8周龄后好像就具有根据每天能量需要量而调节采食量的能力；日粮能量浓度影响鸡的采食量和生长性能(表2-1)，但是日粮的蛋白质浓度好像不怎么影响鸡的采食量与体重(表2-4)。

表 2-4 日粮蛋白质浓度对 0～20 周龄鸡生长和养分采食量的影响

日粮蛋白质/%	体重/g	能量采食量/Mcal	蛋白质采食量/kg
15	1445	24.3	1.28d
16	1459	22.9	1.28d
17	1423	22.9	1.37cd
18	1427	22.0	1.39c
19	1444	22.9	1.53b
20	1480	23.0	1.62a

注：日粮能量浓度 2850Mcal/kg；同列数字后不同字母表示差异显著($P<0.05$)

数据来源：Leeson and Summers，2008

(3)最佳蛋白能量比

不同动物的最佳蛋白能量比不同。在设计饲料配方时应考虑动物物种、品种、生长阶段、生理状况、饲养管理条件和生产目的等。

生长阶段：一般认为，幼年鸡的蛋白能量比高，随日龄增加，所需的蛋白能量比逐渐降低。

生理状况：不同生理状况的鸡所需的最佳蛋白能量比也不同。例如，种公鸡配种期与休闲期对蛋白能量比的需要不同。

物种：蛋鸡的最佳蛋白能量比是 13.86～14.82g/MJ。

环境温度：常见教科书介绍，在炎热或寒冷季节可适当增加或降低蛋白能量比 5%～10%。例如，肉仔鸡，在温暖季节(环境温度 23～26℃)蛋白能量比应适当增加。在凉爽季节(环境温度 13～19℃)蛋白能量比应降低 5%～10%。笔者认为，应根据环境温度分别计算能量需要量和蛋白质需要量，因为这样做可使用报道的经验公式，而蛋白能量比未见有与环境温度定量关系的报道。

有试验表明，正常情况下蛋鸡日粮的能量浓度比 NRC 标准降低 50～70kcalME/kg，不影响鸡的产蛋性能，但是没有报道是否影响料蛋比？我想会的，所谓一分价钱一分货。

(4)饲料配方设计中蛋白能量比的选择

根据前面的讨论，蛋白能量比的选择，第一是确定饲养对象所属的品种；第二是确定饲养对象的生长阶段、体重及生理阶段；第三是确定饲养动物的生产目的，是产蛋、肉鸡还是种鸡；第四是确定动物所处环境条件；第五是结合现有饲料原料和经济效益，确定在此时所需的最适宜的蛋白能量比。

生产实践中因受生产成本影响，执行标准中的能量常与饲养标准有一定差异，一般就以蛋白能量比及氨基酸能量比进行折算。例如，肉鸡后期的蛋白能量比要求 14.5，则设定能值为 13.40MJ/kg 时，蛋白质水平为 19.41%。而当能值为

12.70MJ/kg 时，饲料蛋白质则应为 18.38%。氨基酸的数值可同样折算。利用蛋白能量比、氨基酸能量比等参数，在降低日粮能量水平时相应降低蛋白质和氨基酸等养分的水平，动物可通过增加采食量而不降低生产性能，但饲料效率降低。

2.4 氨基酸需要

氨基酸(amino acid)是构成动物营养所需蛋白质的基本物质。自然界存在的氨基酸形式有 200 多种，但构成鸡体蛋白质的氨基酸只有 22 种。根据氨基酸在动物体内的合成量及其能满足动物营养需要的程度可分为必需氨基酸、非必需氨基酸及限制性氨基酸等。

过度降低日粮粗蛋白质水平以降低饲料成本和(或)粪便中的 N 排放量，通常会导致较差的增长率(表 2-5)。尽管这些日粮中必需氨基酸水平不低，但母鸡对日粮粗蛋白质降低都会产生不利的反应。这表明母鸡对非必需氨基酸的需要量在正常情况下有一个低限。

表 2-5　青年鸡饲喂低蛋白质日粮的体重

日粮 CP/%		褐壳蛋鸡体重/g			Leghorn 鸡体重/g		
育雏期①	生长期②	56 天	98 天	126 天	56 天	98 天	126 天
20	16	746a③	1327a	1524a	592a	1086a	1291a
18	14	720b	1272b	1471b	576b	1046b	1235b
16	12	706b	1144c	1301c	546c	921c	1085c
14	10	540c	989d	1175d	434d	781d	932d

①0.66% TSAA；0.90% Lys；0.24% Try。②0.55% TSAA；0.72% Lys；0.19% Try；③同列数字后不同小写字母表示差异显著($P<0.05$)

数据来源：Leeson and Summers，2008

(1) 氨基酸的构型

除甘氨酸外，按碳原子构型可把氨基酸分为 L-型和 D-型。动植物体蛋白质水解后产生的氨基酸都是 L-型的，合成和发酵法产生的氨基酸有 L-型氨基酸、D-型氨基酸及 L-型和 D-型混合的 DL-型氨基酸。动物只能直接利用 L-型氨基酸。除蛋氨酸外，D-型和 DL-型氨基酸利用率很低，甚至完全不能被利用。

(2) 氨基酸的消化率

不同饲料原料中的氨基酸消化率不同，不同动物对不同饲料的氨基酸消化率也不同，例如，肉、蛋、奶中的氨基酸几乎完全可以被消化吸收，而一般的植物性蛋白质的消化率较低，所以设计饲料配方时最好按可消化氨基酸设计。在为特定动物设计饲料配方时，影响氨基酸消化率的主要因素只有 3 个，即饲料原料品种(如鱼粉中的赖氨酸比棉粕中的消化率高)、加工方法(如熟豆粕中的赖氨酸比生豆粕中的消化率高)和饲料配方的营养平衡程度或原料搭配比例(养分越平衡的饲料其养分消化率越高，包括氨基酸的消化率)。所以在设计饲料配方时，要选择合适的饲料原料，并进行适度初加工，合理搭配各种原料，使各种常量和微量养分达到最佳平衡状态，这是设计饲料配方的最低要求。

(3)氨基酸需要量

影响家禽氨基酸需要量的营养因素主要有以下几个。

1)日粮能量水平。家禽是以满足其能量需要而调节其采食量的，当日粮能量浓度高时，采食量减少；反之则升高。因此应根据日粮能量浓度的不同而调整日粮蛋白质和氨基酸浓度。一般用蛋白能量比和氨基酸能量比来表示。

2)日粮蛋白质水平。日粮蛋白质浓度会影响多种必需氨基酸的需要量。一般而言，随着日粮蛋白质水平增加，必需氨基酸需要量(占日粮的百分比)增加；若以占蛋白质的百分比计算，这种影响很小。

3)非必需氨基酸的含量和比例。日粮中胱氨酸不足会加重蛋氨酸需要，酪氨酸不足会加重苯丙氨酸需要量，因而饲料中如果含有充足的胱氨酸和酪氨酸，则可降低蛋氨酸和苯丙氨酸需要量，同时应注意蛋氨酸与胱氨酸，苯丙氨酸与酪氨酸之间的比例。一般认为，对于雏鸡而言，非必需氨基酸与必需氨基酸应保持1∶1.5，即非必需氨基酸应占40%。

4)氨基酸间的相互作用。氨基酸的拮抗是影响氨基酸需要的重要因素之一。在家禽消化、代谢过程中一些结构相似的氨基酸相互竞争或排斥，一种氨基酸干扰另一种氨基酸的消化或利用。例如，赖氨酸过多会显著降低精氨酸的效能，增加精氨酸需要量，但过多的精氨酸对赖氨酸的影响较小。亮氨酸含量过高时特异地增高对异亮氨酸和缬氨酸的需要量。氨基酸之间的拮抗作用还发生在：苏氨酸和色氨酸、异亮氨酸和缬氨酸、异亮氨酸和苯丙氨酸、苯丙氨酸和苏氨酸、丝氨酸和苏氨酸及蛋氨酸和甘氨酸之间。日粮中氨基酸的平衡亦影响家禽对氨基酸的需要量。日粮中某些氨基酸的不足和过量都会使日粮氨基酸之间失去平衡。

5)其他营养物质。日粮维生素 B_{12}、胆碱不足，会妨碍蛋氨酸在合成体蛋白质过程的利用，从而使家禽增加对蛋氨酸的需要量。大量研究证实，日粮中添加甜菜碱、L-肉碱可节约蛋氨酸的需要量。烟酸不足，家禽将利用色氨酸合成烟酸，从而增加对色氨酸的需要量。吡哆醇不足亦会增加对色氨酸的需要。

6)饲料氨基酸的消化率或利用率。近些年来，氨基酸的营养研究已深入到测定饲料可利用氨基酸含量并以此为基础配合日粮方面。氨基酸利用率是饲料蛋白质营养价值的一个重要指标，它对家畜氨基酸需要量的测定也具有重要影响。也许，以可利用氨基酸需要量为标准可缩小各研究者之间的差异。

随着蛋白质营养的深入发展，人们已逐步认识到小肽营养的重要性，蛋白质营养就是氨基酸营养的提法已不十分确切。与游离氨基酸相比，小肽的吸收具有速度快、耗能低、载体不易饱和等特点，而且日粮中当以小肽形式作为氮源时，整体蛋白质沉积高于相应的氨基酸日粮或完整蛋白质日粮。因此，小肽与氨基酸需要量之间的关系值得深入研究。

实践中确定鸡的营养需要量标准一般有 3 个依据：育种公司推荐的饲养标准、国家推荐的饲养标准(如 NRC 推荐的营养需要量)和杂志研究报道的饲养标准。不同来源的营养需要量估计值，常有很大差异，尤其是育种公司的推荐量。育种公司一般不研究营养，他们的推荐标准很可能是来自外部资源。育种公司推荐的标准常常只有蛋氨酸、赖氨酸、色氨酸几个指标，没有全部必需氨基酸需要量指标(表 2-6)。

表 2-6　几个蛋鸡育雏期的饲养标准

养分	海兰褐	罗曼褐	伊沙褐	海塞克斯褐
	0～6 周龄	0～4 周龄	0～4 周龄	0～5 周龄
粗蛋白质/%	19.0	21	20.5	19.5
代谢能/(kcal/kg)	2750～2970	2900	2950	2900
蛋氨酸/%	0.48	0.48	0.52	0.45
蛋氨酸+胱氨酸/%	0.80	0.83	0.86	0.80
赖氨酸/%	1.15	1.20	1.16	1.05
苏氨酸/%	0.75	0.80	0.78	0.75
色氨酸/%	0.20	0.23	0.21	0.20
采食量/g	1099	546	600	860

(4) 影响家禽氨基酸需要量的非营养因素

影响家禽氨基酸需要量的因素很多，主要包括环境温度、遗传因素及某些营养因素。

1) 环境温度。环境温度越低采食量越高。在较热环境条件下，氨基酸需要量应提高；在较冷环境条件下，这些数值应下调，与预期采食量变化相协调，确保适宜的氨基酸日摄入量。

2) 品系与性别。不同类型、品种和品系家禽的遗传特性不同，其生长速度、体格大小、胴体组成、产蛋性能及消化生理不同。因而不同家禽品种、品系的氨基酸需要量也不同。雌、雄家禽对氨基酸的需要量也不同，据报道，达到最大生产性能时雄鸡赖氨酸需要量比雌鸡高。

3) 日龄。家禽年龄和体重不同，对氨基酸的需要量也不同。总的趋势是当用日粮百分含量表示需要量时，氨基酸需要量随年龄和体重的增长而下降；但当用 g/只 · d 表示时，氨基酸需要量则随年龄和体重的增长而增加，也就是相对需要量下降，绝对需要量增加。

4)评价指标。选用的评价指标不同，得出的营养需要亦不尽相同。例如，Schutle和 Pack(1995)指出，若仅考虑饲料转化率时，2.2kg 体重的上市肉鸡取得最大利润的总含硫氨基酸需要量为 0.85%；若同时考虑饲料转化率和胸肌率产量则为0.89%。据报道，肉鸡获得最大饲料转化率所需的赖氨酸量高于获得最大生长速度所需的量。

(5)目前的饲养标准有 3 个问题

①时间差。各国的饲养标准都是几年修改一次，不能及时反映最新科研成果。②静态数值。标准中的数值是有条件的静态值。实际上各种条件都在变，因而需要量应是一动态值，例如，冬夏就应有所不同。③经济效益。标准中所列生产性能，不见得是取得最佳经济效益时的生产性能。人们追求的是最佳经济效益，而非生产性能(图 2-3)。因而实际应用时可根据具体情况适当调整饲养标准，注意其他养分与能量比、氨基酸比和钙磷比 3 个基本比例，力争做到营养平衡、经济。

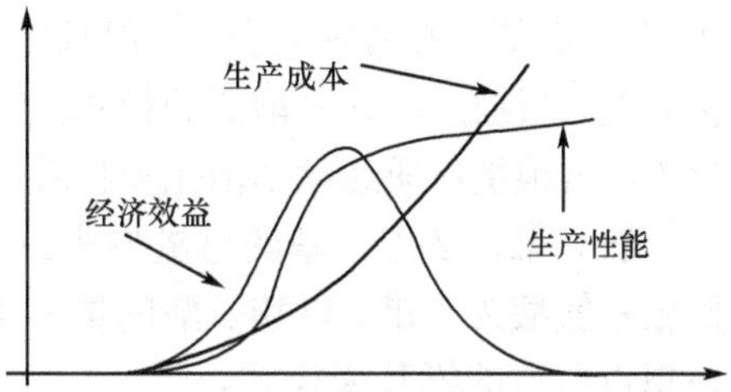

图 2-3 饲养标准的确定：饲料成本、生产性能、经济效益的关系

2.5 理想蛋白质模型

理想蛋白质是指各种必需氨基酸及供给合成非必需氨基酸的氮源之间有最佳平衡比例的日粮蛋白质，这种平衡不能通过增减或替换任何氨基酸而得到改善，日粮中的氨基酸准确地处在动物所需的比例，具有这种氨基酸模式的日粮给出最高利用率。

(1)蛋白质营养原理

动物对饲料蛋白质的利用，是将蛋白质消化降解为氨基酸，然后以氨基酸(少部分以小肽)的形式被吸收，参与机体代谢，合成各种动物组织蛋白，生产产品。各种蛋白质消化率不同，氨基酸组成比例也不同。当动物合成某一组织蛋白(或生产某一特定产品，如鸡蛋)时，动物是按所要合成蛋白质中氨基酸的组成比例来利用饲料蛋白质中的氨基酸。如果其中一种或几种必需氨基酸比例低于所需要的比例，则会限制其他氨基酸利用，降低饲料的生物学价值。只有供给的蛋白质中所含氨基酸比例与要合成蛋白质一致时，蛋白质才能被有效利用，各种氨基酸效价也最高。可见，饲料蛋白质的质量不仅取决于所含氨基酸的总量和消化率，还取决于氨基酸组成的比例。一般说来，动物性蛋白质所含必需氨基酸的量和比例都与动物需要量接近，因而生物学效价高；多数谷物及植物性蛋白质含必需氨基酸总量少，比例不符合动物需要，生物学价值低。

(2) 理想蛋白质

理想蛋白质(ideal protein)是指各种必需氨基酸及供给合成非必需氨基酸的氮源之间有最佳平衡比例的日粮蛋白质。这种日粮蛋白质的各种氨基酸消化、代谢、利用，最终与动物的总体氨基酸需要恰好吻合，此时，动物对日粮蛋白质的利用最佳，无效消耗最低，这种日粮蛋白质就称为理想蛋白质。实践中，理想蛋白质很难把 20 余种氨基酸都考虑周全，一般只考虑 10 种必需氨基酸的组成比例，这也就是所说的理想蛋白质的氨基酸成分模式。需要指出，10 种必需氨基酸的消化利用并非等效的，日粮蛋白质经动物消化吸收后，原来的氨基酸模式就发生了改变。

一般说来，必需氨基酸总量与非必需氨基酸总量之比为 45∶55～1∶1。通常以日粮赖氨酸为基准，以赖氨酸的量为 100%，以其他氨基酸占赖氨酸的百分比表示理想蛋白质的氨基酸模式。

(3) 鸡的理想蛋白质氨基酸模式

家禽的氨基酸需要量受能量、粗蛋白质水平、遗传、性别、生理状态和环境等诸多因素影响。因此在上述诸多因素综合作用下，实际很难用剂量-反应法来逐个确定每种必需氨基酸的需要量。但是对一定条件下的家畜来说，它们对不同氨基酸需要量之间的比例关系影响不大，因此，通过确定必需氨基酸相对赖氨酸的理想比例来计算氨基酸的需要量更容易适应多样性的环境条件。

理想氨基酸模式已研究了十几年，但许多影响因素和遗传类型(品种)、生理状态、环境和其他营养成分都还没考虑进去，理想氨基酸模式很可能随动物基因型、性别、体重、生理状态、日粮及环境等因素的不同而异。现今的理想氨基酸模式都还比较粗糙，今后还有很大的改进余地。

家禽理想氨基酸模式的报道差异很大。Lemme(2009)应用 meta-analysis 方法分析了 1990 年以来发表的 13 篇文献，得出蛋鸡理想氨基酸模式为：蛋氨酸：［蛋氨酸+胱氨酸］：苏氨酸：色氨酸：精氨酸：异亮氨酸：缬氨酸：赖氨酸为 50∶91∶70∶21∶104∶80∶88∶100，与 Bregendahl 等(2008)用剂量-最大产蛋量反应-折线回归法研究得出的模式相似。产蛋鸡对特定数量单体氨基酸的生理需要主要是用于生产鸡蛋蛋白和体组织蛋白。

(4) 理想蛋白质氨基酸模式的应用

①配制低蛋白质日粮。在设计饲料配方时，添加限制性氨基酸使日粮氨基酸水平与需要量处于平衡，可降低饲养标准中粗蛋白质 1～2 个百分点，提高饲料利用率。在实践中以可利用氨基酸配制日粮和采用自由采食方式效果较好。②有效

利用非常规蛋白饲料。菜籽粕、棉籽粕、肉骨粉、羽毛粉等非常规蛋白质饲料的营养不平衡，可根据可消化氨基酸按理想蛋白质氨基酸模式配制日粮。③氮过多以尿素或尿酸形式排出，而合成这些物质需耗能，所以理想氨基酸平衡可缓解家禽应激，这对笼养鸡特别重要。

(5)理想蛋白质氨基酸模式存在的问题

理想蛋白质氨基酸模式有利于对复杂的氨基酸营养代谢规律做深入研究，现有理想氨基酸模式在理论和实践上存在一些问题。

从理论上说，每一生理功能都有相应的理想氨基酸模式，很显然不同生理功能(如维持、蛋白质沉积、繁殖和产蛋或泌乳)的理想氨基酸模式不同。NRC(1994)的营养需要量和理想氨基酸模型比较合理，即使是生长鸡，理想氨基酸模型也是随生长阶段而急剧变化的。

动物体内存在蛋白质周转，已降解的体蛋白并不完全随排泄物或分泌物排出，而是大部分被动物重新利用合成体蛋白。这部分氨基酸如何与饲粮氨基酸相平衡，有待深入研究。

理想蛋白质的氨基酸有效性：应定位于可消化必需氨基酸(DEAA)，非必需氨基酸不必逐一考虑，规定其对必需氨基酸总量的配比(1∶1或(46～50)∶(50～54))即可。需要澄清的是，常说的可利用(available)必需氨基酸(AEAA)，是套用有效能的代谢能(ME)指标而命名的含混指标。氨基酸不同于氮，消化吸收而未利用的氨基酸，降解成含氮物由尿排出。代谢试验中检测不到未利用的氨基酸，因而 AEAA 测得值实质上是 DEAA。在氨基酸有效性测定中，人们倾向用荷术动物，即回-直肠吻合猪、摘盲肠鸡做试验，以消除后肠微生物发酵带来的有效氨基酸测值误差。研究表明，用荷术动物测得的饲料可消化氨基酸的可加性更好。

所谓理想氨基酸模式，应该全面考虑时、空、量三个要素，而不仅仅是量的观念——比例和数值，理由如下。

第一，饲料中结合态氨基酸与合成氨基酸的消化吸收和利用速度(时态效应)不同。日粮蛋白质的氨基酸与加入的合成氨基酸在消化吸收速度上存在同步配合问题，特别是对分顿喂的动物应加以考虑，这一问题还缺乏严格验证，有待试验研究确切阐明。研究理想蛋白质时用基础日粮中添加合成氨基酸的方法，而结合态氨基酸与合成氨基酸的吸收速度、转运到目的地的时效性和利用率不同。目前理想蛋白质的必需氨基酸或可消化必需氨基酸模式，不论对猪还是鸡，基本上都是静态的。而事实上，真正平衡的日粮应该能以合适的速度、比例和数量为合成新组织的靶细胞(而不是胃肠)提供氨基酸，然而吸收到动物体内的氨基酸在猪、鸡体内的储存能力很弱，时间很短，特别是各种单个氨基酸基本上不能储存。

第二，合成不同组织、不同产品的理想氨基酸模式也不同，可以理解为不同地点需要的理想氨基酸不同。所以要随动物种质进展、机体内外环境改变、对产品品质要求等，测定各相关参数，向动态方向发展完善。

理想蛋白质注重蛋白质“质”的要求，并无“量”的规定。因此生产上要辅以量化参数，有针对性地规定恰当的日粮蛋白质水平和动物采食量。

氨基酸吸收受体内离子平衡状况和代谢调节的影响。目前尚不清楚氨基酸以小肽形式吸收和转运的营养作用对理想氨基酸模式的影响。胃肠激素及许多中枢神经递质(多巴胺、儿茶酚氨、5-羟色胺)都与饲粮中相应氨基酸水平有密切联系，但理想氨基酸模式与它们的关系仍有待澄清。

2.6 矿物质营养需要

影响日粮中矿物质元素消化吸收的因素，最重要的是各种矿物质元素在饲料中所处的形式，各种矿物质元素间及各种矿物质元素与其他营养物质间的相互影响，饲料配方中各种矿物质元素的含量水平，饲料调制加工，动物种类、年龄、生理状态、消化道环境等。

各种矿物质元素间存在互作和拮抗作用。例如，已知钼与铜可形成不溶性化合物，所以它们相互拮抗，相互影响对方的吸收和利用，并且这种拮抗作用随日粮中各种硫化物的增多而加强。

维生素C不足时影响钙吸收，进而影响磷吸收。

鸡体内不产生分解植酸磷的酶，所以需要加入植酸酶。植酸酶可使植酸磷中的磷释放出来，同时还可以改善其他与植酸有关的营养物质的消化率。

当脂肪被消化时，游离脂肪酸就有机会接触食糜中的其他营养物质，脂肪酸能与矿物元素联合形成不溶性皂类。在雏鸡和青年鸡饲喂含饱和脂肪酸和高水平矿物质时形成皂类会影响其生产性能，但是成年鸡似乎不受影响。

(1) 钙与磷

对产蛋鸡和生长鸡钙、磷需要量的研究很多。只有日粮磷水平在3个或更多，并且平均日增重或产蛋量对日粮磷含量的反应为曲线时，才可估计需要量。

日粮中钙、磷不足的表现与缺乏维生素D类似，生长速度降低、骨骼矿物质化下降，导致青年鸡佝偻病，产蛋鸡骨软化，母鸡钙、磷不足会发生瘫痪，产蛋量高的母鸡发生瘫痪最严重。

日粮钙、磷过高也影响鸡的性能，钙磷比高时影响更大。钙过量不仅降低磷的利用率，而且在日粮中存在植酸时还提高锌需要量。当阳离子与植酸物质的量比是2∶1或3∶1时，会形成很多不溶性复合物。

导致最大生长速度或最高产蛋量的日粮钙、磷浓度不一定有利于骨骼矿物质化，使骨骼强度和骨骼灰分含量最大化的需要量比最大生长速度和最大增重效率最少高 0.1 个百分点，而饲喂大量钙、磷使骨骼强度最大化不一定使鸡体结构最好。

(2) 钠和氯

食盐(NaCl)主要成分是氯化钠。钠(Na)和氯(C1)均是电解质。它们的主要功能是维持体内的酸碱平衡、渗透压平衡，参与水代谢。NaCl 能通过简单扩散吸收，十二指肠是主要的吸收部位，胃和后肠道也能吸收。其排泄途径主要是尿。

食盐影响动物食欲、饲料利用率、生长和生产性能。缺钠时，鸡产生厌食，易形成啄癖，生长迟缓或产蛋率下降，蛋重减轻；缺钾时肌肉软弱无力；缺氯时小鸡因突然光照或喧闹而出现神经症状，严重时导致瘫痪和死亡率增加。

植物组织钠含量很低，动物性饲料钠含量稍高。

在正常情况下，家畜可通过肾脏调节钠、钾、氯的排出量，所以这 3 种元素的中毒现象很少发生。但当日粮中食盐过多，饮水受到限制或肾脏功能异常时，就会出现中毒症，腹水及心包积水发生率增加。雏鸡日粮中食盐达 2%时可能造成死亡，成鸡日粮中食盐达 4%时可导致中毒死亡。

在热应激情况下，可以用碳酸氢钠代替 1/3 的食盐，当然也要考虑离子平衡。

(3) 钾、镁和硫

钾、镁、硫对生殖系统的正常功能和效率是必需的，日粮足够的钾、镁、硫有利于提高产蛋量。钾和镁参与体内电解质平衡、酸碱平衡和体液平衡。因此在应激状态下，合适的钾和镁可缓解应激和由此引起的一系列问题。例如，作为电解质，镁、钾和硫化合物被广泛用来作为动物的轻泻剂。这一功能特别在热应激日粮中得到了广泛的使用。例如，镁对动物有镇静作用，所以常在拥挤或应激时在日粮中添加硫酸镁。

补充 K 可通过改变离子平衡而有效减少热应激；产蛋鸡的其他生理活动也需要大量钾。日粮中钾含量与日粮中钠和氯的作用有关，日粮中钾与氯的互作效应对添加的阴阳离子的排泄和沉积可能有间接作用，尤其是对于铵和磷酸盐。

目前开始关注日粮中过量的硫，因为各种玉米副产品可能会提高总硫，后者可作为肠道微生物的底物产生 H_2S，由此影响肠道健康和功能。

很多配方师不重视钾、镁和硫的营养作用，究其原因，主要是过时理论的误导、饲料营养标准上的空白和商品的不足。传统教科书常写着，常规饲料原料中不缺这些元素。实际上，这些元素的需要量很高，生产状况改变会引起需要量改变：品种、环境、疾病、合成氨基酸、其他矿物质超量使用等已经发生很大变化。生产中的许多异常现象与日粮离子含量有很大关系，如异食癖、厌食等。日粮常量矿物质离子含量及电解质平衡应该作为配方软件中的营养指标，生产实践证实，常量离子添加有理想经济回报，特别是在热应激条件下。

2.7 微量元素的需要

不同标准推荐的微量元素营养需要量不同，但是大致相近。表 2-7 是‘海蓝白-36’的微量元素推荐量。

表 2-7 ‘海蓝白-36’蛋鸡的微量元素推荐添加标准

每吨最小添加量/g	生长鸡	产蛋鸡
锰	66	66
锌	66	66
铁	33	33
铜	4.4	8.8
碘	0.9	0.9
硒	0.3	0.3

注：推荐添加量是基于每天采食量 100g 估计的

数据来源：海兰公司，2015

2.8 维生素需要

NRC 标准中所规定的维生素需要量是指饲料原料中含量与添加维生素之和，此需要量仅是在理想的试验条件下，防止缺乏症的最低需要量，并不能保证实际生产条件下充分发挥生产潜力。实践证明，NRC(1994)需要量标准已经过时，大量添加维生素已成为获取最佳生产性能和经济效益的手段。因此，只要成本允许，可在饲料中超量添加维生素，尤其是注意增加维生素 A、维生素 D_3、维生素 E、维生素 K_3、维生素 B_2、烟酸、维生素 B_{12}、泛酸和胆碱的添加量，笼养鸡需要更多的维生素 K 和 B 族维生素。

生产实际中添加维生素时必须考虑以下因素：①专业标准本身偏低，尚未充分考虑现代产蛋鸡的实际需要量、实际饲养管理环境和各种应激(如管理应激和疫病应激等)；②饲料原料中维生素含量变异很大，且利用率低，如单胃动物几乎不能利用玉米、小麦和高粱中的烟酸；③中国大多养殖场的饲料要经受不合理的加工、较长时间的储存等，对添加的维生素破坏严重；④饲粮平衡度较差(如蛋白能量比偏高、氨基酸不平衡)、饲粮中使用抗生素抑制了肠道微生物合成维生素、富含维生素的原料(如发酵产物、乳制品、草粉、青草等)使用量减少、饲粮中可能出现霉菌毒素及维生素拮抗物等，均迫使维生素添加量增加；⑤适当超量添加维生素可显著改善禽蛋内在和外在的质量。

表 2-8 是‘海蓝白-36’蛋鸡的维生素推荐添加量。

表 2-8 ‘海蓝白-36’蛋鸡的维生素推荐添加标准

每吨最小添加量	生长鸡	产蛋鸡
维生素 A/IU	8 800 000	7 700 000
维生素 D_3/IU，一半喷雾干燥	3 300 000	3 300 000
维生素 E/IU	6 600	6 600
维生素 K/mg	550	550
核黄素/g 喷雾干燥	4.4	4.4
维生素 B_{12}/mg	8.8	8.8
泛酸/g	5.5	5.5
叶酸/mg	220	110
生物素/mg	55	*
烟酸/g	27.5	22
胆碱/g	275**	275

*在玉米基础日粮中不加生物素，否则就按生长鸡标准添加；**在 8 周龄后可以降低一半

数据来源：海兰公司，2015

各种动物对维生素的需要量受饲养方式、管理水平、生产性能及饲养环境的变化等的影响。

影响维生素效果的有关因素简介如下。

活性：有些维生素原料活性不够，如左旋泛酸钙，有的泛酸钙旋光度达 26.8°～27°，三磷酸酯的维生素 C 比单磷酸酯的维生素 C 利用率低 80%以上。

纯度：尤其是多维，由于目前国家对水溶性维生素检测标准和标样尚未统一，有些产品纯度是值得怀疑的。

稳定性：众所周知，许多维生素单体在碱性环境中极不稳定，许多单体易氧化等。

混合性：单体特性对混合性影响很大，复合维生素的载体也很关键。有时向饲料中加入足够添加量，但是动物仍然不能摄取足够数量。

以上各种因素影响动物体内最终能利用的维生素含量，建议大家选用可靠厂家的复合多维产品。

3 主要饲料原料的特点及使用要点

饲料是各种营养物质的载体，单一饲料原料所含养分的数量及比例都不符合鸡的营养需要。配方师要掌握各种饲料原料的营养特点，在设计饲料配方时，根据这些特点，合理利用饲料资源。

饲料原料又称单一饲料，是指以一种动物、植物、微生物、或矿物质为来源的饲料。按饲料原料中营养物质的含量可把饲料原料分为能量饲料、蛋白质饲料、矿物质饲料、维生素饲料、粗饲料、青绿饲料、青贮饲料和添加剂等 8 大类。集约化养鸡一般不使用粗饲料、青绿饲料、青贮饲料，也不用能量饲料原料中的块根块茎类原料。

3.1 能量饲料原料

能量饲料是指干物质中粗纤维含量小于 18%，粗蛋白质含量小于 20%的饲料原料。一般每千克饲料干物质含消化能在 10.46MJ(2.5Mcal)以上，或代谢能在 10.46MJ/kg 以上，或净能在 5.02MJ/kg 以上的均属能量饲料；每千克饲料干物质含消化能在 12.54MJ(3.0Mcal)以上的称为高能量饲料。

鸡常用能量饲料可分为谷实类、糠麸类、块根块茎类和糟渣类四大类。能量饲料在日粮中的比例为 50%～70%，虽然它们含蛋白质的百分比小，但实际上它们在日粮中提供的蛋白质绝对量还是很多的。

谷实类是家禽的基本饲料原料，含大量碳水化合物(淀粉)，粗纤维少，适口性好。粗蛋白质含量一般不到 10%，所含矿物质中钙较少，磷较多，但以有效磷计算则含量不足。维生素含量因饲料种类不同而不同。动植物油脂和糖蜜也属能量饲料范畴。

3.1.1 玉米

玉米有普通玉米、高赖氨酸玉米、甜玉米、高油玉米、糯玉米、青饲青贮玉米和爆裂玉米。我国大部分作饲料原料的普通玉米有黄玉米和白玉米。黄玉米含有少量胡萝卜素，有助于鸡的蛋黄和皮肤着色。

玉米是广泛利用的最经济的能量饲料。其主要成分是淀粉和脂肪，是供给鸡必需脂肪酸的重要来源，含必需氨基酸赖氨酸、蛋氨酸、色氨酸较少。由于玉米中脂肪含量高于其他谷物籽实，其中不饱和脂肪酸含量很高，因此玉米粉碎后易酸败变质，不利于长期保存；黄玉米中富含胡萝卜素和叶黄素，有利于禽类产品的着色；玉米中含维生素 E 较多，但是 B 族维生素除维生素 B_1 外其他含量都较少，尤其是不

含维生素 B_{12} 和维生素 D；高赖氨酸玉米品种的蛋白质中赖氨酸含量比普通玉米品种高 70%～100%，色氨酸高 40%～100%，但密度小，容重小，产量低。

生产中一般用黄玉米作饲料原料。因为黄玉米含有较多的叶黄素及胡萝卜素，可赋予蛋黄、鸡屠体好色彩，有助于提高商品价值。不同玉米品种的养分含量不同，甚至同一品种也会因产地不同，而养分含量不完全一样。在猪、鸡日粮中玉米的用量可以不加约束，根据配方需要任意使用，一般用量为 50%～75%；玉米作猪、鸡饲料原料时必须粉碎，蛋鸡料粉碎粒度宜为颗粒状，小鸡粒度细些，大鸡粒度粗些，不宜粉碎成细面；雏鸡料做成颗粒饲料时粉碎宜细，便于混合均匀，并且使颗粒压得更紧密。

新玉米在开始使用的一段时间常碰到如猪鸡拉稀、饲料报酬偏高等一些问题。这除了与新玉米使用季节有关外，还与新玉米本身有关，其原因主要有以下几个。

①新收获的玉米水分在华北地区一般为 15%～20%，在东北和内蒙古地区一般为 20%～30%。高水分会破坏日粮中维生素等活性成分，降低日粮中代谢能水平和粗蛋白质水平，打破日粮中各养分间的平衡关系，所以最好根据水分差异调整日粮营养水平。②生霉粒是不完善粒的一种，很多人认为玉米霉变只发生在玉米储存过程中，但实际上玉米霉菌分为仓储霉菌和田间霉菌，谷物在采收前后约 25%已受到霉菌的污染，霉菌的潜在性及霉菌毒素的存在提高了饲料品控难度，添加霉菌毒素吸附剂固然是个办法，但关键还是要高度重视霉菌污染问题，加大监控力度，把生霉粒控制在 1%范围内。不完善粒除了生霉粒，还包括热损伤粒、生芽粒、病斑粒、破损及虫蚀粒和杂质。烘干玉米的热损伤粒、破损粒应引起重视。新玉米本身的呼吸强度大，不完善粒的存在致使短期储藏发热霉变风险依然很大，同时饲用价值降低，收购时应加强监控。③不同产地玉米的质量如容重、营养价值等有差异，这可能与各地无霜期及生长期等自然气候不同有关，因此使用不同产地的玉米应合理过渡。④玉米是后熟生理作物，新玉米中的抗性淀粉含量最高，储存一段时间(5～6 周)含量逐渐降低。烘干干燥的新玉米，由于淀粉变性，直链淀粉增多，也一定程度上影响了消化率。不同饲料原料抗性淀粉含量差异见表 3-1。

表 3-1 几种原料中抗性淀粉与非抗性淀粉含量 （单位：%）

样品	干物质	抗性淀粉	非抗性淀粉
玉米	89.7	6.42±0.06	58.75±0.85
燕麦	89.8	0.40±0.13	56.90±0.72
小麦	89.6	0.64±0.11	70.93±0.10
小米	89.4	0.21±0.20	75.65±1.10
荞麦	90.7	0.75±0.06	64.15±0.42
大米	92.4	0.60±0.31	80.84±0.61

数据来源：张平等，2005

抗性淀粉作为一种新型膳食纤维在人类食品中研究较多，由于不消化不吸收，不会给人体增加热量，可增加饱腹感，减少能量摄入，有利于减轻体重、促进脂肪氧化、增加脂肪排出。以上作用对人减肥有益，但对动物生产有负面影响，如可能会不同程度地出现软便、饲料报酬高等。

针对以上新玉米本身存在的这些缺点，解决方案如下：第一，可以使用针对性强的复合酶制剂；第二，适度陈化，存放时间需在一个月以上；第三，可通过与高品质陈玉米逐步混用过渡，过渡期半个月以上；第四，寻求玉米替代产品如小麦及其副产品、稻米、米糠、棕榈仁粕等，减少此阶段玉米的用量。

玉米糊化温度为 64～72℃，95℃以内糊化度随温度提升而改善。糊化后的淀粉可消化性增加，动物日增重、饲料效率、下痢等均随玉米淀粉糊化度提高而有不同程度的改善。新玉米由于水分高，在饲料调质时添加蒸汽困难，物料吸收的蒸汽量少，糊化度不高。秋末冬初气温偏低，如果调质温度偏低、调质时间过短，则糊化效果会更差，势必直接影响饲喂效果。廖娜和谭鹤群(2007)对微细玉米粉淀粉糊化度研究结果表明，粒度越细，颗粒糊化温度越低，糊化结束的温度也越低。随着粒度降低，玉米粉表面趋于粗糙，颗粒形态发生变化，比表面积增加，糊化度有一定程度的提高。因此从加工工艺上讲，降低玉米粉碎粒度、提高调质温度、延长调质时间等措施将有助于淀粉糊化，提高其消化利用率，减少不利影响。

3.1.2 小麦

小麦按种植时间分为冬小麦、春小麦；按皮色分为红小麦、白皮麦、花麦；按麦粒质地分为硬小麦和软质麦。小麦代谢能是玉米的 90%，含蛋白质高于玉米，氨基酸比玉米平衡，B 族维生素含量也相当丰富，与玉米配合使用效果更好。小麦的营养成分较易消化，可做鸡的主要能量饲料。

小麦面粉遇水易变黏稠，是天然黏结剂，有利制粒。小麦淀粉的糊化温度是籽实中最低者，为 53～64℃，而玉米为 61～72℃。

小麦的能量和亚油酸含量比玉米低，小麦中亚油酸仅 0.8%，玉米中有 2.0%。日粮中用 50%的玉米就能满足鸡必需脂肪酸需要量，而小麦不能。

小麦不含叶黄素，可添加混合脂肪以调节能量和亚油酸含量，通过添加玉米蛋白粉(粗蛋白质为 60%的玉米蛋白粉含叶黄素 253mg/kg)补充叶黄素。

小麦中生物素含量比玉米高，但利用率低。如果家禽日粮主要成分是小麦(次粉)，就应添加生物素，一般每吨配合饲料应添加 50mg。种鸡日粮应加生物素，如果日粮主要成分是小麦(次粉)，则每吨配合饲料应添加 200mg。玉米中含有丰富的维生素 E，而 B 族维生素含量较低；小麦中含有丰富的 B 族维生素，而维生素 E 含量偏低，所以使用小麦时要注意添加维生素 E。

小麦含非淀粉多糖(NSP)约6%，主要是阿拉伯木聚糖(属于戊聚糖)，有很强的黏性，不能被鸡消化吸收，同时会影响饲料中其他营养成分的消化率，并导致粪便有黏性。在饲料中添加小麦酶，可以解决非淀粉多糖的消化吸收问题，同时还能提高其他饲料原料中纤维素等物质的消化利用率。在添加足量复合小麦酶后，可提高小麦的禽代谢能值140～230kcal/kg，已基本与优质玉米相当。市售玉米水分含量常在16%左右甚至更高，而且其中杂质较多，霉变状况时有出现，其代谢能甚至不足3150kcal/kg，而市售小麦的水分多为10%～12%，这时代谢能值比玉米还高。可用小麦完全替代玉米作能量饲料，但要添加叶黄素并提高亚油酸含量。

影响小麦适口性的主要因子是感染麦角毒素。

粉碎的小麦配制饲料要制成颗粒料，或压扁、粗粉碎饲用，如果粉碎太细，以粉料状态饲喂会不利于鸡的采食。建议蛋鸡料使用3.5～5mm筛孔的筛片，4～4.5mm为最佳。压扁最好，使用面粉加工机械进行压扁，效率很高，细粉也少。每100kg全价蛋鸡料使用20%的玉米，40%多一点的小麦，比较简单实用(当然需添加小麦酶制剂)，蛋黄、蛋壳颜色基本不变。叶黄素与蛋壳颜色没有明显关系；有时大量使用小麦使蛋鸡短期内蛋壳颜色变浅，是由于蛋鸡以前没吃过小麦，换料后(1～2周)短期内胃肠道对小麦的整体消化降低，导致蛋鸡代谢功能紊乱，因而蛋壳颜色变浅(所有应激因素都会使蛋鸡蛋壳颜色变浅)。耐过一段时间(1～2周)就好了。逐渐换料就不会出现这种情况。

随着玉米的使用范围加宽，相对来说玉米会越来越紧缺，小麦作为替代品是大势所趋。

3.1.3 大麦

大麦有皮大麦与裸大麦，用作饲料的为皮大麦。由于皮大麦外包颖壳，粗纤维含量比玉米高一倍以上，代谢能较低，约11.3MJ/kg(2.7Mcal/kg)，粗蛋白质比玉米高，约11%，大麦中粗脂肪含量低，约1.7%。由于皮大麦表面尖硬，适口性较差，最好脱壳喂。

小麦、大麦含粗蛋白质和可消化赖氨酸总量都比玉米高，脂肪含量低，在饲粮中适当搭配使用，可提高胴体品质，使鸡瘦肉率高、脂肪硬实、洁白。大麦因不含色素，对鸡肤色、蛋黄无着色功能。

小麦和裸大麦粉碎如果过细，一则因黏嘴会降低采食量，二则会引起食道和胃黏膜炎症甚至溃疡。因此，宜使用孔径4mm的筛底，使粉碎粒度粗一些，如能轧片更好。早稻谷和皮大麦宜细粉，糙米宜粗粉。

3.1.4 次粉

次粉是小麦加工成面粉时的副产品，为胚芽、部分碎麸和粗粉的混合物。影响次粉质量的因素为杂质及水含量，发霉、结块的次粉不能用。

次粉不用粉碎，使用方便。次粉不耐储藏，要现买现用。次粉是饲料黏合剂，也是较好的能量饲料。但在鸡粉状饲料中使用过多会因其黏合而影响鸡采食，从而影响生产，所以一般在粉状配合饲料中用量不超过 10%。

软质小麦次粉发白，有黏和作用，在鸡饲料中作黏合剂使用，1%～3%添加。如果麦类原料只有次粉，在配合饲料中可用到 5%～15%。制粒时大量使用次粉会使颗粒硬度大，影响采食。小面粉厂多用水洗小麦，使次粉水分偏高，使用时注意保存。

中国饲料数据库中分一级次粉、二级次粉和三级次粉，一级次粉又名黑面、饲用小麦粉、面粉，粗灰分在 1.0%～1.5%，含少量麸皮，含淀粉 60%。二级次粉灰分 1.8%～2.4%，含粉率 40%。三级次粉中麸皮多，灰分在 2.4%～3.4%，很多饲料厂用的次粉就是这种次粉。

次粉质量与麸皮含量有关，麸皮含灰分高，为 4%～6%，而面粉的灰分在 1%以内，灰分的变化表明了面粉和麸皮的比例。所以次粉的主要检验指标为灰分。一级次粉，即黑面，灰分在 1.8～2.0 的，代谢能按 2.990～3.000Mcal/kg 设计；灰分在 2.8 以上的三级次粉，接近于小麦麸，能量按 2.400Mcal/kg 设计；二级次粉，灰分在 2.2 左右的，按 2.600～2.800Mcal/kg 设计。

3.1.5　高黏度谷物作能量饲料可添加专用酶制剂

小麦、大麦、稻谷为高黏度谷物，其种皮、护颖和皮壳的细胞壁中含有较多的非淀粉多糖(NSP)，其中以阿拉伯木聚糖和 β-葡聚糖为主要成分的水溶性非淀粉多糖(SNSP)，能吸收大量水分，使食糜黏度提高，严重影响养分消化吸收，降低生产效率。因此，以小麦、大麦、稻谷代替玉米作能量饲料，需添加以木聚糖酶和 β-葡聚糖酶为主体的复合酶制剂(如溢多酶 838A，添加量 0.7～1.0g/kg)，以降低食糜黏度，改善消化，提高饲料效率。以高黏度谷物作能量饲料，必需添加酶制剂，才能取得好效果。但是有报道表明，只要高黏度谷物用量不太大，完全可不加酶而使用。目前市售商品复合酶种类繁多，质量参差不齐，要选用品牌产品。

3.1.6　高粱

高粱主要成分是淀粉，代谢能含量低于玉米；粗蛋白质含量与玉米相近，但质量较差；脂肪含量比玉米低；含钙少，含磷多，多为植酸磷；胡萝卜素及维生素 D 含量较少，B 族维生素含量与玉米相似，烟酸含量高。高粱的营养价值约为玉米的 95%，所以在高粱价格低于玉米 5%时就可用高粱。

高粱种皮含单宁，有苦涩味，适口性差。单宁含量因品种而异(0.2%～2%)，颜色浅的单宁含量少，颜色深的含量高。高粱中含有较多的鞣酸，可使含铁制剂变性，注意增加铁的用量。在日粮中使用高粱过多时易引起便秘，所以一般雏鸡料中不使用，育成鸡和产蛋鸡日粮控制在20%以下。

作为能量供给源，高粱可代替部分玉米，若使用高单宁酸高粱时，可添加蛋氨酸、赖氨酸及胆碱等，以缓和单宁酸的不良影响。鸡饲料中高粱用量多时应注意维生素 A 的补充及氨基酸、热能的平衡，并考虑色素来源及必需脂肪酸是否足够。

3.1.7 糠麸类饲料

糠麸类饲料主要有小麦麸、米糠、玉米皮等。

麦麸由小麦的小部分胚乳、种皮、胚等组成。麸皮粗纤维含量较高，为 8%～9%，所以能量价值较低；B 族维生素含量高，但缺乏维生素 A、维生素 D 等；维生素以硫胺素、烟酸和胆碱的含量最丰；麸皮含磷量多，约为 1.09%。小麦麸含镁盐较多，有致泻作用。麦麸是良好的能量饲料原料，适宜用量：雏鸡和高产蛋鸡不超过日粮的 5%，一般产蛋鸡不超过日粮的 10%。

使用麸皮应注意：①麸皮变质严重影响鸡消化功能，造成拉稀等。②因麦麸吸水性强，饲料中太多麸皮可限制鸡采食量。③麸皮为高磷低钙饲料，在治疗因缺钙引起的软骨病或佝偻病时，应提高钙用量。另外，磷过多影响铁吸收，治疗缺铁性贫血时应注意加大铁的水平。

米糠是糙米加工成白米时的副产品，是种皮、糊粉层和胚 3 种物质的混合物。

全脂米糠含有丰富的 B 族维生素及维生素 E，但维生素 A、维生素 D、维生素 C 较少，含磷量高但多属植酸磷。其他矿物质以锰、钾、镁、硒居多。全脂米糠中含有胰蛋白酶抑制因子，加热可去除，否则采食过多易造成蛋白质消化不良。全脂米糠含油量可达 16.5%，储存不当时，脂肪易氧化而发热霉变，因此必须用新鲜米糠配料。雏鸡料中一般不用米糠，因为雏鸡采食过多米糠会引起肝脏肥大。成鸡料中米糠用量一般限制在 25%以内，颗粒料中可加到 30%。用量超过 30%时，则饲用价值降低，并且会产生软肉脂；喂米糠过多还会引起拉稀。

脱脂米糠去除了全脂米糠中脂肪酸等脂溶性物质，破坏了造成脂肪酸败的脂解酶，胰蛋白酶抑制因子也减少很多，而其他营养物质与全脂米糠类似。脱脂米糠的热能含量不高，不适用于雏鸡，种鸡则可加以利用，且不用担心变质及生长抑制问题。唯一需要注意的是，用量太高时，因米糠含植酸多，会造成钙、镁、铁、锌、磷等矿物质利用率降低，要注意补足。

米糠膨化后，可保存 2 个月。

统糠由稻壳粉和少量米糠混合而成，不宜喂鸡。

3.1.8 棕榈仁粕

棕榈仁粕因粗脂肪含量高，通常将其归为能量饲料使用，可按 1∶1 替代玉米或麸皮。棕榈仁粕在雏鸡料和成年鸡料中添加时不会产生有害影响，而且采食量通常高于饲喂玉米基础日粮(金灵等，2009)。但棕榈仁粕中非淀粉多糖 78%是直链甘露聚糖，精氨酸与赖氨酸不平衡，粗纤维含量较高，大量使用时要配合甘露聚糖酶等酶制剂使用，同时添加赖氨酸，效果才有保证，同时棕榈仁粕对制粒不利，对环模磨损也较大，要从生产实际考虑适宜替代量。

3.1.9 油脂

添加油脂能改善饲料的适口性和外观，提高采食量和日增重、改善饲料转化率，提高生产性能；可提高鸡抗热应激能力。因为油脂的热增耗比蛋白质和碳水化合物低，可减少不必要的散热负担；降低饲料的再分级，保证其混合均匀度和质量，避免饲料产生粉尘和饲养过程中的浪费，改善饲料颗粒表面光泽；加工饲料时减少粉尘和饲料浪费、减少机械磨损延长压模寿命、防止饲料组分分级、提高颗粒饲料质量，降低电耗；在饲料中添加油脂可加强对低质植物油和肉类加工副产品的综合利用。

在蛋鸡饲粮中添加油脂 2%～5%，尤其是添加富含不饱和脂肪酸油脂，可增加蛋重，在炎热夏季效果尤为明显。雏鸡日粮添加油脂，可提高干物质和粗蛋白质的表现消化率。鸡采食含 5%～10%脂肪的日粮与低脂肪的相同日粮相比，即使采食相同数量的代谢能，屠体中也会多沉积 10%～15%的能量。

3.2 动物性蛋白质饲料原料

主要用于供给蛋白质的饲料称为蛋白质饲料。从饲料分类上说，蛋白质饲料是指干物质中粗纤维含量小于 18%，粗蛋白质含量大于 20%的饲料原料。

蛋白质饲料能用来补充缺蛋白质的能量饲料以组成平衡日粮，包括植物性蛋白质饲料如各种豆类子实、油饼类和玉米蛋白粉等工业生产的副产品；动物性蛋白质饲料如鱼粉、血粉、肉粉、蚕蛹、肉骨粉、羽毛粉、皮革粉等；单细胞蛋白质饲料如各种酵母饲料、甲醇蛋白、蓝藻类等。

动物性蛋白质饲料中粗蛋白质含量较高，氨基酸组成比较适应各种鸡群需要，能补充植物性饲料中缺乏的必需氨基酸、矿物质和某些维生素。特别是蛋氨酸、赖氨酸的含量较高，钙、磷比例适当，其中磷全部为有效磷。而且含有较丰富的 B 族维生素，特别是维生素 B_{12}。

一般而言，动物性原料品质变化远大于植物性原料。由于动物性蛋白质饲料所含蛋白质及脂肪量高且易变质，制造过程中易污染杂质及细菌，掺假机会亦大，因而这类原料的品质判断需特别加强。

(1) 鱼粉

鱼粉由整条鱼或除去可食部分的剩余物经蒸煮、压榨、干燥和粉碎而制成。鱼粉种类多，质量差异大，依据原料可分为全鱼粉、混合鱼粉及下杂鱼粉 3 类。还可依据鱼种、产地及加工制造方法分类。南美鱼粉质量最好，尤其是秘鲁鱼粉，其蛋白质含量高，水分低，钙、磷含量也较高，品质有保障。国产鱼粉质量差些。

优质鱼粉是高能量饲料，代谢能可达 2.8～3.0Mcal/kg，蛋白质含量可达 63%～70%，消化率达 90%以上。氨基酸组成平衡，赖氨酸、蛋氨酸、胱氨酸、色氨酸等含量丰富。鱼粉的钙、磷含量丰富，且所有的磷都是可利用磷。B 族维生素及微量元素硒的含量均较高。

鱼粉使用不当会引起鸡的肌胃糜烂症，其症状为嗉囊肿大，肌胃糜烂、溃疡及穿孔、腹膜炎等，严重者吐血而死。这主要与鱼粉中的组织胺及鱼粉的生产工艺有关。在鸡饲料中，以前鱼粉的用量很高，但近年来用量已有所减少，其原因除了鱼粉价格高外，主要由于有了价廉的合成蛋氨酸与大豆粕配合使用，可满足鸡的营养需要。

鱼粉是最佳动物性蛋白质饲料之一。由于鱼粉价格贵，因此鱼粉掺假较多，掺杂物有尿素、麸糠、饼粕、血粉、羽毛粉、面粉、薯片粉、贝壳粉、食盐、砂砾等。国产鱼粉中食盐含量常常过高，致鸡食盐中毒。因此需凭化验室分析化验及视、嗅、味、触觉等来了解鱼粉品质的好坏。

视觉：观察鱼粉的形状、色泽及有无杂物，掺杂尿素、盐、有白色的亮晶晶小颗粒，掺杂棉粕、菜粕有黑色的壳和棉絮。一般脱脂后人工烘干的鱼粉色泽较深，为棕色，自然晾干的鱼粉色泽较浅，为黄色或白色。优质鱼粉有细长的肌肉束、鱼骨、鱼肉块等，烟焦的鱼粉发黑，掺有血粉有暗红色或黑色的粉状颗粒。

嗅觉：优质鱼粉呈咸腥味，依腐败程度相应产生腥臭味及刺激性氨臭味。掺有肉骨粉等有混腥味。

触觉：优质鱼粉经手捻后，质地松软，呈肉松状，劣质鱼粉或掺假鱼粉质地粗糙，故通过指捻可感觉其硬度、黏稠度及异杂物。

水溶法：对试样 2～4g 加水 4 倍，搅拌后静止几分钟，一般麦麸、花生壳粉浮在上面，而鱼粉沉入水底，如鱼粉中混有河沙时，轻轻搅拌后，鱼粉稍浮起旋转，混沙则沉在底部而稍旋转。若是优质鱼粉加入水中，则上无飘浮物，下无泥沙，水较透明；若为劣质鱼粉，则加入水后，上有飘浮物，如糠麸、草粉等，下有沉淀物，且水混浊。

(2) 肉粉、肉骨粉和肉松粉

肉骨粉是指经卫生检验不适合人食用的肉品或肉品加工副产品，经高温高压或煮沸并经脱脂处理，脱水干燥制成的粉状物。也有屠宰场、罐头厂及其他肉品加工厂收集的碎肉及连骨肉片加工、处理成为的肉粉。如含骨多，则称为肉骨粉，美国规定含磷量在4.4%以下的为肉粉，4.4%以上的为肉骨粉。肉粉的蛋白质含量变化幅度较大，一般为50%～60%。

纯肉粉浅黄褐色，消化率86%以上；不能含沙门氏菌和大肠杆菌；肉松状；肉骨粉因肉骨比例不同，其蛋白质含量有差异，一般为45%～50%。蛋白质中含有赖氨酸较多，蛋氨酸含量不如鱼粉，色氨酸含量不如饼类；肉骨粉不仅钙、磷含量丰富，而且比例适合，B族维生素丰富，尤其是烟酸和维生素 B_{12} 含量多，维生素A、维生素D的含量少。

肉粉和肉骨粉饲用价值仅次于鱼粉，但产品质量稳定性差，用量宜加限制，以占日粮的3%(雏鸡)～6%(成鸡)为宜，并补充所缺乏氨基酸，注意钙、磷平衡，不用劣质的。

肉松粉是用猪大油渣为天然原料，经二次脱脂加工而成的。因其形似肉松，故名。肉松粉油香味浓，适口性好，消化率高，富含磷、钙及多种微量元素及其他未知因子。肉松粉与肉粉或肉骨粉完全不同。肉松粉在鸡配合饲料用量应限制在3%以内，以防造成拉稀。

(3) 血粉与发酵血粉

屠宰场畜、禽血液干燥后制成的粉末即成血粉，由于加工方式不同，质量差异很大。血粉蛋白质含量高达80%以上，赖氨酸、组氨酸含量很高，精氨酸含量很低，故与花生饼、棉仁饼配伍饲养效果较好。血粉的最大缺点是异亮氨酸含量很少，在配料时应特别注意。血粉适口性差，因此饲料中用量不超过3%～4%。

血粉采用全血凝结并喷雾干燥时，鸡对血粉蛋白质的吸收率不高，各种氨基酸的表观消化率平均为53.6%。真消化率为36.5%～93.2%，平均为67.4%。但是血粉中的蛋白质用于猪配合饲料后有高度可消化特性，尤其是可用赖氨酸成分极高。单独使用可在猪鸡日粮中占1%(幼雏鸡)～2%(成鸡)。

发酵血粉是以机制血粉经高温灭菌为主要原料，以丝状真菌为生产菌种，采用深层通风工艺和低温干燥技术生产的产品。由于在发酵过程中能减少血粉中的腥臭等异味，增加了生物活性因子，因此增加了血粉的适口性和营养性。血粉发酵后各种氨基酸的表观消化率提高，为44.2%～79.5%，平均为73.4%。真消化率为71.6%～91.4%，平均为83.8%。

(4) 羽毛粉

羽毛粉是家禽屠宰后的羽毛经清洗、高压水解、粉碎后的产品。羽毛粉的主要成分蛋白质达 80%以上，但仅有 25%可消化，使用中应注意氨基酸平衡和蛋白质消化率。

羽毛粉的氨基酸中以含硫氨基酸——胱氨酸含量最高。此外，异亮氨酸含量也高，可与异亮氨酸不足的饲料如血粉配伍。但羽毛粉中蛋氨酸、赖氨酸、色氨酸、组氨酸等含量均很低，用于饲料中易造成氨基酸不平衡。

羽毛粉对家禽强制换羽、防止啄癖有重要作用。质量合格的羽毛粉在蛋鸡日粮中以 2%(雏鸡)～3%(成鸡)的羽毛粉代替血粉，不影响采食量、增重、产蛋率及蛋重等，并能防止啄癖，减少死亡，降低饲料成本。种鸡料中用量不超过 3%，否则使产蛋量下降，蛋重变小。

羽毛粉的品质判别：①羽毛粉所制成的产品为淡黄色，深色生羽毛粉所制成的产品为深褐色至黑色。不可有焦味、腐败味、霉味。②影响品质的最大因素是水解程度。过度水解，如胃蛋白酶消化率在 85%以上，即为蒸煮过度，会破坏氨基酸，降低蛋白质品质；水解不足，如胃蛋白酶消化率在 65%以下，为蒸煮不足，部分二硫键未打开，蛋白质利用率不高。③原料在处理前不能有腐败现象。一经脱毛、水浸，需及早处理。原料中可能会混进家禽屠宰后的副产物(头、颈、内脏)，产品成分有很大差异，头、颈含量高时，脂肪含量高，这时应注意氧化酸败，好的羽毛粉粗脂肪应在 4%以下。④注意包装袋是否被未经高温灭菌的生羽毛及屠宰下脚料所污染，避免病原菌传播。

(5) 皮革粉

皮革粉蛋白质含量高，高温高压下水解的皮革粉含蛋白质 70%～82%，由皮革加工废水中提出的皮革蛋白粉含蛋白质 54%～62%。据测定，皮革粉中的氨基酸不平衡，尤其赖氨酸含量较低，非必需氨基酸较突出，甘氨酸和脯氨酸二者占总量的 35.5%，谷氨酸和丙氨酸二者占总量近 20%，尤其猪皮革粉更为突出。因此用量不宜超过 3%，否则氨基酸不平衡，会降低鸡生长速度和产蛋性能。

皮革粉消化率不高：从皮革生产废水中提取的蛋白粉的蛋白质消化率(猪)为 77.6%，能量的消化率为 69%，蛋白质的利用率为 41%，生物学价值为 52%；而热喷皮革蛋白粉的消化率较高。皮革粉的蛋白质体外蛋白酶消化率为 94.5%。

预防铬中毒：皮革用灰褪毛或酶制剂褪毛过程中的边角料不含铬，但染色抛光的皮革边角料含有约 1%的重铬酸钾，含铬量很高。尤其六价铬的毒性比三价铬大 100 倍，可刺激发生变态反应和产生恶性肿瘤，三价铬还损伤肝脏和肾脏的功能。用含铬化合物的饲料喂家禽，试验证明，铬沉积在肝、肺和胸部肌肉组织中，饲喂不合理会引起鸡群中毒而造成大批死亡。

为防止鸡群中毒，要选用不含铬的皮革粉或选用脱毒的皮革粉。生产厂家必须采取脱毒措施，使含铬量达到国家规定的20mg/kg的指标，最高不得超过内部控制的指标50mg/kg。

保存：皮革粉最大缺点是易吸潮，因此，要用内衬塑料袋的编织袋盛装、封严，存放在干燥处，以防吸潮结块。

(6)单细胞蛋白质饲料

单细胞蛋白质是指微生物蛋白质，包括酵母、霉菌、细胞及微型藻类等所生产的蛋白质。单细胞蛋白质含蛋白质及氨基酸高，且繁殖迅速，不占空间，利于工业生产。但目前正常生产者不多，主要原因是成本高，与天然蛋白质饲料相比，价格太贵，缺乏市场竞争力。

饲用酵母的蛋白质可达45%～50%，含丰富的B族维生素、碳水化合物、脂肪、矿物质等。氨基酸组成的特点是赖氨酸、色氨酸、苏氨酸、异亮氨酸含量高，蛋氨酸、胱氨酸、精氨酸含量低，应用时要考虑添加DL-蛋氨酸。酵母在日粮中的用量一般为2%～3%。

3.3 植物性蛋白质饲料原料

饼粕是油类作物籽实经榨油后的副产品，其生产技术有两种，一种为溶剂浸提法，另一种为压榨法，前者产品称为“粕”，后者产品称为“饼”。一般溶剂浸提法不经过高温、高压，故油粕中的营养物质除油脂外，变化不显著。而压榨法则由于高温、高压过程，常常导致蛋白质变性，特别是赖氨酸、精氨酸类的碱性氨基酸损害最甚。

(1)大豆饼、粕

豆饼是大豆经传统工艺压榨取油后的副产品。豆粕是大豆经提取豆油后得到的一种副产品，根据提取方法不同分为一浸豆粕和二浸豆粕，其中用浸提法提取豆油后得到的副产品为一浸豆粕。大豆经打碎后，在70～75℃条件下加热20～30s，再以滚筒压成薄片，厚0.25～0.40mm，其目的在于破坏细胞，增加溶剂接触面积。溶剂以逆流方式萃取油脂，至薄片含油脂达1%左右为止，再进入脱溶剂烘炉中，一面蒸发溶剂，一面烘焙豆片，温度约为110℃，最后经滚筒干燥机干燥冷却，再加以粉碎即得豆粕。先以压榨取油，再经过浸提取油后得到的副产品称为二浸豆粕。一浸豆粕的生产工艺较为先进，蛋白质含量高，是目前国内外市场上流通的主要品种。

植物性蛋白质饲料中大豆饼、粕品质最好，赖氨酸、色氨酸含量较高，必需氨基酸组成比例也较好；豆粕缺少维生素A、维生素D，而B族维生素较谷实类丰富。豆(饼)粕适口性好，氨基酸组成平衡，消化率高，品质稳定，不易变质，使用限制较少，可大量代替价格昂贵的动物性蛋白质饲料。

豆类饲料中含生长抑制因子和抗营养成分，主要包括胰蛋白酶抑制剂、血凝集素、皂苷、植酸、雌激素、胃胀气因子、抗维生素因子、致甲状腺肿因子和脲酶等抗营养因子，所以大豆饼、粕生喂时适口性差，消化率低，饲后畜禽有腹泻现象。

胰蛋白酶抑制因子主要是抑制动物生长和引起胰腺肥大。一般认为是由于肠道中蛋白水解酶的作用受到抑制，从而阻碍了动物对饲料蛋白质的消化吸收。大豆凝集素在动物肠道中不易被酶水解，却易和小肠壁上皮细胞表面的特异性受体(细胞外被多糖)结合，从而损坏小肠壁刷状缘黏膜结构，干扰消化酶分泌，抑制肠道对营养物质的消化吸收，使蛋白质利用率下降。皂苷能抑制胰凝乳蛋白酶和胆碱酯酶活性，并有溶血作用。

大豆中的部分抗营养因子对热不稳定，如胰蛋白酶抑制剂、血凝集素、脲酶、致甲状腺肿因子和抗维生素因子通过充分加热即可变性失活。实验指出，湿法挤压加工(125～140℃)可显著降低生大豆的脲酶活性和抗胰蛋白酶活性，同时适度加热也可使蛋白质展开氨基酸残基，残基暴露则使其易于被动物体内的蛋白酶水解、吸收。胰蛋白酶抑制因子在110℃下加热3min即可去除，所以豆(饼)粕质量受加工影响。加热不足造成豆(饼)粕偏生，抗胰蛋白酶活性较强；加热过度，造成豆(饼)粕过熟，导致赖氨酸、蛋氨酸等必需氨基酸的变性反应，这都会影响氨基酸利用率和代谢能值。

豆粕品质的测定方法很多。豆粕的感官性状应呈浅黄色或淡黄色的不规则碎片状，色泽一致，无发酵、霉变、结块、虫蛀及异味；新生产的豆粕有豆腥味。豆粕的安全水分不超过14.5%，用手抓散性很好，水分超过15.5%～16%甚至以上，则手抓发滞。新生产的热粕不能马上使用，储存时易结块，生产时易堵机。好豆粕颜色应为淡黄色至淡褐色，颜色过深表示加热过度，颜色过浅表示加热不足。实验室检测常用法为测定脲酶活性，pH 0.05～0.5为正常，小于0.05表明大豆粕加热过度，大于0.5表明大豆粕加热不足。还应注意豆粕是否掺假，水分、杂质是否过多，颜色是否正常，是否有霉变等。

豆饼与豆粕相比，蛋白质含量偏低，其脲酶一般都超标，因此使用易造成饲料质量事故。

(2)棉籽饼、粕

棉花籽实脱油后的饼粕，包括棉籽饼、粕和棉仁饼、粕。棉籽饼、粕是棉籽未经脱壳直接提油后的产物。棉籽饼、粕为淡褐色、深褐色或微黑色，棉絮越多，蛋白质含量越低。棉籽饼、粕的适口性对反刍家畜很好，但猪和禽不喜采食。棉籽饼、粕的蛋白质含量仅22%左右，鸡代谢能水平约6.3MJ/kg。

完全脱壳的棉仁所制成的饼、粕称为棉仁饼、粕。蛋白质含量41%，甚至可达44%，粗纤维含量因去壳程度而异。代谢能水平可达10.0MJ/kg，与大豆饼、粕不相上下。棉仁饼、粕氨基酸组成中，赖氨酸不足，精氨酸过高。赖氨酸与精氨酸之比高达100∶270以上，远远超出了100∶120的理想值。因而，在使用棉仁饼、粕时不仅要考虑添加赖氨酸，而且还要考虑与精氨酸含量较低的饲料搭配，如与菜籽饼、粕搭配就有一定的优越性。

棉仁饼、粕含有棉酚和环丙烯类脂肪酸等抗营养因子，对单胃家畜有毒，尤其家禽对棉酚较敏感，棉酚会危害精子生成。游离棉酚中毒是累积性的，所以棉仁饼、粕在猪、禽日粮中用量不应过多。棉酚按其存在形式分为游离棉酚(FG)和结合棉酚(BG)，BG无毒性，FG决定了棉籽粕的毒性作用。FG的毒性主要由活性醛基和活性羟基产生毒性而引起多种危害，大量棉酚进入消化道后可刺激胃肠黏膜引起胃肠炎，进入血液后能损害心、肝、肾等实质性器官，另外在体内能与蛋白质和铁等结合，使体内一些功能蛋白酶失活，与铁结合则易导致缺铁性贫血。影响蛋白质，使其蛋黄变为绿色或红褐色，降低鸡蛋质量。

建议游离棉酚含量不超过日粮的0.01%，或者棉仁饼、粕在猪日粮中不超过10%，鸡日粮中不超过5%。目前一般在蛋鸡配合饲料中不超过8%，雏鸡配合饲料中不超过3%，种鸡配合饲料中最好不用。如果使用脱毒以后的棉仁饼、粕，用量可稍大。

脱毒方法：按游离棉酚与硫酸亚铁1∶1的比例加入硫酸亚铁即可脱毒。生产上硫酸亚铁用量一般可占棉粕的0.2%～0.4%，而土榨棉籽饼则应加1%～2%。日粮中游离棉酚高时动物易缺铁，所以即使不为棉酚脱毒，也需加硫酸亚铁。但铁易与赖氨酸结合，所以除非特殊需要，添加铁量一般不超过400mg/kg。

(3)菜籽饼、粕

菜籽饼是油菜籽经机械压榨提取油后的副产品。菜籽粕大多数为黄褐色、红褐色、灰黑色碎片或碎粒，外观越红，蛋白质含量越低。菜籽饼代谢能仅2.0Mcal/kg，粗蛋白质含量35%～40%，其氨基酸组成的特点是蛋氨酸、赖氨酸含量较高，精氨酸含量低。

菜籽饼也含有几种有害物质，如植酸(含量大约为2%)、硫配糖体(硫葡糖苷及水解产物)、芥子酵素(芥子碱)和单宁(含量约为0.5%)等。

植酸有很强的螯合能力，能与钙、镁、锌等金属离子形成络合物而降低这些元素的生物利用率；植酸中富含磷而动物对植酸磷的利用率很低，动物未消化利用的植酸磷排泄到环境中被微生物分解，易造成水体富营养化而导致水中缺氧。单宁是一种多元酚化合物，有苦涩味，影响适口性，且在中性和碱性条件下被氧化并产生聚合作用而使菜籽粕颜色变黑，并产生不良气味。多酚化合物还能与蛋白质结合使其营养价值显著降低。硫葡萄糖苷是一种含硫化合物，含硫越高毒性越大。硫葡糖苷本身无毒，但在加工过程中，在共存的硫葡糖苷酶作用下会使其水解成恶吐烷硫酮(OZT)和异硫氰酸酯(ITC)。OZT 是菜籽粕中主要有毒成分，OZT 的主要毒害作用是阻碍甲状腺素合成，引起腺垂体促甲状腺素的分泌增加，导致甲状腺肿大，故又被称为致甲状腺肿因子，它同时使动物生长缓慢。ITC 中的硫氰酸根 SCN 是与 I^-的形状和大小相似的单价阴离子，在血液中的含量多时可与 I^-竞争而浓集到甲状腺中，抑制了甲状腺滤泡细胞浓集碘的能力，从而导致甲状腺肿大并使动物生长速度降低。ITC 多数不溶于水，具有挥发性，因而去毒方法只能采取加热、日晒而不能用水洗法。氰为 ITC 进一步分解的产物，能抑制动物生长引起动物的肝和肾肿大，且单胃动物的胃环境有利于氰的产生，故在单胃动物饲料中尤其要注意菜籽粕的脱毒。芥子碱在菜籽粕中含量为 1%～1.5%，能溶于水，不稳定，容易发生非酶催化的水解反应，生成芥子酸和胆碱，芥子碱有苦味，是引起菜籽粕适口性差的主要因素。芥子碱与腥味蛋有关，是由于芥子碱在蛋鸡肠道中分解为芥子酸和胆碱，胆碱进一步转化为三甲胺，鸡蛋中三甲胺浓度超过 1μg/g 即有鱼腥味。

过量采食菜籽饼、粕会造成甲状腺肿大，蛋鸡生长受阻，破蛋、软蛋增加，蛋中三甲胺含量上升，蛋有腥味，在配制日粮时应限制用量。通常幼雏应避免使用菜籽饼；品质优良的菜籽饼，一般生长鸡饲粮中可占 5%～6%；产蛋鸡和种鸡饲粮中可占 5%～8%；没脱毒的菜籽粕在蛋鸡饲粮中不宜超过 5%～6%，种鸡饲粮中为 2%～3%。实际用量应根据油菜品种、榨油工艺和土壤含硫量而增减。

低芥酸、低硫苷的双低品种，保留了油菜饼、粕的高蛋白，有毒成分含量大大降低，而且壳薄、粗纤维含量低。双低菜粕与豆粕合用可起到平衡和互补作用，优于单独使用任何一种饼粕。

(4) 花生(仁)饼、粕

花生脱壳后榨油，脱壳程度不同，花生饼的质量也不同。含壳量少的花生饼，蛋白质含量和营养价值较高。花生(仁)饼、粕代谢能含量是饼粕类饲料中可利用能量水平最高者，但限制性氨基酸赖氨酸、蛋氨酸含量偏低，精氨酸与组氨酸含量相当高，因此，在使用时要注意氨基酸平衡。花生饼适口性好，有香味，但饲喂量过多，可引起腹泻。

花生粕的抗营养因子有胰蛋白酶抑制因子、植物凝集素和皂苷等，其中主要是胰蛋白酶抑制因子。加热到 120℃左右可破坏胰蛋白酶抑制因子，且加热后有利于消化。花生(仁)饼、粕易生黄曲霉菌，当含水量在 9%以上、温度 30℃左右、相对湿度为 80%时，黄曲霉即可繁殖。鸡采食有大量黄曲霉的花生饼、粕就可中毒，因此使用花生仁饼、粕时要注意检查是否发霉。感染黄曲霉的花生饼、粕可用氨处理法进行脱毒处理后再用。

一般雏鸡及肉鸡前期不用花生饼，育成鸡用量在 6%以下，产蛋鸡的用量可至 9%。

(5) 亚麻籽饼、粕

亚麻又称为胡麻，其种子榨油的副产品亚麻籽饼或亚麻籽粕适口性不好，代谢能很低，粗蛋白质含量与棉仁饼、菜籽饼相近，为 33%～36%。赖氨酸含量不足，精氨酸含量高。亚麻籽饼、粕有促进胃、肠蠕动和改善被毛的功能。

亚麻籽饼、粕中含有对动物有害的氢氰酸、亚麻籽胶和维生素 B_6 抑制因子，鸡日粮中过多会造成生长停滞，羽毛脱落，产蛋量下降，甚至死亡。亚麻籽胶能溶于水，故可用一份亚麻籽饼两份水的比例浸泡，以除去亚麻籽胶，再用加热法去除亚麻苦苷。

一般 6 周龄前雏鸡日粮内不用亚麻饼，生长鸡和产蛋鸡日粮内可用 5%以下，同时将维生素 B_6 的用量加倍。

(6) 芝麻饼、粕

芝麻饼是芝麻提油后的副产品。芝麻饼的赖氨酸相当缺乏，蛋氨酸与色氨酸含量丰富，维生素 A、维生素 D、维生素 E 少，维生素 B_2、烟酸多。矿物质中钙、磷均高，但由于植酸含量多，严重抑制钙、磷、锌的吸收。优质芝麻饼与豆粕有明显的氨基酸互补作用，可在蛋鸡日粮中提供粗蛋白质的 20%以下。但是芝麻饼用量太高时，有引起生长抑制和发生腿病的可能，故鸡饲料中用量宜低。幼雏不用。

(7) 葵花籽饼、粕

葵花籽饼是向日葵籽经溶剂或机械压榨提油后的副产品，脱壳程度及提油方法对其品质影响很大，其代谢能为 1.5～2.4Mcal/kg，粗蛋白质含量为 28%～32%。蛋氨酸含量高，赖氨酸含量低。葵花籽粕为白色或灰黑色，带有黑色条纹，葵花籽粕皮越多，蛋白质含量越低。

3.4 矿物质饲料原料

动物必须从饲料中摄取钙、磷、钠、氯、硫、铁、铜、碘、锰、锌、硒等多种矿物质元素。天然饲料中含有这些元素但成分不全、含量不一，因此鸡饲料要适当补充这些矿物质。

3.4.1 钙源

补充饲料内钙需要量的常用原料有：碳酸钙 ($CaCO_3$)、贝壳粉、蛋壳粉及磷酸钙。

石粉为石灰岩、大理石矿综合开采的产品，基本成分是碳酸钙，含钙量为34%～38%。石粉为半透明白色。颜色发黑的石粉含镁高。在鸡饲料中添加石粉不仅补钙，还可以提高鸡肌胃磨碎饲料的能力；减缓食物在鸡胃肠中的通过速度；使消化液更容易进入食糜，促进营养物质吸收。因此，用于喂蛋鸡的石粉要含有一定量(1/3)的颗粒，颗粒大小为2～3mm，雏鸡颗粒要小于1mm。

贝壳是海水和淡水软体动物的外壳。贝壳主要成分也是碳酸钙，含钙量与石粉相似。新鲜贝壳需经加热、粉碎，以免传播疾病。而死贝的壳有机质已分解，比较安全。买贝壳回来自己粉碎可避免掺假。

据报道，大颗粒石粉(3mm)可改善蛋壳质量，提高骨骼灰分，总排泄磷减少，磷存留率增加，提高鸡蛋含的总磷。在正常的钙水平时，石粉颗粒细度在40目左右，吸收利用率最高。

3.4.2 磷源

我国是一个缺乏磷矿资源的国家，磷源饲料的解决十分重要，实际上1g磷的价格远比1g蛋白质昂贵。常用的磷源饲料有蒸骨粉、脱胶骨粉、磷酸二氢钙［磷酸一钙，$Ca(H_2PO_4)_2$］、磷酸氢钙(磷酸二钙，$CaHPO_4$)及磷酸钙［磷酸三钙，$Ca_3(PO_4)_2$］。

不同来源的矿物元素消化吸收率不同。例如，以磷酸氢钙的效价指数为100时，骨粉、磷酸二氢钙、脱氟磷酸三钙的效价指数分别为87、102、84，因此在日粮中的添加量应有差异。

(1)骨粉

动物杂骨经热压、脱脂、脱胶后干燥粉碎制成的骨粉称为脱胶骨粉，基本成分为磷酸钙，是钙、磷较平衡的矿物质饲料，呈白色粉末状，无臭味，质量较好。使用时要注意骨粉气味，如有一些臭骨粉，很难闻，不宜用。骨粉含磷量应大于11%。我国颁布的饲用骨粉分为三级，根据国家标准规定的指标进行化验后即可确定骨粉等级。一般骨粉中钙含量应为磷的2倍左右，灰分含量应为磷的6.5倍以下。

目前市售骨粉主要有脱胶骨粉、蒸骨粉和生骨粉等3种。脱胶骨粉经高温处理，已除去了骨髓和脂肪，产品质量好，保存期长，不易变质；蒸骨粉和生骨粉因未脱胶，质量差、保存期短，易变质。生骨粉，由于未经过高温灭菌，并含有致病微生物，不宜饲喂家畜。

市售骨粉如磷含量偏低钙含量偏高，则说明骨粉中可能掺有石粉。有些骨粉色白，比重较大，也可能掺了石粉；有的骨粉含沙较多；有些是从废品收购站买来的杂骨作为原料，在加工前已霉变，骨中脂肪发黄，在加工过程中又未能很好地脱脂、脱胶，因此加工出来的骨粉质量差，不宜使用。还有些骨粉水分含量大，易霉变，不宜使用，同时这也是钙、磷含量普遍偏低的一个重要原因。

(2)磷酸氢钙

磷酸氢钙使用最广。磷酸氢钙为白色粉末，颜色发黑发红的含氟高，但磷偏低，不宜使用。无结晶水的磷酸氢钙含钙 29.46%、磷 22.77%，饲料级磷酸氢钙一般含两个结晶水和少量杂质，含钙 21%～23.29%、磷 16%～18%。磷酸氢钙中的钙、磷容易被动物吸收，磷酸钙、过磷酸钙也是含钙、磷丰富的饲料，但吸收率不及磷酸氢钙。我国饲料用磷酸氢钙质量标准：磷含量(%)≥16，钙含量(%)≥21，砷含量(mg/kg)≤30，重金属(以铅 mg/kg 计)≤20，氟含量(mg/kg)≤1800。

3.4.3 食盐

食盐学名氯化钠，含氯 60%，钠 40%，商品食盐中一般含钠 38%、氯 58%，用以补充饲料中钠和氯的需要量。鸡日粮中食盐含量以 0.37%～0.5%为宜。鸡日粮中加入一定量食盐可增加饲料适口性，增进食欲，有助于消化，更重要的是维持了鸡体内水盐代谢的平衡。鸡日粮中添加过多食盐会引起中毒，在幼鸡的饮水中食盐含量达 0.9%时可引起 100%的死亡率。

食盐需要量受以下因素影响；①粗纤维含量增加时，食盐需要量应提高。②日粮中钙、磷缺乏时，食盐配比量应降低。③磷含量增加时，可减少食盐。④钙含量过高时，对食盐有拮抗作用。⑤食盐含量多时，增加锰的需要量。计算食盐添加量时，应把其他含食盐多的饲料中的食盐含量计算在内(如鱼粉、酱渣等)。食盐过多的鱼粉不可使用。

食盐有吸湿性，遇杂质时易潮解，故应将食盐密封保存在阴凉干燥处。使用前应将食盐粉碎并与其他饲料拌匀以防鸡中毒。

3.5 常见饲料原料在鸡配合饲料中的一般用量

表 3-2 给出了常见饲料原料在鸡配合饲料中的一般用量，供参考。

表 3-2 常见饲料原料在鸡配合饲料中的一般用量 (单位：%)

原料	雏鸡	青年鸡	蛋鸡	肉仔鸡
谷实类	65	55	60	60
玉米	35～65	35～60	35～60	50～70
高粱	5～10	15～20	5～10	5～10
小麦	5～10	5～15	5～15	10～20

续表

原料	雏鸡	青年鸡	蛋鸡	肉仔鸡
大麦	5～10	10～20	10～20	10～30
碎米	10～20	10～20	10～20	10～30
植物蛋白质类	25	15	20	35
豆饼	10～25	10～15	10～25	20～35
花生饼	2～4	2～6	5～10	2～4
棉籽饼、粕	3～6	4～8	3～6	2～4
菜籽粕	2～4	3～6	3～6	2～4
芝麻饼	4～6	4～8	4～8	4～8
动物蛋白质类	10 以下	10 以下	10 以下	10 以下
糠麸类	5 以下	10～30	5 以下	10～20
粗饲料	放养鸡优质苜蓿等青草可自由采食			
矿物质	1.5～2.5	1～2	6～9	1～2
石粉或贝壳粉	0.3～1	0.5～1	3～9	0.5～1
骨粉	1.5～2.5	1～2	2～2.5	1～2
食盐	0.37	0.3	0.37	0.35
维生素和微量元素	0.5～1	0.5～1	0.5～1	0.5～1

4 饲料原料质量评估

4.1 饲料原料质量评估指标及抗营养物质

评估饲料原料质量是饲料生产的最关键技术。一般评估指标有容重(bulk density)、概略养分(proximate analysis，包括粗蛋白质、粗脂肪、粗纤维、粗灰分、干物质含量、无氮浸出物等)、氨基酸分析(amino acid analyses)、大豆和豆粕的尿素酶测定(urease testing)、蛋白质溶解度(protein solubility)、鱼粉的胃糜烂因子(fish meal gizzard erosion factor)、高粱的单宁(sorghum tannins)、棉粕中的棉酚(gossypol)、脂肪的碘值和滴度(iodine value and titre)、矿物质的溶解度(mineral solubility)等，具体测定方法有相关专著，这里不再赘述。

(1)蛋白质饲料原料中的抗营养因子

评估蛋白质饲料原料质量的一些方法：蛋白质溶解度可鉴别是否受热过度及受热过度的程度，也可鉴别是否受热不足；但对于抗营养因子是否破坏则不灵敏。尿素酶活性可鉴别抗营养因子破坏程度，发酵豆粕产品小肽含量为10%～25%，一般在23%左右。鱼粉新鲜度与三胺相关系数最高，鱼粉化验指标不敏感，试吃最重要；好的国产鱼粉与秘鲁鱼粉质量一样；鱼排粉和鱼粉是两回事，往往被加到鱼粉中。

大豆(包括黄豆和黑豆)类饲料中含有抗胰蛋白酶(胰蛋白酶抑制因子：棉三糖、水苏四糖)、皂角素、尿素酶等，生喂时影响适口性和饲料蛋白质的消化率，可引起拉稀。这三种有害物质都可用加热、蒸煮、炒熟的办法进行脱毒，故大豆饼、粕类应熟喂。胰蛋白酶抑制因子是豆粕、花生、米糠等原料中作用最大的抗营养因子，抑制蛋白酶活性进而影响蛋白质消化。

棉籽、棉壳、棉籽饼及棉粕中含棉酚、环丙烯脂肪酸、单宁、植酸等。游离棉酚是机体细胞、血管、神经性毒物，刺激胃肠道、损害内脏，并在体内与蛋白质、铁结合，形成缺铁性贫血。在制油过程中由于蒸炒、压榨等热作用，大部分棉酚与蛋白质、氨基酸结合而变成结合棉酚，在动物消化道内不被吸收，毒性很小。另一部分棉酚以游离形式存在于饼粕及油品中，毒性较大，过量饲喂或使用时间较长，可导致生产性能下降，甚至死亡。“土榨饼”蒸炒时间很快或只炒不蒸，游离棉酚破坏较少，这种饼必须在日粮中添加与游离棉酚等量的硫酸亚铁才能饲喂，种鸡最好不使用这类原料。

棉粕所含的单宁、棉绒、棉壳等还影响消化率。

菜籽饼中含有硫葡萄糖苷，芥子碱，单宁等抗营养因子。单宁苦涩味，芥子碱苦味。硫葡萄糖苷本身无毒，但在中性条件下，在菜籽饼中芥子酶作用下水解产生异硫氰酸盐和噁唑硫烷酮等有害物质，芥子酶也存在于某些肠道细菌中。其中异硫氰酸酯(ITC)具有辛辣味，严重影响菜粕的适口性，并刺激消化道。一般饲喂菜籽饼可经高温碱化处理及控制用量，种鸡饲料中菜籽饼比例不宜超过1%。

花生饼含有胰蛋白酶抑制因子、单宁等抗营养因子，在储藏过程中最易感染黄曲霉而产生黄曲霉毒素，这些毒素即使经蒸煮也不能消除毒性。

生豌豆中含有抗胰蛋白酶和葫芦巴碱等有害物质，前者危害同大豆，后者有损害中枢神经系统的不良作用，这两种物质经加热后即可消除毒害作用。蚕豆中含有抗胰蛋白酶和嘧啶核苷酸等有害物质，这两种物质经蒸煮后可消除毒害作用。木薯中含有生氰苷，分解后可游离出氢氰酸，生喂易引起中毒，因为氢氰酸能与细胞色素氧化酶中的3价铁离子结合，使组织细胞不能从血液中摄取氧，进而使细胞窒息。蓖麻茎、叶、种子和未经处理的蓖麻籽饼，均含有蓖麻碱等毒素，它能使血液凝固和细胞溶解，进入胃肠后，分解成甘油和蓖麻油酸，会刺激肠壁而中毒。高粱含单宁，单宁对饲料中的氨基酸有影响。椰子粕易滋生真菌而产生毒素，易酸败变质影响适口性，蛋鸡饲料中用量一般在5%以下。

(2)禾谷籽实中的抗营养因子

禾谷籽实主要是指稻谷、红高粱、小麦、大麦、黑麦和小黑麦，其种皮、护颖和皮壳的细胞壁中主要含有两类黏性的非淀粉多糖(NSP)物质：阿拉伯木聚糖(戊聚糖)和β-葡聚糖。阿拉伯木聚糖通过碱敏性脂状交联固定在细胞壁中，故大多数不溶于水。非细胞壁成分的阿拉伯木聚糖形成高黏性水溶物，可吸收约10倍于自身质量的水。β-葡聚糖可溶性高于葡萄糖。这些水溶性非淀粉多糖(SNSP)吸收大量水分后使食糜黏度提高，食靡流动性降低，妨碍食靡内的糖、氨基酸和其他养分向肠黏膜运动，严重阻碍养分消化吸收；同时，通过水分、蛋白质、电解质等的内源性分泌而改变消化道功能，导致消化器官增大，消化液分泌增多，影响营养物质的吸收率。

大麦和燕麦中的非淀粉多聚糖以β-葡聚糖为主，而黑麦、小黑麦和小麦中以木聚糖为主。所以对大麦和燕麦型日粮通常添加β-葡聚糖酶，对黑麦、小黑麦和小麦型日粮通常添加木聚糖酶，对其他多聚糖含量比较低的饲粮可不添加酶制剂。谷物饲料中除含有这两种主要抗营养因子外，还有植酸和单宁等抗营养因子。植酸只在成熟的种子中出现，且以小麦、大麦和黑麦中含量较丰富，尤以黑麦中的活性最高。单宁主要存在于高粱中。

因此，以高黏度谷物作能量饲料时，必需添加酶制剂。目前市售商品复合酶种类繁多，以木聚糖酶和β-葡聚糖酶为主体的复合酶制剂可选用溢多酶838A(添加量 0.7～1.0g/kg）和罗氏小麦专用酶。高黏度谷物用量不太大时可不加酶。

小麦含 NSP，主要是戊聚糖，使用时宜添加小麦酶，宜制成颗粒。次粉质量不稳定，所含抗营养因子主要是戊聚糖，易酸败；适口性不如小麦麸。

木薯略具甜味，含亚麻苦苷、百脉根苷等氰苷类，经酵素作用后即游离出剧毒氢氰酸。氢氰酸在木薯黑褐色皮中居多，去皮木薯中含 10～370g/kg，连皮则高达 560g/kg，种鸡饲料中最好不用。

甘薯所含抗营养因子主要是胰蛋白酶抑制因子，容易霉变，霉变后适口性下降。蛋鸡饲料中可用到 15%。

(3) 糠麸类饲料

稻、麦作为食用时的副产品米糠和麦麸，称为糠麸类。一般糠麸类的粗纤维含量高，容积大，淀粉少，属低热能原料，B 族维生素含量丰富。

小麦麸是制造面粉的副产品，麦麸由小麦的小部分胚乳、种皮、胚等组成。麸皮粗纤维含量为 8%～9%，所以能量价值较低，一般代谢能含量为 1.78Mcal/kg，粗蛋白质含量约 14%；B 族维生素及维生素 E 含量高，但缺乏维生素 A、维生素 D 等，维生素以硫胺素、烟酸和胆碱的含量最丰富；麸皮含磷量多，约为 1.09%。小麦麸含镁盐较多，有致泻作用。麦麸是良好的能量饲料原料。用麦麸的适宜量：雏鸡不超过日粮的 5%，产蛋鸡不超过日粮的 10%。

使用麸皮应注意：①麸皮变质严重影响鸡消化功能，造成拉稀等。②因麦麸吸水性强，饲料中太多麸皮可限制鸡采食量。③麸皮为高磷低钙饲料，在治疗因缺钙引起的软骨病或佝偻病时，应提高钙用量。另外，磷过多影响铁吸收，治疗缺铁性贫血时应注意加大铁的添加水平。

麦麸的感观性状：细碎屑状，色泽新鲜一致。水分小于 12.5%，粗蛋白质大于 15%，粗纤维小于 12%。感官检查麦麸，首先嗅味，是否有酸味、霉味、发酵味；其次看麸皮，麸皮不宜太大。水分高，储存时易酸败，会严重影响饲料质量。

米糠是糙米加工成白米时的副产品，是种皮、糊粉层和胚 3 种物质的混合物。其营养价值因白米加工的程度不同而不同，白米精致的程度越高，米糠的饲用价值越高。

全脂米糠含有丰富的 B 族维生素及维生素 E，维生素 A、维生素 D、维生素 C 较少，含磷量高，但多属植酸磷。其他矿物质中以锰、钾、镁、硒居多。全脂米糠含油量可达 16.5%，储存不当时脂肪易氧化而发热霉变，因此必须用新鲜米糠配料。全脂米糠所含的主要抗营养因子是胰蛋白酶抑制因子，加热可去除，否则采食过多易造成蛋白质消化不良。影响适口性的主要是脂肪分解酵素、氧化酵素，极易氧化，氧化后适口性不佳。

雏鸡料中一般不用米糠，因为雏鸡采食过多米糠会引起肝脏肥大。成鸡料中米糠用量一般限制在 25%以内，颗粒料中可加到 30%。用量超过 30%时，则饲用价值降低，并会产生软肉脂；喂米糠过多还会引起拉稀。

脱脂米糠去除了全脂米糠中脂肪酸脂溶性物质，破坏了造成脂肪酸败的脂解酶，胰蛋白酶抑制因子也减少了很多，而其他营养物质与全脂米糠类似。脱脂米糠可长期储存，对屠体品质无不良影响；易掺假。

脱脂米糠的热能含量不高，种鸡可以利用，不用担心变质及生长抑制问题。唯一需要注意的是，用量太高时，因米糠含植酸多，会造成钙、镁、铁、锌、磷等矿物质利用率降低，需补足之。

统糠由稻壳粉和少量米糠混合而成，不宜喂鸡。

(4) *矿物质的溶解度*

过去常认为溶解度高的矿物质其效价也高，但是钙，溶解慢的比溶解快的好，钙溶解慢有利于蛋壳形成。现在已经证实，溶解度与矿物质的效价并不是等价的概念。

4.2 霉菌毒素与饲料原料储存

霉菌毒素(mycotoxin)无处不在，大多是原料在田间生长过程中产生的。养殖场和饲料厂常用的饲料原料中霉菌毒素的种类和水平，因原料的产地、原料品种、仓库条件等因素影响而不同，其中玉米赤霉毒素、呕吐毒素、烟曲霉毒素检出率和超标率较高。呕吐毒素超标是最近两年的麸皮(小麦)的主要问题之一。同时低剂量的霉菌毒素引起的免疫抑制是养殖场的“隐形杀手”，虽然营养性因素、使用大量抗生素、环境的应激都会引起免疫抑制，但是引起免疫抑制的主要因素还是霉菌毒素。

(1) *危害*

霉菌毒素可以溶解淋巴细胞，使体液免疫和细胞免疫功能受到抑制；使抗体产量减少，抗原呈递细胞和噬菌细胞功能受到损害；可以抑制免疫细胞的分裂和蛋白质合成，影响核酸复制，降低机体免疫应答等。虽然养殖场免疫程序不变、疫苗按时施打，但群体抗体水平仍上不去，疾病时常发生。

一般来说，霉菌毒素中毒有急性与隐性之分。急性中毒有明显临床症状，但发生最多的，人们最容易忽略或难以察觉的则是隐性中毒，隐性中毒所造成的经济损失比急性中毒大得多。隐性中毒主要有以下几个危害层面(王中秋，2010)。①破坏饲料及原料质量。由于孢霉菌生长繁殖，消耗饲料养分，降低饲料利用率，饲料的有效营养浓度大打折扣。②饲养管理不良情况下的低标准量中毒。饲养管理不良会导致家畜对霉菌毒素的抵抗力下降。由于霉菌毒素是小分子化合物，机体对其不产生抗体，因此，管理不良所致的应激，使得即便是低于危害标准的毒素也会引发动物机体中毒。③对家畜消化道黏膜的强腐蚀性，会使动物的肠黏膜脱落、坏死，从而影响机体对营养物质的消化、吸收。肠道是机体重要的免疫器官之一，当霉菌毒素严重破坏了肠道上皮细胞的完整性时，免疫球蛋白的分泌会降低。④对肝脏的破坏，造成肝细胞坏死、充血，后期形成“橡皮肝”。⑤对肾脏的损伤，可致肾肿、痛风、软骨组织发育不良，家畜腿病发病率升高。⑥损伤免疫器官。除如前所述对肠道免疫系统的破坏外，还会造成鸡胸腺、法氏囊的萎缩，T 淋巴细胞和白细胞减少，白蛋白和球蛋白含量降低，抗体效价下降，血清抗体浓度降低，引起免疫抑制而使各种病毒病多发。

目前尚无治疗霉菌与霉菌毒素的特效药。饲料厂可添加一些高效霉吸附剂、分解剂，尤其是使用玉米酒糟时，更要注意添加高效霉吸附剂或分解剂，因为加工 1t 玉米可产生约 300kg 的玉米酒糟，这些酒糟中会浓缩等于 3 倍量的霉菌毒素。而用干玉米与新玉米兑掺配料，可以稀释霉菌毒素浓度，只要浓度不超标，就不会有太多危害，况且家畜对霉菌毒素的敏感程度与日龄成反比，40 周龄以上的鸡，耐受力较强，而幼雏、种鸡对霉菌毒素的耐受力低且后继影响更大，这在饲喂中可区别对待。

值得指出的是，对黄曲霉毒素的防范更应引起特别关注。黄曲霉素有强烈的致癌、诱癌作用，黄曲霉毒素中毒是人畜共患疾病之一，当黄曲霉素通过肉、蛋、奶和内脏进入人类的食品链时，会严重危害人类健康。世界各国和联合国有关组织都制订了食品、饲料中黄曲霉毒素最高允许量标准，在国外如日本，被黄曲霉污染的大米，人与动物均不准食用，只能用来做工业胶水。

(2)国家饲料卫生标准规定

霉菌数量(GB 13078—2001)规定，4 万～10 万个/g，限制使用；大于 10 万个/g 时禁用。T-2 毒素的允许量(GB 21693—2008)：猪、禽配合饲料≤1mg/kg。呕吐毒素的允许量(GB 13078.3—2007)：猪、犊牛、泌乳期动物配合饲料≤1mg/kg；家禽、牛配合饲料≤5mg/kg。玉米赤霉烯酮在配合饲料、玉米中的允许量(GB 13078.2—2006)：≤500μg/kg。黄曲霉毒素(GB 13078—2001)见表 4-1。

表 4-1　我国饲料、谷物标准中规定黄曲霉素 B1 允许量

种类	指标/(μg/kg)
仔猪、雏鸡等幼家畜配合及浓缩饲料	≤10
生长育肥猪、种猪、生长鸡和产蛋鸡配合及浓缩饲料	≤20
肉用仔鸭后期、生长鸭和产蛋鸭配合及浓缩饲料	≤15
肉牛精料补充料	≤50
玉米，花生饼、粕，棉籽饼、粕	≤50
豆粕	≤30

(3)脱毒

重度发霉饲料应坚决废弃，尚可利用的饲料应进行脱毒处理。具体脱毒方法有物理脱毒法、化学脱毒法、添加中草药霉菌抑制剂、营养解毒法、添加防霉剂、吸附法等。

酵母或酵母细胞壁成分：酵母细胞壁主要成分包括葡聚糖、甘露聚糖、几丁质和蛋白质。酵母细胞壁上的多糖、蛋白质和脂类产生的特殊结构，通氢键、离子键和疏水作用力对霉菌毒素产生吸附力，阻止霉菌毒素吸收，吸附效率比无机吸附剂高。

硅铝酸盐类(HSCAS)吸附剂主要有：黏土、膨润土、蒙脱石、沸石、水合硅铝酸盐等。它是利用强大的比表面积与静电吸引力吸附有离子极性的霉菌毒素，具有一定的选择性。研究发现，HSCAS对黄曲霉毒素(aflatoxin，AF)有较好的吸附能力。有人在体外试验中发现，膨润土和沸石可以吸附99%的AFB_1。但HSCAS吸附剂对玉米赤霉烯酮(zearalenone，ZEN)、赭曲霉毒素A(ochratoxin A，OTA)、单端孢类毒素(trichothecene)等吸附效果不理想，同时也会吸附饲料中其他营养物质。研究发现，对此类产品进行改性，可提高其毒素吸附力，减少对养分的吸附。

黏土(clay)是复杂和广泛多样的，包含有多种功能特性的铝硅酸盐，一些能吸收水分和氨，但有许多类型的黏土不能吸附霉菌毒素，只有某些特定的黏土可以吸附霉菌毒素(黄曲霉毒素)，所以黏土吸附霉菌毒素保护动物的效果不一样。没有任何一个物理的或化学的黏土成分与霉菌毒素的结合能力显著相关，因此，任何霉菌毒素吸附剂的有效性(包括黏土或酵母、酶和细菌的组合)必须进行测试，在体外和体内评价，表现出显著效果才可用于防止霉菌毒素中毒。

活性炭是一种多孔不溶性粉末状物质，含有大量微孔，比表面积可达500～3500m^2/g。活性炭在体外试验中对霉菌毒素具有较好的吸附解毒作用。体外试验发现(刘少文等，2014)，2%活性炭可将肠道内呕吐毒素(deoxynivalenol，DON)的吸收率从51%降低到28%，对瓜蒌镰菌醇(NIV)吸收率从21%降低到12%。但在体内试验中却得到了不同的结论，这可能是由于活性炭不是选择性吸附，易造成吸附饱和，在利用活性炭作霉菌毒素吸附剂时应谨慎使用。例如，添加活性炭会不同程度地使饲料变黑，影响商业价值，同时饲料中维生素、矿物元素等也会被一定程度的吸附。

微生物制剂及酶制剂：乳酸杆菌等、脂类氧化酶、葡萄糖氧化酶等，能在肠道内破坏霉菌毒素，或阻止霉菌毒素吸收。此类产品已有不少研究报道，实际效果需要确证。

复合脱毒剂的主要成分为无机吸附剂、有机吸附剂(微生物及酶制剂与生物活性成分)。特点是利用了不同脱毒剂的优势，阻止霉菌毒素吸附，同时增强动物抵抗力。

复合维生素超量添加可减轻霉菌毒素中毒症状。每天饲喂一定量的青绿饲料，对于排卵数量、卵子质量、排卵的一致性和受精都有良好的促进作用。

(4) 易发霉的原料及预防发霉的措施

花生、玉米、豆粕、棉籽、稻谷等易滋生黄曲霉。在颗粒料生产过程中，要注意粉碎料入机前更易吸收周围水分，堆压时间过长，仓储通风不良、雨淋、曝晒等都易引发霉菌污染，粉料入机后要调控好蒸汽压、水分、时间，还要避免管道冷凝水进入而使粉料水分超标，出机时颗粒料温度、水分过高，也会导致黄曲霉生长，还要定期清理颗粒料提升斗或管道中形成的霉积料。

玉米中霉菌毒素有 200 多种，再好的玉米也有霉菌毒素。玉米生长、收割、仓储等很多环节都可产生霉菌毒素，经过冬季的玉米霉菌毒素会更严重，表面很好的玉米也有霉菌毒素。

花生最容易感染黄曲霉，黄曲霉毒素对花生具有极高的亲和性。黄曲霉的侵染和黄曲霉毒素的产生不仅发生在花生的种植过程(包括开花、盛花、饱果、成熟、收获)中，而且在加工过程(包括原料收购、干燥、加工、仓储、运输过程)中也会产生。

小麦加工时需要加水，而且小麦麸是破碎产品，没有保护皮，所以小麦麸极易产生霉菌毒素。

近年来发霉玉米的影响越来越受关注，相对来说小麦发霉的概率较小。小麦可以替代玉米，但是需要注意：①使用小麦必须加酶制剂，必须用小麦专用酶帮助某些养分吸收。中国的小麦酶技术尚不稳定，相对来说，欧美的小麦酶制剂已有相当历史，性质也较稳定。②使用小麦必须加油，主要是补足亚油酸。③使用小麦必须是熟料(高温加热)，最好制粒。生料黏度高，可导致难下咽，难消化吸收，熟料不仅可以增加适口性，而且可以提高饲料转化率。④小麦不含叶黄素，用量过高会降低蛋黄颜色。

(5) 要尽量选择对霉菌敏感性不强的饲料作物

收获和储运过程中应尽量避免磨破、压碎、鼠啃、虫咬，特别是避免玉米、花生等谷物的表皮和外壳损伤。破碎的花生易污染黄曲霉。储藏室应避免过湿、通风不良及堆放过多过久。

原料采购是饲料企业产品质量优劣的第一关。采购人员要对原料营养指标、水分含量进行严格验收。特别是水分含量，由于玉米是成品料的主要原料，玉米水分含量的高低直接影响到成品料水分含量。南方梅雨季节，一般原料的水分含量应低于 12.5%，玉米、高粱、稻谷的水分含量应控制在 14%以下。

(6) 原料储存

原料储存也是个重要问题，如果仓库漏水、阴暗、潮湿、老鼠出没，就很容易促使黄曲霉生长。在原料储存中，一定要注意空气、湿度、温度的控制，严格按照“先进先出”的使用原则，要及时清理已被污染的原料。可使用的方法有：控制储存环境的温度、封闭隔氧储存、气调储存、低温通风储存及辐射法。例如，把脱粒后的湿玉米装入内衬塑料袋的麻袋中，装满并扎紧袋口可抑制黄曲霉生长，也可添加防霉剂，如丙酸钙、克霉净等。

饲料储存的关键问题有：①老鼠、昆虫。昆虫咬食、污染饲料。②湿度。随湿度提高，霉菌迅速繁殖，使仓库中的温度及湿度均提高，随之霉味及酸味出现，湿度控制在65%以下。③光线。饲料养分常因光线催化作用而发生变异或加速变化。光线会引起脂肪氧化，破坏脂溶性维生素，蛋白质变性。④氧气。大气中的氧能使脂肪氧化，影响蛋白质生物价值及破坏某些维生素，不仅影响养分，而且降低了适口性。⑤微生物。霉菌、细菌、酵母菌均可因环境变化而迅速繁殖，降低原料价值，还可产生毒素而引起中毒。⑥原料本身。例如，细度、pH、完整性、均匀度、含水量、成熟度等。原料水分在13%以下可抑制大部分微生物生长，10%以下可减少昆虫产生。⑦仓储设备、管理。隔热效果及储存期均影响饲料原料品质，管理包括虫鼠控制、通风、翻仓、先进先出等。

4.3 饲料养分值的变异及估计

当前我国饲料生产主要参考“中国饲料原料数据库”、NRC和Feedstuff等数据库。相比而言，“中国饲料原料数据库”数据比较陈旧，每年依据相关研究文献统计分析进而作为数据更新，尚无对各饲料原料的系统测定分析；数据是静态的，没有反映原料营养成分(特别是有效成分)之间的关系，且数据来自不同时间、不同实验室，变异较大，同时许多原料的营养成分没有数据。

近年来提出了动态饲料数据库，即根据饲料原料的物理、化学方法，快速、准确获得有效成分的数据库，动态数据库体现了饲料原料的变异，主要以表格和近红外测定数据的形式为企业提供参考和支持。

用近红外法(NIR)快速估测饲料能量值的原理和方法是根据有机键反射光测定饲料近红外光谱值与真正实测的有效能值的相关性，样品用NIR扫描后建立光谱数据库，然后把样品饲喂猪和鸡测定有效能建立回归模型，一组独立的样品扫描后饲喂猪、鸡作为验证值，比较估测值和实测值的差异，用相关系数和估测误差评估回归模型的实用性。

目前用NIR估测谷物饲料的消化能，估计误差在0.38MJ/kg(汝应俊，2006)。快速估测谷物饲料的消化能可以提高配合饲料的准确性，持续增加实测值可以提高估测模型的准确性，尤其是消化能在13.0～13.5MJ/kg的样品。NIR估测玉米消化能的模型正在研究中，但估测其他营养指标的模型已经应用，这些指标可间接估测表观代谢能(表 4-2)。

表 4-2　用 NIR 预测代谢能　(单位：kcal/kg)

原料	测定值	NIRA 预测值
玉米	3380	3370
大麦	2720	2670
小麦	3275	3225
豆粕	2340	2320
小麦粉(面包粉)	2990	3005
牛油	8690	8680
家禽脂肪	9020	8840
玉米油	9660	9530
棕榈油	7300	7700

数据来源：汝应俊，2006

还可以用 NIR 预测饲料原料的氨基酸组分，见表 4-3。

表 4-3　鱼粉的氨基酸预测　(单位：%)

氨基酸	测定值	NIR 预测值
蛋氨酸	1.5	1.6±0.06
胱氨酸	0.6	0.6±0.07
赖氨酸	3.7	4.0±0.30
色氨酸	0.6	0.5±0.03
苏氨酸	2.2	2.3±0.09
精氨酸	3.4	3.4±0.09

数据来源：汝应俊，2006

准确估计饲料原料的养分含量是压缩饲料配方失真的基础。随着快速检测方法的建立和科学数据的积累，需要一个快速整合数据的工具，目前学术界称为“动态饲料数据库”。“动态饲料数据库”的主要作用是关于饲料养分数值的估计，国内外都有报道。这些估计饲料养分数值的方法，其原理是什么？由生物统计学告诉可知，当两个变量之间相关时，就可以根据一个变量来估计另一个，这就是回归，高尔登的方法。依据的信息来源越多，估计的结果就越可靠，所以多重回归估计方程较常见。Carpenter 和 Clegg(1956)最早给出的预测方程(Blair，2008)是

$$AME(kcal/kg)=53+38(\%CP+2.25\times\% fat+1.1\times\% starch+\% sugar)$$

式中，CP 为粗蛋白质；fat 为粗脂肪；starch 为淀粉；sugar 为糖。

这类方程的预测精度为±200kcal/kg。

实践中直接估计日粮有效能的方程，NRC 1994 版推荐根据以下公式推测玉米的氮校正代谢能(MEn)：

$$MEn=36.21\times CP+85.44\times EE+37.26\times NFE$$

式中，CP、EE、NFE 分别为粗蛋白质、粗脂肪(ether extract)和无氮浸出物，单位全是%。

NRC(1994)有中文版出版，给出了很多此类预测模型，可以参考原书，这里不再赘述。这些模型常常是根据配合饲料试验导出的，而用户常常外推至单个饲料原料。除化学成分外，影响饲料消化率和能值的因素很多。饲料采食量对饲料消化率的影响很小；群饲时随饲养密度的增加饲料消化率下降；饲料加工和热处理会影响饲料消化率。NRC 给出的饲料消化率(及 ME)没有考虑这些因素。

前述的 NRC 预测方程可以用数学符号表示为

$$y=b_0+b_1x_1+b_2x_2+\cdots+b_{q-1}x_{q-1}+e$$

式中，y 为要估计的养分，NRC 的例子是估计代谢能，实际上可以是其他任何养分；x_j 为原料第 j 个观测指标的观测数据，j=0，1，…，q−1。

一般来说，营养学家需要做的事情主要是确定回归方程中的系数 b_j(j=0,1,⋯, q−1)，配方师要做的只是根据营养学家给出的参数来估计自己需要的养分值：

$$\hat{y}=b_0+b_1\hat{x}_1+b_2\hat{x}_2+\cdots+b_{q-1}\hat{x}_{q-1}$$

然后根据这些估计值($\hat{y}$)来设计饲料配方。

事实上，模型中的自变量 x_j 也是随机变量，规模化饲料厂分析原料比较全面，完全可以测定出这些自变量的统计分布参数，这些参数对于提高饲料配方的准确性，降低配方失真有巨大价值，尤其是不同饲料养分之间的相关性，然而业界常常忽视这些信息。

一个供货商的某一品牌的原料成分有变异是难免的，但是，使用多元线性模型可以精确校正这种差异，这样可以使饲料原料有效成分值越来越接近真实有效成分值。这就是所谓的动态数据库，有变异校正功能。

应特别强调，常用回归模型进行估计，而回归模型有很大的局限性，例如，不考虑自变量间的相关性，丢失了极宝贵的数据信息。所以笔者建议用多元线性模型进行估计，因为至少同一原料不同养分间不相互独立。例如，小麦麸，假定其粗蛋白质方差为 0.73，粗纤维方差为 1.35，粗灰分方差为 0.48，粗蛋白质与粗纤维的协方差为−0.334，粗蛋白质与粗灰分的协方差为−0.035，粗纤维与粗灰分的协方差为 0.355，则可有如下数据模型：

$$\begin{bmatrix} 0.73 & -0.334 & -0.035 \\ & 1.35 & 0.355 \\ \text{对称} & & 0.48 \end{bmatrix}\begin{matrix}\text{粗蛋白质}\\ \text{粗纤维}\\ \text{粗灰分}\end{matrix}$$

以这种方式给出数据，可“巨大”提高饲料配方的可靠性和精确性；有零星报道原料养分含量的平均数和标准差，但是还没有见到同时报道不同养分之间的协方差或相关系数。如果假定同一原料内不同养分间的协方差为零，则会丢失极有价值的信息，这些信息对于提高饲料配方的准确性极有价值，营养界与饲料界好像还没注意到这个问题。

4.4 饲料原料生物学效率的评估

饲料原料中所含的养分并不能全部被动物利用，评估饲料原料生物学效率一般称为生物学效价评估，这里以微量元素为例说明生物学效价评估的方法原理，了解这些方法原理有助于配方师理解和使用饲料数据库数据。

(1) 概念

Kirchgessner (1974)，将必需微量元素的总利用率定义为吸收率与代谢率的乘积 (Ammerman et al.，1995)。一般养分的吸收率与利用率可按下列公式计算：

$$真吸收率(\%)=[I-(F-M)]/I\times 100$$

$$利用率(\%)=[I-(F-M)-(U-E)]/[I-(F-M)]\times 100$$

式中，I 为食入某养分的量 (g)；F 为粪中某养分含量 (g)；M 为粪中代谢来源某养分含量 (g)；U 为尿中某养分含量 (g)；E 为尿中内源的某养分含量 (g)。

为此，必须将粪中某养分是来自食物还是来自体内代谢，尿中某养分是代谢的还是内源的，加以清楚区分。然而，有很多因素影响微量元素吸收及在粪尿中的内源排泄量。因此，上述方法不仅复杂，有时甚至不能应用。

Ammerman 等 (1995) 定义生物学效价 (bioavailability，也译为生物学效率、生物利用率) 为吸收后的养分中能被动物利用的比例。Greger (1992) 指出这一概念反映的是所有影响养分吸收、转运、储存和排泄的因素 (日粮和非日粮的) 的综合效应 (Ammerman et al.，1995)。Gueguen (1995) 更明确指出 (Ammerman et al.，1995)，一种养分的生物学效价是指动物食入的养分中能被小肠吸收并能参与代谢过程或储存在动物组织中的部分占食入总量的比例。可以看出，生物学效价与总利用率是两个非常近似的概念。

(2) 方法

可用于研究微量元素生物利用率的技术很多，可分为体外研究和动物饲养试验。体外研究 (*in vitro* study) 更省钱，允许对试验变量做更多控制。体外研究的主要缺陷是不能模拟那些影响微量元素生物学效率的生理状态或某些物理、化学性质和适应性反应。虽然已开发出最新的方法试图纠正这些限制和小肠吸收条件，然而，动物饲养试验对估计营养物质的生物学效率往往更实用。

评定微量元素生物学效价的方法主要有绝对效价法和相对效价法。其中相对效价法主要是指相对生物学价值，历来美国 NRC 标准中的饲料矿物质营养价值的讨论引用的多为该方法测定的结果。绝对效价法包括表观消化率法、真消化率法及体外消化法等。其中，相对生物学价值、表观消化率和体外消化法都不能反映动物对矿物元素吸收利用的真实情况，这是造成矿物元素盲目添加、过量排泄、污染环境的原因之一。矿物元素的真消化率能反映动物对矿物元素真实的吸收利用情况，许振英(1986)指出，矿物元素具有内源代谢粪的损失，其实还可能有尿中的损失，尤其是钙、磷、镁和铁，因此测定他们的表观消化率意义不大，重要的是测定真消化率(董晓慧等，2004)。由于受矿物元素内源损失的干扰，至今尚无理想的测定方法。

就发表的研究论文来看，无论是有机微量元素(包括铜、锌、铁、锰)还是无机微量元素，生物学效价研究方法大体上可分为 3 类：平衡试验法、放射性同位素法和斜率比法。

平衡试验法通过测定食入量、粪及尿排出量和内源损失量，以食入量减去粪中排出量计算表观消化率，即表观消化率(%)=(进食量–粪中排出量)/进食量×100。在此基础上再扣除尿中排出量计算表观代谢率，即表观代谢率(%)=(进食量–粪中排出量–尿中排出量)/进食量×100。这种方法相对快速、简便，但由于微量元素内源损失的影响，无论是表观消化率还是表观代谢率，都不能反映其真正利用率。要测定真利用率，就需要使用纯合或半纯合日粮，但其成本高，同时环境中的微量元素也会严重影响测定结果。因此用这种方法测定不同来源微量元素生物学利用率的试验报道不多。总之，当粪中某元素的内源排泄量不定时，作为总利用率的两个因素之一的吸收率，无法用常规平衡试验测定，大多数微量元素属于此种情况。微量元素吸收后的代谢效率的直接测定更难，尤其是因为必需微量元素涉及许多代谢功能。因此，经常设计间接方法，例如，用各种耗竭再补偿法。

测定真吸收率的一个直接方法是同位素稀释法(同位素示踪法)，试验动物经过一定时间的耗竭，在试验开始时，喂给各组动物不同数量的待测元素，同时注射一次一定剂量的该元素的放射性同位素。然后，连续定时测定血液、各种组织、器官和粪、尿中的稳定的和放射性的微量元素含量，直至它们达到平衡。根据稳定的与放射性微量元素的比例，可以算出粪尿中微量元素的内源排泄量及该元素的利用率。放射性同位素法是通过测定标记微量元素在体内组织中的存留量来测定微量元素的利用率，可以反映微量元素在体内的分布情况，从理论上讲是最理想的，但要求有一定的设备，饲料成本也高，虽然在测定饲料原料中矿物质元素生物利用率方面可以广泛应用，但在有机微量元素利用率测定方面实际应用不多。

总之，用同位素示踪法测定矿物元素配合物的相对生物学效价，试验周期更短，一般不需要 2～4 周时间，但耗资更大，对小动物试验来说不太经济，而且用同位素示踪测定矿物元素的表观消化率意义不大，因为粪中排出的矿物质既混有未吸收的，又有内源性的。

4.5　相对生物学效价评估原理——斜率比法与平行线法

相对生物学效价(relative bioavailability，RBV)的测定方法一般用斜率比法。通常用耗竭-补偿法(depletion-repletion)来研究养分的生物学效价，以铁为例，先饲喂动物缺铁日粮，使动物体内铁储适度耗竭后(血红蛋白含量下降)，再饲喂不同水平铁的日粮，选择敏感的判断指标(生产性能、组织器官铁浓度、酶活等)来估计铁的生物学效价。每一种铁源为一个因子(其中一个应用最广泛的铁盐为参照物，如硫酸亚铁)，每个因子设置不少于4个水平，针对每一种铁源估计组织存留量(依变量 y，mg/kg)对日粮铁含量(自变量 x，mg/kg)的回归方程，用待测铁源的回归系数与标准参照铁源的回归系数之比(%)作为待测铁源的生物学效价，正如 Steike 和 Hopkins(1978)给出的定义式(Blair，2008)，这就是所谓的斜率比(slope ratio)法。

斜率比法在矿物质元素的生物学价值评定方面应用最广。其优点就在于：RBV法忽略了动物矿物质元素利用过程中的许多问题，比较看重结果而不太注意过程，不但简化了试验过程，而且试验结果在实际生产上也具有实用性。斜率比法不足之处：一是由于没有一个统一的反应指标和标准参照物，不同研究结果之间差异较大，相互之间缺乏可比性；二是由于无机矿物元素盐的性质相对稳定，但植物性饲料受品种、气候、地理条件等多种因素影响，试验结果重复性较差；三是斜率比法测定方法比较复杂，一般需要配合进行屠宰试验，试验成本较高。

回归线斜率比法的原理是基于几个假定。首先是假定在待测矿物质元素配合物和标准参照物，自变量与依变量之间都是直线关系，反应变量 y 对待测物浓度 x 的回归方程是 $y=a_t+b_tx$，这里 a_i 是直线在 y 轴上的截距，b_i 是回归系数，标准参照物的回归方程是 $y=a_s+b_sx$，这里 a_s 是回归线的截距，b_s 是回归系数，见图4-1。进一步的假定是两种物质用量在 $x=0$ 时反应相当，也就是两条回归线在 $x=0$ 处相交，即 $a_t=a_s$，所以可以把截距值用一个共同数值表示为 a，结果是，待测矿物质元素配合物的回归方程可表示为 $y=a+b_tx$，标准参照物的回归方程可表示为 $y=a+b_sx$，于是，让 x_t 和 x_s 分别表示产生相等反应变量 y 所需要的待测矿

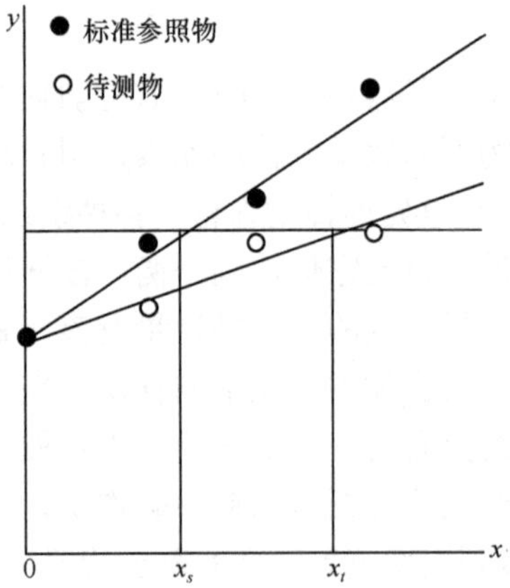

图4-1　斜率比法

物质元素配合物和标准参照物的数量，那么，$a+b_tx_t=a+b_sx_s$，由此即可解出回归线的斜率比为

$$RBV=x_s/x_t=b_t/b_s$$

根据生物学效价的定义，这个斜率比就是待测物的相对生物学效率，这就是斜率比法这个名称的由来。估计量 RBV 很有价值，只是需要假定线性反应并且两条回归线相交。可用统计测验来检验这些假定是否成立，Finney(1978)给出了这些统计测验方法(Blair.R.2008)。一般软件都有这个分析程序，例如，SAS 的 PROC GLM，还可用于估计 RBV 的标准误。SPSS 软件也有分析多重回归模型的功能程序。

根据多元回归模型原理，可以把全部试验数据用一个线性模型表示为

$$y=a+b_tx_t+b_sx_s+\mathrm{e}$$

这样用一个模型表示并且使用多重回归方法分析试验数据，使得试验数据的统计分析更加明晰，统计分析的精度更高。

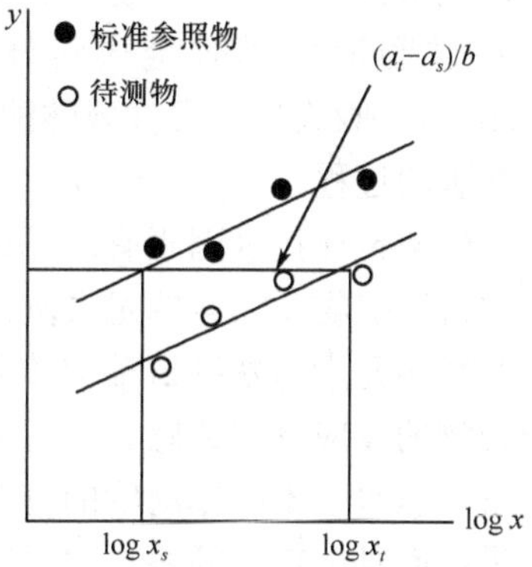

图 4-2 平行线法

有时反应变量 y 对待测物浓度 x 的对数呈线性关系。标准参照物的回归方程是 $y=a_s+b_s\log_{10}x$，待测物是 $y=a_t+b_t\log_{10}x$。如果这两条回归线斜率相等(平行线)，那么，标准参照物和待测物的回归方程分别变为 $y=a_s+b\log_{10}x$ 和 $y=a_t+b\log_{10}x$，于是 $a_s+b\log_{10}x=a_t+b\log_{10}x$，由此解出 $\log_{10}(x_s/x_t)=(a_t-a_s)/b$。所以 RBV 值为 RBV=antilog［$(a_t-a_s)/b$］。从几何学来看，RBV 就是一个水平线段的反对数，这个线段就是平行于横坐标的那条直线被两条平行线截断的这一段，如图 4-2 中箭头所指，所以，这种方法又称为平行线(parallel lines)法。

4.6 生物学效价评估结果的变异

用斜率比法研究矿物元素配合物的相对生物学效价有大量报道，结果差异很大。影响生物学效价的主要因素可分为动物因素、矿物质元素本身、待测元素的生理学、试验设计技术、饲料和饲养管理等。

动物因素有：①受试动物物种(单胃、反刍、家禽)、年龄、性别、生理状态(生长、怀孕、泌乳)。②体质与健康状态。③受试动物体内矿物元素储存状况，包括数量与化合态。④动物对于被测养分的缺乏要有敏感的反应；在开始阶段，体重的变异应尽可能小(变异系数 CV＜5%)。⑤动物生产性能对待测矿物质元素的反

应呈速度递减规律，与梯度添加试验结果相吻合，符合反应+平台的数学模型。

矿物质元素本身因素有：①矿物质元素的化学形式（无机盐或配合物）。②矿物质配合物的溶解度。③吸收的磷酸钙、硅酸盐、日粮纤维。④矿物质元素的电子结构和竞争性拮抗，不同化学态及价态的矿物元素在动物体内的代谢途径不同，会严重影响其生物学效价。⑤配位数（coordination number）。⑥给药途径（口服或注射）。⑦配合物等螯合剂的存在与否。⑧待测元素形成矿物质元素配合物的能力，包括理论（体外）预测和有效（体内）能力。⑨其他矿物质元素的相对数量，尤其是有协同作用或拮抗作用的。⑩矿物质元素配合物产品质量。

待测元素的生理学因素有：①与天然配体（ligand）的相互作用，包括蛋白质、肽、氨基酸、碳水化合物、脂质、阴离子分子、其他金属元素。②待测元素存在或穿过肠道黏膜时金属运输配体的竞争（competition with metal-transporting ligand）。③吸收后内源性载体配体（endogenously mediating ligand）的状况和释放到靶细胞的过程。

试验设计技术因素有：①试验设计时所设定的矿物质元素添加水平，额外添加的待测矿物质元素的量占基础日粮中该种元素含量的主要地位。一般认为，添加的待测元素与基础日粮中该元素含量之比越宽，这项试验对于待测矿物质元素配合物的反应就越敏感。②待测元素添加水平应在 4 个或以上，而且添加水平应使日粮总水平不超过动物的营养需要量，也就是每一个水平都低于动物的营养需要量；而且大部分的添加水平应在敏感范围之内；每个处理至少应有 5 个重复。③研究中所用评价指标：家畜不同组织器官的沉积量不同。④试验研究持续的时间。⑤试验技术，主要有：应用正确的研究设计；选择应用标准试材；应用正确的观察测定数据和记载；充分利用控制条件；多学科联合，综合研究；应用现代技术和设备，改进研究方法；对试验观测结果的正确分析方法。

饲料因素有：①日粮结构，日粮组成应接近生产实际；根据原材料的实际分析值调整配方。②研究中所用日粮类型，基础日粮中待测元素含量和添加量。③添加的待测矿物质元素配合物必须充分混匀（以分析结果为准）。

5 饲料添加剂

为满足家禽营养需要，完善日粮全价性，需在饲料中添加原来含量不足或原来就不含的营养性和非营养性饲料添加剂，如微量元素、维生素、晶体氨基酸、活菌制剂、酸化剂、酶制剂、抗氧化剂、防霉剂、驱虫保健剂等，可提高饲料利用率，提高家禽生产性能，防治某些疾病，减少储藏期间营养物质损失或改进家禽产品品质。

添加剂主要由化学工业生产，包括营养性添加剂及非营养性添加剂。营养性添加剂补充一般饲料中含量不足的养分，使配合饲料营养更完善，常用的有微量元素类、维生素类、氨基酸类等。

5.1 微量元素添加剂

微量元素添加剂俗称生长素，常需补充的微量元素有铁、铜、锰、锌、钴、碘、硒等。在饲料内添加微量元素添加剂时，不仅要考虑各元素的需要量及各元素的协同和拮抗作用，还要考查各地区元素分布特点和所用饲料中各元素的含量。

传统上使用硫酸盐作微量元素添加剂原料，硫酸盐可使蛋氨酸增效 10%左右，而蛋氨酸价钱贵。微量元素添加剂的载体应选择不能与微量元素起化学作用，并且性质较稳定、不易变质的物质，如石粉(或碳酸钙)、白陶土等。

在微量元素添加剂原料选择上要注意几个问题：第一，微量元素化合物中该元素含量(表 5-1)；第二，化合物中该元素的可利用性(表 5-2)；第三，用作微量元素化合物的规格要求(表 5-1)。用作微量元素添加剂的原料从利用率、市场价格和供应情况来看，以硫酸盐类较好，氧化物较差。

由于地域原因各地土壤与饲料中微量元素含量差别较大，土壤中元素含量与饲料中的含量成正比。鉴于饲料中微量元素含量分析较复杂且费用昂贵，禽类对微量元素需要量与中毒量之间有一个很大的安全范围等情况，因此在生产中按标准需要量添加各种无机盐类微量元素，而把饲料中的微量元素含量作为安全余量。

当基础日粮中某种微量元素含量超过饲养标准中规定量时，在配制添加剂时不应再添加此种微量元素，否则不仅浪费而且有引起中毒的风险。所以有条件时尽可能对饲料中微量元素的含量直接测定，然后根据饲料中的实际含量来设计添加剂配方。例如，正常情况下禽类饲料中钼和铬的数量与营养需求相比已能满足需要，因而一般不予考虑。

表 5-1 微量元素的质量标准

原料品种	感官指标及卫生标准验收标准	理化指标验收标准	拒收标准
五水硫酸铜	呈亮蓝色不对称三斜系结晶或粉末，流动性好。沙铜全部通过 20 目筛，95%通过 40 目筛，80 目筛上物≤20.0%；粉铜全部通过 80 目筛。卫生标准：砷≤5.0mg/kg，铅≤10mg/kg	铜(Cu)≥25.0%，分子式：$CuSO_4 \cdot 5H_2O$	铜(Cu)<24.0%；不符合感官指标验收标准；不符合卫生标准
一水硫酸亚铁	呈浅灰色或褐色粉末，流动性好。全部通过 40 目筛，80 目筛下物≥90.0%。卫生标准：铅≤20.0mg/kg，砷≤2.0mg/kg	亚铁(Fe)≥30.0%，分子式：$FeSO_4 \cdot H_2O$	亚铁(Fe)<29.5%；不符合感官指标验收标准；不符合卫生标准
氧化锌	呈浅黄色六角晶系结晶或粉末，无毒，质细腻。80 目筛下物≥99.5%。卫生标准：铅≤50.0mg/kg，砷≤10.0mg/kg，镉≤10.0mg/kg	锌(Zn)≥75%，分子式：ZnO	锌(Zn)<74.5%；不符合感官指标验收标准；不符合卫生标准
一水硫酸锌	呈白色结晶粉末，流动性好。全部通过 40 目筛，80 目筛下物≥90.0%。卫生标准：铅≤20.0mg/kg，砷≤5.0mg/kg，镉≤30.0mg/kg	锌(Zn)≥34.5%，分子式：$ZnSO_4 \cdot H_2O$	锌(Zn)<34.0%；不符合感官指标验收标准；不符合卫生标准
一水硫酸锰	呈白色或略带粉红色结晶粉末，流动性好。全部通过 40 目筛，80 目筛下物≥90.0%。卫生标准：铅≤10.0mg/kg，砷≤5.0mg/kg	锰(Mn)≥31.8%，分子式：$MnSO_4 \cdot H_2O$	锰(Mn)<31.4%；不符合感官指标验收标准；不符合卫生标准
1%碘酸钙	呈灰白色结晶性粉末，流动性及分散性好，无结块，无掺杂掺假。40 目筛下物≥99.9%；80 目筛下物≥90.0%；卫生标准：砷≤5mg/kg，铅≤10mg/kg	碘(I)≥1.0%	碘(I)<0.8%；不符合感官指标验收标准；不符合卫生标准
1%氯化钴	呈红色或紫红色结晶粉末，流动性及分散性好，无结块，无掺杂掺假。160 目筛下物≥90.0%。卫生标准：砷≤5mg/kg，铅≤10mg/kg	钴(Co)≥1.0%	钴(Co)<0.8%；不符合感官指标验收标准；不符合卫生标准
1%亚硒酸钠	呈灰白色结晶粉末，流动性及分散性好，无结块，无掺杂掺假。160 目筛下物≥95.0%	水分≤1.0%；硒(Se)≥1.0%	水分>1.5%；硒(Se)<0.8%；不符合感官指标验收标准

表 5-2 常用微量元素添加剂原料的元素含量和生物学效率

化合物	化学式	元素含量/%	相对利用率/%
硫酸亚铁	$FeSO_4 \cdot H_2O$	Fe =32.9	100
硫酸亚铁	$FeSO_4 \cdot 7H_2O$	Fe =20.1	100
碳酸亚铁	$FeCO_3 \cdot H_2O$	Fe =41.7	2
氯化亚铁	$FeCl_2 \cdot 4H_2O$	Fe =28.1	98

续表

化合物	化学式	元素含量/%	相对利用率/%
氯化铁	$FeCl_3 \cdot 6H_2O$	Fe =20.7	44
碱式氯化铜	$Cu_2(OH)_3Cl$	Cu = 58	105～130
硫酸铜	$CuSO_4 \cdot 5H_2O$	Cu=25.5	100
氧化铜	CuO	Cu =79.9	80
硫酸锰	$MnSO_4 \cdot H_2O$	Mn =31.8	100
硫酸锰	$MnSO_4 \cdot 5H_2O$	Mn =22.8	100
碳酸锰	$MnCO_3$	Mn =47.8	70
氧化锰	MnO	Mn =77.4	96
氯化锰	$MnCl_2 \cdot 4H_2O$	Mn=27.8	116
碳酸锌	$ZnCO_3$	Zn=52.1	100
硫酸锌	$ZnSO_4 \cdot 7H_2O$	Zn=22.7	100
碘化钾	KI	I=76.4	100
碘酸钙	$Ca(IO_3)_2$	I=65.1	150
亚硒酸钠	Na_2SeO_3	Se=46.0	100
氯化钴	$CoCl_2 \cdot 6H_2O$	Co>24.3	

资料来源：Leeson and Summers，2008

(1)铁

可用于饲料添加剂的含铁原料有硫酸亚铁、硫酸铁、三氯化铁、碳酸亚铁、氧化铁、延胡索酸铁等。其中生物利用率最高的是硫酸亚铁，且原料广泛，价格便宜。有机铁能很好地被动物利用，且毒性低，加工性能优于硫酸亚铁，但价格贵，若能降低产品价格将很有前途。氧化铁几乎不能吸收利用，但在某些预混合饲料产品中用作饲料着色剂。

硫酸亚铁产品主要有含 1 个结晶水($FeSO_4 \cdot H_2O$)和 7 个结晶水($FeSO_4 \cdot 7H_2O$)的硫酸亚铁两种。

七水硫酸亚铁为淡绿色结晶或结晶性粉末，不稳定，在加工和储藏过程中易氧化为不易被动物利用的三价铁，黄色、褐色都是三价铁的颜色引起的，三价铁含量越高颜色越深。游离硫酸含量太高时易与其他养分起化学反应使后者失效。七水硫酸亚铁易潮解结块，高温高湿时更甚，不易粉碎，使用不便，与其他微量元素混合后的预混料也有结块性，加工前必须进行干燥处理，所以一般都限制七水硫酸亚铁在预混料中的用量，使用一水硫酸亚铁可减轻结块但不能完全消除；但结块并不失效；在预混料中含氧化锰时，不能使用七水硫酸亚铁。硫酸亚铁生物利用率高，是主要的铁源饲料原料。

一水硫酸亚铁为灰白色粉末，由 7 个结晶水的硫酸亚铁加热脱水而得，不易吸潮起变化，加工性、与其他成分的配伍性都较好。我国主要是七水硫酸亚铁。目前已研制出包被七水硫酸亚铁的制剂，其有效性、稳定性好，但价格较高。

(2) 铜

可作饲料添加剂的含铜化合物有碳酸铜、氯化铜、氧化铜、硫酸铜、磷酸铜、焦磷酸铜、氢氧化铜、碘化亚铜、葡萄糖酸铜等。其中最常用的为硫酸铜，其次是氧化铜和碳酸铜。一般认为硫酸铜、氧化铜对雏鸡增重效果相同。

硫酸铜的生物学效率很高，来源广，成本低，在饲料中应用最广。市售产品有两种：5 个结晶水的硫酸铜($CuSO_4 \cdot 5H_2O$)为蓝色、无味结晶或结晶性粉末；0～1 个结晶水的硫酸铜[$CuSO_4 \cdot nH_2O$ (n=0～1)]为青白色、无味粉末，由 5 个结晶水的硫酸铜脱水所得。五水硫酸铜易吸湿返潮、结块，但结块并不失效；易溶于水，水溶液呈酸性(pH 2.5～4)；对饲料中的有些养分有破坏作用，不易加工，加工前应进行脱水处理，而一水硫酸铜克服了五水硫酸铜的缺点。

使用硫酸铜时应注意：①避免与眼睛、皮肤接触及吸入体内；②注意配伍禁忌，铜会促进不稳定脂肪酸的氧化而造成酸败，同时还会破坏维生素。

碱式氯化铜：碱式氯化铜是新铜源添加剂，又名三碱基氯化二铜，商品名佳乐铜，分子式为 $Cu_2(OH)_3Cl$，相对分子质量为 213.57，墨绿色球状结晶型粉末，极难溶于水和有机溶剂，易溶于氨水和酸。化学性质中性，难溶于水，却能快速在动物消化道内溶解。吸湿性低，化学结构稳定，在饲料中不会分解产生铜离子，不会对饲料中其他养分产生破坏作用，所以避免了硫酸铜吸潮结块的缺点，对饲料加工设备无腐蚀性。促氧化能力低于硫酸铜，所以对饲料中的维生素和脂肪等的破坏作用小于硫酸铜，可延长产品保质期。碱式氯化铜的吸收利用率比硫酸铜高 21%～41%，且不影响铁、锌等其他养分的吸收利用。碱式氯化铜球状颗粒的表面光滑，流动性好，易在配合饲料中混匀。

长沙兴嘉生物工程有限公司生产的碱式氯化铜质量标准如下：碱式氯化铜含量高于 98%，含铜高于 58%，酸不溶物小于 0.2%，细度 95%通过 40 目筛。包装：25kg/袋，保质期 2 年。配合饲料中用量(g/t)：肉禽 15～100，蛋鸡 80。

氧化铜：氧化铜是无臭黑色至褐色粉末，不具吸水性，不易结块，生物利用率好，耐储存；含铜量在 75%左右，各种动物饲料中均可使用，但不能在液体饲料中使用；操作时应避免与皮肤、眼睛接触，避免吸入。

(3) 锌

可用作饲料添加剂的含锌化合物有：硫酸锌、氧化锌、碳酸锌、氯化锌、乙酸锌、乳酸锌等。其中常用的为硫酸锌、氧化锌和碳酸锌。一般认为，这 3 种化合物都可很好地被动物利用，生物学效价基本相同。乙酸锌的有效性与 7 个结晶水的硫酸锌相同。

市售硫酸锌有两种产品即7个结晶水的硫酸锌($ZnSO_4·7H_2O$)和1个结晶水的硫酸锌($ZnSO_4·H_2O$)。七水硫酸锌为无色结晶或白色无味的结晶性粉末，加热、脱水即制成白色、无味粉末的1个结晶水的硫酸锌。七水硫酸锌易吸湿结块，影响加工及产品质量。而一水硫酸锌因加工过程无需特殊处理，使用方便，更受欢迎。实际使用时应注意质量，注意品牌，可检查水溶性，溶解度越高表明其纯度越高，且无氧化锌存在；市售七水硫酸锌含锌量为22%左右，一水硫酸锌含锌量为36%左右；本品在干饲料或液态饲料中均可用，不降低生物利用率。

氧化锌：是一种不潮解、稳定性很好的白色恶臭味粉末，不溶于水，但溶于酸，因为氧化锌是一种碱；氧化锌的价格低而生物利用率高，稳定性好，储存时间长，不结块、不变性，在预混料和配合饲料中对其他活性物质无影响，具有良好的加工特性，所以在实践中使用很普遍；氧化锌含锌量为80%左右，使用时应注意其重金属含量，一般质轻且呈蓬松状者品质较差，含铅量也高。

(4)锰

作为饲料添加剂的含锰化合物有硫酸锰、碳酸锰、氧化锰、氯化锰、磷酸锰、乙酸锰、柠檬酸锰、葡萄糖酸锰等，其中常用的为硫酸锰、氧化锰和碳酸锰，氯化锰因易吸湿而使用不多。据研究，有机二价锰生物有效性都比较好，尤其是某些氨基酸络合物，但成本高，未能大量应用。

硫酸锰：是白色或带淡红色的粉末，无臭，可溶于水，有中等潮解性，稳定性高。一般含锰量在32%左右，动物利用率较高，是良好的锰源。因难溶于水，所以不能在液体饲料中使用。此外，含2～7个结晶水的硫酸锰都能很好地被动物利用。硫酸锰产品随结晶水的减少其锰的利用率降低，但含结晶水越多，越易吸湿、结块，加工不便，且影响饲料中其他成分(如维生素)的稳定性，故一水硫酸锰应用广泛。可根据本品在水中的溶解性高低简单判断品质优劣，溶解性低者为不正常产品；在高温多湿环境中储存太久会有结块倾向。饲料添加剂预混料中大量使用的是硫酸锰。

氧化锰：市售氧化锰纯度低，生物学效价低，但价格也低。添加于饲料的氧化锰主要是一氧化锰(MnO)，由于烘焙温度不同，可生产不同含量的产品，美国王子公司生产的氧化锰有含锰55%、60%、62%的3种规格，分别为棕色、绿棕色和绿色粉末。氧化锰化学性质稳定，有效成分含量高，相对价格低，许多国家逐渐以氧化锰代替硫酸锰。对防治鸡腱炎的研究表明，药品级硫酸锰($MnSO_4·2H_2O$)、碳酸锰、氧化锰和高锰酸钾效果相近；而一些天然矿石的氧化锰、碳酸锰类因含较多杂质和特殊物理化学结构而效果欠佳。以低剂量(每千克日粮10mg)锰添加于鸡饲料中，锰利用率以硫酸锰和碳酸锰为佳；许多研究表明一氧化锰比二氧化锰好，但也有报道二氧化锰比一氧化锰利用率高的。

碳酸锰：是无臭无味、难溶于水的淡褐色直至粉红色的细粉末，一般含锰量在 44%左右，动物利用率较高，是良好锰源。因为难溶于水，所以不能在液体饲料中使用。

饲粮中无论添加硫酸锰还是蛋氨酸锰，随饲粮锰水平提高，蛋壳和蛋内容物中锰含量均提高。蛋壳中锰含量高于蛋内容物。饲粮中添加硫酸锰或蛋氨酸锰，当锰添加水平从 0 提高到 60mg/kg 时，即可显著提高鸡胫骨中锰的含量。

(5) 硒

硒源有亚硒酸钠、硒酸钠、硒化钠、硒元素等，其中以亚硒酸钠生物利用率高，硒含量也最高且价格低，故常用它作为硒元素的补充剂。亚硒酸钠和硒酸钠的毒性都很强，在使用时必须掌握好剂量，并且搅拌均匀。

硒酸钠为白色结晶粉末，易溶于水，亚硒酸钠为白色直至带粉红色的结晶粉末，不易溶于水。硒酸钠和亚硒酸钠都是良好的硒源，但亚硒酸钠利用率高，因不溶于水而性质较稳定，所以实践中使用也较多。

(6) 碘

可作为碘源的化合物有碘化钾、碘化钠、碘酸钾、碘酸钠、碘酸钙、碘化亚铜等。其中碘化钾、碘化钠可被家畜充分利用，但其稳定性差，易分解造成碘的损失；碘酸钙、碘酸钾较稳定，其生物学效价与碘化钾相似，故在美国的微量元素预混料中应用最广，但由于溶解度低，主要用于非液体饲料。饲料中最常用的为碘化钾、碘酸钙。

1) 碘化钾：碘化钾是无臭的白色结晶粉末，有咸味和苦味，易潮解，易溶于水，水溶液的 pH 为 7～9，含碘 67%左右。动物对碘化钾的利用率较高，是良好的碘源。储存太久会有结块现象，高温高湿时易潮解，部分碘会形成碘酸盐，所以应避免暴露于日光下；长期暴露于大气中会释出碘而呈黄色，应注意防范；在各种饲料用碘化物中，碘化钾稳定性最差，无法与其他金属盐类相容，遇其他金属的盐类时分解出的游离碘对维生素、抗生素、药品等饲料添加剂均构成威胁，所以应尽量少用。

2) 碘酸钙：碘酸钙白色直至乳黄色不等，粉状或超细结晶，略具碘味，水溶性低，稳定性高，其产品有无结晶水、1 个和 6 个结晶的水化合物[$Ca(IO_3)_2$、$Ca(IO_3)_2 \cdot H_2O$、$Ca(IO_3)_2 \cdot 6H_2O$]。作为饲料添加剂的多为含 0～1 个结晶水的产品，含碘 62%～64.2%，基本不吸水，微溶于水，很稳定。其生物学效价与碘化钾相似，故逐渐取代碘化钾广泛添加于非液体饲料中作为碘源。碘酸钙储存太久或暴露于阳光下会导致流动性不良，应注意防范；由于其稳定性好，利用率高，所以在生产上使用很广。

碘化酪蛋白：是一种人工合成产品，商品形式为(棕)黄色粉末，无臭或微有焦糖香味，不溶于水。碘化酪蛋白属拟甲状腺素物质，具有类似甲状腺素的某些生理作用，作为饲料添加剂，能大大提高碘吸收率，促进家畜生长生育，改善机体脂肪代谢，增加肌体瘦肉比例，提高繁殖力、产卵率、蛋壳硬度，促进羽毛生成及颜色亮度，可提高奶畜食欲和泌乳量，增加饲料利用率。由于其毒性小，为无急性毒性物质，且饲喂效果明显，在养殖业中的应用越来越广。

碘化酪蛋白对鸡的影响主要表现在提高产蛋量和蛋品质，改善鸡体脂肪代谢，改善料蛋比，增加养鸡经济效益等方面。在蛋鸡饲料中添加量为50～150mg/kg。

(7)钴

生产上常用的钴源饲料原料有硫酸钴和碳酸钴。

硫酸钴：市售的有七水硫酸钴和一水硫酸钴两种产品，七水硫酸钴是无味的橘红色透明结晶或砂状结晶，具有中至高度的吸水性，易溶于水，含钴21%左右；一水硫酸钴是无味的粉红色直至紫色结晶粉末，不易吸水，但易溶于水，含钴21%左右。动物对硫酸钴的利用率较高，是良好的钴源。储存太久会有结块现象，应注意防范。

碳酸钴：碳酸钴是粉红色直至紫色结晶粉末，不易吸水，不溶于水，室温下稳定，含钴46%左右。碳酸钴的利用率较高，是良好的钴源，而且耐储存。

(8)天然微量元素添加剂

天然微量元素添加剂主要有以下几种。

稀土：稀土是化学元素周期表中镧、铈、镨 、钕、钇等17种金属元素的总称，它们具有丰富多彩的光、电、磁等物理特性和化学活性，还具有奇特的生物效应。用稀土饲料添加剂喂养肉鸡和蛋鸡，可明显提高产肉率和产蛋率。稀土还能增强雏鸡抗病力，提高育雏成活率。

芒硝：可防治啄癖，日粮中添加 0.25%芒硝可预防啄癖发生，增重率、产蛋率及羽绒生长速度均有显著提高。

蒙脱石、沸石、膨润土、滑石都是硅铝酸盐，是混合物，不能以一种具体的分子式表示，但它们的结构和具体的物质组成不同，因此其性质和用途不同。在畜牧业方面的用途，蒙脱石一般用来做防拉稀的药物或作为霉菌毒素吸附剂的主要成分，沸石和膨润土一般用在饲料里作载体或防止稀便，沸石还可以作为试验室干燥剂。滑石在畜牧业上用得少，但其有清热解暑的作用，可以考虑在夏季加在饲料中降低热应激。

滑石主要成分是硅酸镁，沸石主要成分是二氧化硅，蒙脱石是膨润土的组分，含蒙脱石80%以上的膨润土最好。蒙脱石分为钙蒙脱石和钠蒙脱石两大类，又名微晶高岭石，片状结晶的硅酸盐，蒙脱石含量大于80%(含量高低可用吸蓝量测定)。沸石矿中一般都伴生有蒙脱石。滑石是一种常见的硅酸盐矿物，主要含水硅酸镁(即$3MgO{\cdot}4SiO_2{\cdot}H_2O$)，由富镁矿物经热液蚀变转变而来，还含氧化铝

(Al_2O_3)，杂有黏土、石灰、铁等。

配合饲料中加3%～5%沸石，提高了肉鸡日增重，改善了饲料转化率，增进了鸡群健康、降低了死亡率、减少了饲料消耗和确保了鸡群均匀一致等。沸石添加量以3%较为适宜。

5.2 有机微量元素

20世纪50年代开始对微量元素营养进行了大量研究，养殖业使用微量元素添加剂经历了3个发展阶段。第1代产品即无机盐类添加剂(如硫酸亚铁、硫酸铜和硫酸锌等)始于20世纪60年代。第2代产品为一些简单的有机化合物(柠檬酸亚铁、富马酸锌和乳酸锌等)。这些产品都存在吸收率低的缺陷，不能满足动物营养需要，并且无机微量元素的添加剂量往往远高于动物自身的营养需要，导致资源浪费和环境污染。第3代产品是氨基酸微量元素螯合物，具有高安全性、高吸收利用率、抗干扰、稳定性适中、能够改善适口性、与维生素和抗生素等无配伍禁忌等特点，能够提高动物免疫力、抗应激能力和生产性能，是一种高效、环保、安全的绿色添加剂。20世纪80年代中期，微量元素氨基酸螯合物引入中国。80年代末，中国高校和研究机构对螯合物进行选题研究，陆续有合成、制备的螯合物产品用于研究试验和生产。

在微量元素配位化合物(简称为配合物)中，配合剂有蛋白质、氨基酸、糖、有机酸等天然有机物。微量元素配合物是由一个中心离子(或原子)如Fe^{2+}和配位体以共价键相结合所形成的复杂离子或分子。配位体是指那些含有可提供孤对电子的原子或分子，有机分子中的N、O、S都可提供孤对电子，这些配位体可与金属离子发生配位作用，从而形成复合物。微量元素螯合物是一种特殊的配合物，它是指一个或多个基团与一个金属离子进行配位反应而生成的具有环状结构的配合物，微量元素氨基酸螯合物是由某种可溶性金属盐中的一个金属离子同氨基酸按一定的物质的量比以共价键结合而成。螯合物也称为内配合物，由于它的环状结构，通常比配合物稳定。

氨基酸微量元素螯合物的营养特性如下。

1)螯合物的稳定性适中。在动物消化道内微量元素金属离子极易与氨基酸离子形成1∶1(M∶M)的螯合物，由于1∶1(M∶M)螯合物不稳定(H^+和强配位体的影响)，金属离子可以与其他非氨基酸配合物(如植酸、草酸、磷酸)形成稳定且不容易被动物机体吸收利用的螯合物，最终导致金属元素利用率降低。氨基酸螯合物类似二肽，螯环封闭微量元素，防止植酸、草酸、磷酸等的不利作用。有一定抗酸能力，能够克服植酸等无机酸的不利影响，有利于消化吸收。有机微量元素在酸性环境中的稳定性依赖于其配合基，新一代有机微量元素的结构已被重新修饰，在消化道酸性环境中稳定性更好。

2) 易于吸收，适口性好。微量元素氨基酸螯合物被认为是微量元素吸收的原始形式，同时提供给动物微量元素和必需氨基酸。微量元素氨基酸螯合物随日粮进入动物消化道后，可以耐受家禽嗉囊、腺胃和肌胃内的酸解，不经过任何形式变化直接被吸收进入小肠黏膜上皮细胞，再经过细胞内的转运机制由血液运输到全身各个组织发挥生理作用。细胞膜是由蛋白质和类脂组成的，由于细胞膜具有流动性，微量元素氨基酸螯合物能够与细胞膜融合，在减少能量消耗的情况下促进其吸收。

3) 生物学效率高。常用微量元素无机盐、有机盐在被动物体摄入后，必须借助辅酶的作用，与氨基酸和其他物质形成螯合盐后，才能被机体吸收，吸收后微量元素在血液中与某些蛋白质结合被运输到机体所需部位，发挥其生物学功效。微量元素氨基酸螯合物与动物体内酶的结构相似，也近似于动物体内吸收微量元素的天然状态，且稳定常数适中，微量元素阳离子螯合及释放过程都相对容易，故微量元素氨基酸螯合物生物学效价要显著高于无机微量元素。

4) 吸收后体内高效运转。微量元素氨基酸螯合物可过胎盘、乳腺屏障，有利于胎儿幼畜获取营养。Vandergrift (1994) 指出 (Dewayne Ashmead H.2012)，微量元素氨基酸螯合物对动物的作用不仅仅是其中的微量元素或氨基酸的生物学效价提高，而且它们对动物有特殊的生理作用，例如，参与细胞内氧化、增强动物免疫力等。

影响微量元素作用效果的因素有：有机微量元素产品质量、添加水平、动物种类及饲粮类型等。

20 世纪 70 年代开始，养殖业推广的矿物元素有机配合物主要有：金属元素有机酸配合物 (metal complex with organic acid)、金属元素多聚寡糖配合物 (metal complex with poly oligosaccharide)、特定金属元素氨基酸螯合物 (metal amino acid chelate)、金属元素蛋白质螯合物 (metal proteinate chelate) 和金属元素小肽螯合物 (metal small peptide chelate) 等。有机酸型（如柠檬酸铁、葡萄糖酸铁、富马酸亚铁和乳酸铁等）和生物发酵型（如富硒酵母、高铁酵母和葡聚糖铁等）有机微量元素生产成本高，所以常作为治疗缺乏病的药物。由于微量元素氨基酸螯合盐离子键与配位键共存，化学稳定性好，且其吸收是借助肽或氨基酸的吸收途径（这种吸收途径可避免不同微量元素之间的竞争），因此其吸收速度比无机盐快 2～3 倍。据报道，仔猪对 Zn-Met 的生物利用率较 ZnO 高 8 倍，即用 250mg/kg 饲粮的 Zn-Met 其效果等同于使用 2000mg/kg 饲粮 ZnO 的效果。另外，氨基酸微量元素螯合物可减轻饲料中营养物质的破坏程度，所以业界普遍看好微量元素氨基酸螯合物添加剂的发展前景。

1) 有机铁：有甘氨酸亚铁、氨基酸螯合铁、复合氨基酸螯合铁、乳酸亚铁等。

蛋氨酸铁 (DL-蛋氨酸螯合铁) 是化学合成的，由蛋氨酸与铁螯合而成。浅黄或黄棕色微细颗粒，具有蛋氨酸的特殊气味。相对分子质量为352.25，难溶于水，一般含铁14.5%。密闭避光储存于阴凉、通风、干燥处。

2）有机锌有蛋氨酸锌、甘氨酸锌、甘氨酸锌丙氨酸等。

蛋氨酸锌由蛋氨酸和锌螯合而成，白色流动性粉末，具有蛋氨酸的特殊气味，不溶于水和乙醇，可溶于稀酸和稀碱中。二价锌阳离子与氨基酸中羧基上带负电荷的氧及给电子体氨基形成配位键，多个配位体能同时满足锌离子的配位数和化合价，配位键的形成使化合物构成五元环，五元环结构中各键之间的张力是环状化合物中最小的，所以具有良好的化学稳定性和生化稳定性。

氨基酸或小肽可与锌在小肠中形成可溶性的锌-氨基酸螯合物或锌-小肽配合物，该物质在肠段中不受植酸等因素的影响，并并能以氨基酸和小肽的吸收模式转运，提高了锌的利用率。

大量研究表明，氨基酸锌比硫酸锌使仔鸡的日增重和饲料效率提高了10.22%和13.4%；在家禽饲料中添加60mg/kg氨基酸锌，使仔鸡死亡率降低了17%～25%，球虫病减少了7%～17%，提高了抗应激和免疫能力。有机锌用于蛋禽可以改善蛋壳质量，提高产蛋量与产蛋率及种蛋的孵化率和健雏率。试验组的总产蛋率比对照组分别提高了21.02%和12.8%，其中鸡蛋的含锌量显著提高了2.6倍。

市售的蛋氨酸锌一般含锌4%、10%或18%。

3）有机铜有蛋氨酸铜、蛋白质螯合铜（百乐铜）、复合氨基酸铜等。

蛋氨酸铜是化工方法制取的，由蛋氨酸和铜螯合而成。为流动性粉末，具有蛋氨酸的特殊气味。不溶于水和乙醇，可溶于稀酸和稀碱中，具有良好的化学稳定性和生化稳定性。

4）有机锰有羟基蛋氨酸锰、蛋白质螯合锰（百乐锰）、有机酸锰等。

有机酸锰盐包括乙酸锰，含锰22.4%；柠檬酸锰，含锰10.1%；葡萄糖酸锰，含锰12.3%。有机锰生物学利用率高于无机锰。

5）有机硒有蛋氨酸硒、胱氨酸硒、酵母硒等，可由人工合成、生物转化和生物富集等不同方式生产。

酵母硒（富硒酵母、高硒酵母）是用对人、畜无害的有益酵母在含硒培养基中发酵培养，使无机态硒结合成有机硒（主要以结合蛋白形式存在），再分离出酵母并洗净细胞表面吸附的无机硒，经浓缩和喷雾干燥的方式精制而成的富集高浓度硒的酵母产品，保证了硒元素在菌体中以有机状态存在，同时也将酵母本身富含的蛋白质、糖类、维生素及其他对动物有益的活性物质保存下来。

酵母硒是淡黄褐色粉末状，有酵母风味，一般含硒1mg/g。酵母硒的推荐用量为150～300mg/kg。对蛋鸡可100%替代无机硒。

酵母硒易霉变，为保持产品新鲜，一般添加防霉剂。

6）有机铬。常用饲料原料（如谷实、糠麸、块根块茎等）中有机铬化合物含量较多（0.1～1mg/kg）。生产所用日粮大多含铬不足，一般对快速生长的、受应激的动物和高能日粮动物进行补铬。常用添加物有吡啶羧酸铬、烟酸铬、酵母铬、乙酸铬等，以烟酸铬使用最多。补铬不能过多，以防出现铬中毒。

7)胂为有机化合物的一种，是砷化氢分子中的氢原子部分或全部被羟基取代而成的衍生物，而砷则是非金属元素。

砷元素是动物必需的一种微量元素，在世界范围内被广泛用于促进家畜生长。砷制剂具有广谱杀菌、抗寄生虫等多种药理作用，还具有一定的促生长和改善产品外观作用，因此近年来砷制剂作为饲料添加剂在畜牧生产上应用很广泛，但是有机砷饲料添加剂在动物体内吸收较少，大部分随家畜粪便排出，而且目前我国大多数家畜粪便未经过无害化处理，大量含砷的排泄物进入环境造成污染，危及人类健康。

实践中使用的有机砷制剂主要是对氨基苯砷酸、3-硝基-4-羟基苯砷酸。对于饲料中砷的含量，我国《饲料卫生标准》中明确规定：鸡、猪饲料中总砷含量必须小于或等于2mg/kg；鱼粉、石粉和磷酸盐中砷含量分别不得高于10mg/kg、2mg/kg、10mg/kg；猪饲料中用对氨基苯砷酸等有机砷制剂宰前停药期为5天，砷容许残留量为，肌肉及脏器0.5mg/kg，肝、肾2.0mg/kg。

8)碘化酪蛋白。碘化酪蛋白是一种人工合成产品，商品形式为(棕)黄色粉末，无臭或微有焦糖香味，不溶于水。碘化酪蛋白属拟甲状腺素物质，具有类似甲状腺素的某些生理作用，作为饲料添加剂，能大大提高碘吸收率，促进家畜生长生育，改善机体脂肪代谢，增加肌体瘦肉比例，提高繁殖力、产卵率、蛋壳硬度，促进羽毛生成及颜色亮度，增加饲料利用率。由于毒性小，为无急性毒性物质，且饲喂效果明显，在养殖业中应用越来越广。

碘化酪蛋白对鸡的影响主要表现在提高产蛋量和蛋品质，改善鸡体脂肪代谢，改善料蛋比，增加养鸡经济效益。在蛋鸡饲料中添加量为50～150mg/kg。

9)碱式微量元素不溶于水和唾液，对味蕾无刺激，是一种无味的粉末，可提高饲料的适口性。有机碱式盐因其生物学利用率高、添加量少、可有效降低粪中排放量而体现出诸多优势。

碱式氯化锌：国家新饲料添加剂，生产经多道去杂工艺，保证铅、镉含量在10mg/kg以下，避免了常规锌源中常见的镉、铅超标而导致饲料卫生指标不合格的现象发生。生物利用率比氧化锌高50%～100%，比硫酸锌高20%～40%。鸡对不同锌源相对生物学利用率为：硫酸锌100、碱式氯化锌122、氧化锌为37。

碱式氯化铜可代替硫酸铜。据报道，对于家禽，碱式氯化铜的相对生物学效价是硫酸铜的106%～112%。在家禽遭受球虫病应激时碱式氯化铜的相对生物学效价是硫酸铜的112%。

10)氨基酸微量元素螯合物存在一定的问题。微量元素氨基酸螯合物具有生物利用率高、能提高动物生产性能、提高机体免疫力、抗病抗应激、减少维生素的破坏、降低环境污染等优点，但仍然存在一定的问题，集中表现为氨基酸螯合物生产工艺复杂，工艺要求严格；产品螯合率和稳定性的检测没有统一标准；微量元素氨基酸螯合物在动物体内的作用机制及代谢途径仍需进一步探索；微量元素氨基酸螯合物与无机微量元素合理搭配使用的比例也需进一步研究。

王金伟等(2013)认为，导致有机微量元素使用效果不突出的原因可能是：①试验动物的机体状况不同。在动物饲养试验中，总是尽可能选取日龄、体重、身体状况相同的试验动物进行试验，但不可能做到完全相同，试验个体之间总会有差异，这很有可能导致试验结果不显著。当动物体内某种微量元素缺乏、适当或过量时，动物对相应元素的利用率不同。缺乏某种微量元素时，相应微量元素的吸收利用率就会升高，从而减小氨基酸微量元素螯合物与无机物之间的差异；相反，在动物体内某种微量元素过量时，由于其吸收机制与缺乏时不同，导致相应元素的利用率降低。另外，当动物处于亚健康状态时，体内的生理活动已经与正常动物不同，但其并不表现出病例变化，因此，在选取试验动物时并不能从外在行为状态上区分动物是否处在亚健康状态，这有可能导致最后试验结果差异不显著。②添加剂量不同。微量元素在消化道内的吸收方式因剂量不同而不同，低剂量时微量元素离子大都是以主动的载体转运过程吸收，高剂量时则主要以被动扩散过程吸收。在机体稳态机制的调节下，动物对微量元素的吸收并非一直与微量元素的浓度成直线关系，而是成渐近线性关系(即微量元素的吸收量达到某一阈值时其吸收量就不会再随微量元素浓度的增加而增加)。在试验研究中，常用低剂量的氨基酸微量元素螯合物与高剂量的无机微量元素相比较，可能是由于机体稳态的调节机制导致二者在消化道内的吸收量相同。

5.3 维生素添加剂

维生素添加剂主要是人工合成的各种单项维生素及复合维生素。使用维生素添加剂时，影响维生素效价的因素很多，使用时应该在需要量的基础上，加一定的保护量。

家禽对维生素的需要量，除考虑营养需要外，还应考虑日粮组成、饲养方式、环境条件、家禽体质与健康状况、应激情况、饲料中维生素利用率、饲料加工储藏的损失等。例如，接种疫苗、转群、断喙和有疫病时，要加大维生素添加量。

维生素分为脂溶性维生素和水溶性两类。脂溶性维生素包括维生素 A、维生素 D、维生素 E、维生素 K，水溶性的包括 B 族维生素(维生素 B_1、维生素 B_2、维生素 B_6、维生素 B_{12}、烟酸、泛酸、叶酸和生物素)和维生素 C。脂溶性维生素的吸收机制与脂肪吸收接近，在体内与饲料中的脂肪一起被吸收。水溶性维生素不和脂肪相关联，所以脂肪吸收机制即使发生变化也不会影响水溶性维生素通过简单扩散方式被吸收。脂溶性维生素可在机体内储存，而水溶性维生素不储存，多余量会很快被排出体外。

1）大多数维生素的衡量单位常以毫克(mg)（如B族维生素）或微克(μg)表示。在某些维生素的测定方法不完善，其化学结构、性质尚未完全阐明之前，曾用相对衡量单位(国际单位——鼠单位或雏鸡单位)表示。例如，维生素A的国际单位是按小白鼠对维生素A及β-胡萝卜素的利用能力制订的。目前维生素A、维生素D、维生素E已采用统一的国际单位(IU)衡量其活性或表示动物对其需要量。美国还有“美国药典单位(UPS)”。其不同单位的关系如下。

维生素A：1国际单位(IU)＝0.300μg维生素A醇(结晶视黄醇)＝0.344μg维生素A乙酸酯＝0.550μg维生素A棕榈酸酯＝0.358μg维生素A丙酸酯＝1美国药典单位。

维生素D：1国际单位(IU)＝1国际雏鸡单位(ICU)＝0.025μg维生素D_3(晶体)＝1美国药典单位。

维生素E：1国际单位(IU)＝1mg DL-α-生育酚乙酸酯＝1美国药典单位。

1mg D-α-生育酚乙酸酯相当于1.36国际单位维生素E。

1mg D-α-生育酚相当于1.49国际单位维生素E。

1mg D-α-生育酚相当于1.1国际单位维生素E。

2）维生素的稳定性。由于某些维生素很不稳定(表5-3，表5-4)，在保存过程中，配合饲料中的维生素会有不同程度的损失(表5-5)。一般维生素添加量都是把饲料中的含量作为安全余量，在饲养标准基础上再考虑储存期的自然损失，实际上额外添加的要比正常饲养标准高。

表5-3 常温下维生素的损失

维生素	维生素存留量(%)月				损失/月(%)
	0.5	1	3	6	
维生素A(微粒胶囊)	92	83	69	43	9.5
维生素D_3(微粒胶囊)	93	88	78	55	7.5
维生素E乙酸盐	98	96	92	88	2.0
维生素E(醇)	78	59	20	0	40.0
亚硫酸二甲嘧啶甲萘醌(MSBC)	85	75	52	32	17.0
亚硫酸氢钠甲萘醌复合物(MPB)	86	76	54	37	15.0
盐酸硫胺	93	86	65	47	11.0
硝酸硫胺	98	97	83	65	5.0

续表

维生素	维生素存留量(%)月				损失/月(%)
	0.5	1	3	6	
维生素 B_2	97	93	88	82	3.0
维生素 B_6	95	91	84	76	4.0
维生素 B_{12}	98	97	95	92	1.4
泛酸钙	98	94	90	86	2.4
叶酸	98	97	83	65	5.0
生物素	95	90	82	74	4.0
烟酸	93	88	80	72	4.6
维生素 C	80	64	31	7	30.0
氯化胆碱	99	99	98	97	1.0

表 5-4 维生素添加剂对外界因素的稳定性

维生素	氧化	还原	重金属离子	热	光	酸性	中性	碱性	潮湿
维生素 A	+	−	+	+	+	+	−	−	(+)
维生素 D	(+)	−	+	+	+	+	−	−	(+)
维生素 E	−	−	(+)	−	−	(+)	−	+	−
维生素 K	−	+	+	+	(+)	(+)	−	+	(+)
维生素 B_1	(+)	+	+	+	−	−	(+)	+	(+)
维生素 B_2	−	+	−	−	(+)	−	(+)	+	−
维生素 B_6	−	−	+	−	(+)	−	(+)	+	−
维生素 B_{12}	(+)	(+)	(+)	(+)	(+)	(+)	−	(+)	−
泛酸钙	−	−	−	(+)	−	+	(+)	−	+
维生素 B_{11}	−	−	(+)	+	+	+	−	(+)	(+)
维生素 B_7	−	−	−	+	−	(+)	−	−	−
烟酸	−	−	(+)	−	−	−	−	−	−
烟酰胺	−	−	−	−	−	(+)	−	(+)	+
维生素 C	+	−	+	−	+	−	−	+	(+)
维生素 B_4	−	−	−	−	−	−	−	(+)	+

注：+敏感；−不敏感；(+)弱度敏感

表 5-5 维生素制剂在制成不同产品后的稳定性

影响因素	受影响的维生素	需要量增加比/%
饲料成分	所有	10～20
环境温度	所有	20～30
舍饲笼养	维生素 K、B 族维生素	40～80
压制颗粒	维生素 A、维生素 D、维生素 E、维生素 K、维生素 B、维生素 C、叶酸、泛酸	10～20
未用抗氧化剂	维生素 A、维生素 D、维生素 E、维生素 K	100
过氧化物、脂肪	维生素 A、维生素 D、维生素 E、维生素 K	100
寄生虫	维生素 A、维生素 K 等	100

蒸汽制粒、挤压和膨化过程都会导致维生素损失(表 5-6)。

表 5-6 蒸汽制粒、挤压和膨化损失的维生素效价 (单位：%)

维生素	膨化(82℃，30s)	挤压(117℃，20s)	制粒(120℃，60s)
维生素A	7	4	12
维生素D_3	5	2	8
维生素E	5	3	9
亚硫酸氢钠甲萘醌复合物MSBC	18	30	50
硫胺素	11	9	21
叶酸	7	6	14
维生素C	45	40	63
胆碱	2	1	3

数据来源：Leeson and Summers，2008

日粮中维生素的添加量一般均大于 NRC 中的需要量。生产维生素产品的公司所提出的推荐量均大于科学工作者或品种鸡公司的推荐量，一般认为应参考科学工作者或品种鸡公司的推荐量，添加一定保险系数(表 5-7)。饲料中按维生素生产厂家推荐的添加量可能对家禽健康与体内储存有一定好处，但不一定经济。

表 5-7 各种维生素产品的保险系数（德国 BASF 公司）

维生素名称	保险系数/%	维生素名称	保险系数/%
维生素 A	2～3	维生素 B_6	5～10
维生素 D_3	5～10	维生素 B_{12}	5～10
维生素 E	1～2	叶酸	10～15
维生素 K_3	5～10	烟酸	1～3
维生素 B_1	5～10	泛酸钙	2～5
维生素 B_2	2～5	维生素 C	5～10

就我国当前日粮中能量浓度和蛋白质水平，一般认为中等水平的维生素添加量效益较好（表 5-8）。

表 5-8 维生素的最优添加量

维生素（加入风干饲料）	后备母鸡	产蛋母鸡
维生素 A/（IU/kg）	7 000～10 000	8 000～2 000
维生素 D_3/（IU/kg）	1 500～2 500	2 500～3 500[1]
维生素 E/（mg/kg）	20～30	15～30[2]
维生素 K_3/（mg/kg）	1～3	2～3
维生素 B_1/（mg/kg）	1.0～2.5	1.5～3.0
维生素 B_2/（mg/kg）	4～7	4～7
维生素 B_6/（mg/kg）	2.5～5.0	3.0～5.0
维生素 B_{12}/（mg/kg）	0.015～0.025	0.015～0.025
烟酸/（mg/kg）	25～40	20～50
泛酸/（mg/kg）	9～11	8～10
叶酸/（mg/kg）	0.8～1.2	0.5～1.0
生物素/（mg/kg）	0.10～0.15	0.10～0.15
维生素 C/（mg/kg）	100～150	100～200
Hy.D25-OH D_3/（mg/kg）	0.069[3]	0.069[3]
胆碱（mg/kg）	200～400	300～500

注：1. 如果使用 Hy.D 则添加不超过 3000IU/kg 的维生素 D_3；2. 如果处于热应激的环境下，则使用 200mg/kg；3. 应遵循各地对饲料中全部维生素 D 的活性剂量的法规规定

数据来源：DSM Vitamin Supplementation Guidelines，2006

3）实践中加大维生素用量可促使母鸡产蛋，然而这有限度，特别是脂溶性维生素的投喂量，过量时效果会适得其反。因为这类维生素排出缓慢，并且能在鸡体内蓄积，从而增加各脏器负担，影响母鸡健康。

维生素除具有提高动物生产性能，改善饲料效率，保护动物健康等营养作用

外，还可改善蛋壳质量，蛋黄颜色；增强肉质新鲜度，延长保质期；提高繁殖力等。所以评价维生素供给量是否适宜，不仅要考虑饲养效果，投入与产出比，还要判断是否符合市场需要，达到最佳效益。维生素添加不仅要预防传统意义上的维生素缺乏症，还要解决商业运作环境下对最优化饲养的支持。

维生素缺乏症在生产中很常见，初期并不表现什么症状，难以诊断。缺乏维生素幼年动物表现为抗病力降低、生长发育停滞，成年动物表现为生产力和繁殖力下降。

一般植物性饲料中不含维生素A和维生素D，即使经过包囊的维生素A和维生素D也易失活，所以维生素A和维生素D的推荐量比需要量应大几倍。维生素K、维生素E推荐量比NRC推荐量应高3～5倍。长期或突然过量投喂维生素A可引发母鸡维生素A过多症。病鸡表现为精神抑郁或惊厥，采食量下降，严重时不吃食，羽毛脱落。维生素D投喂量超过饲养标准时，大量钙会从母鸡骨组织中转移出来，不仅使血钙增高，抑制神经和肌肉的兴奋性，而且会沉积于动脉管壁、关节、肾小管、心脏及软组织中，加重这些器官组织的负担。病鸡临床表现为食欲消退、腹泻、肾脏结石，病情严重的个体常死于尿毒症。

维生素E投喂量超过饲养标准太多会使母鸡脂肪代谢发生障碍，导致过肥，产蛋减少，并可能因维生素E中毒而死亡。维生素K投喂超量，会引起鸡胃肠黏膜发炎、食欲锐减、下痢，继而产蛋量下降，严重时停产。为预防母鸡维生素过多症，应根据饲养标准控制维生素添加量。对已发生维生素过多症的鸡群，立即停止投喂维生素，供给充足饮水，一般可使其在1.5～2周内逐渐康复。

维生素B_2与维生素B_5添加量应高于NRC(1994)推荐量0.5～1倍。常用饲料中维生素B_1、维生素B_6含量丰富，为降低成本，添加量可低于NRC推荐量。

生物素在饲料中含量丰富，可比需要量降低一些；生物素价格高，添加一定量时未见有较好效益，所以许多商用维生素中均不加生物素，使用市售的复合维生素时要注意这一点。

其他维生素如叶酸、维生素B_{12}、泛酸可按需要量添加，饲料中含量可作为一个安全量看待。

动物性饲料和豆饼饲料中含有较多胆碱，所以添加量应比NRC需要量低；同时氯化胆碱呈碱性，与其他维生素添加剂一起配合时，影响其他维生素效价，一般不予混合在内，应单独添加。B族维生素如维生素B_1、维生素B_2、维生素B_6和维生素K_1、维生素K_2、维生素C及烟酸、泛酸等遇碱极易被破坏或失效。胆碱产品如为液态，则需加50%玉米粉混合使用。

复合维生素添加剂添加量在应激时的用量要加倍。

4)维生素的使用技术。复合维生素添加剂的使用技术与微量元素的使用技术大致相同。在使用前要弄清其有效含量和具体用法，一定要按使用说明书上规定的操作方法把产品添加到饲料中。一般是先与少量饲料拌匀，添加剂至少扩大到

100 倍后，才能混入全部饲料，以保证混合均匀有效。

注意选择使用时的针对性：配制预混料时，如生产条件和技术力量好，可选择纯品或药用级脂溶性维生素制剂；如生产条件和技术力量差，应选择经过包被处理的制剂；如配制液体饲料或宠物罐头饲料，则应选择可溶性制剂。

注意使用前预处理：脂溶性维生素添加剂产品在开封后应尽快用完，制粒、膨化冷却后再喷涂在颗粒料表面能减少脂溶性维生素的损失。使用维生素添加剂要事先用少量玉米粉等载体预混，然后再逐级扩大混匀。充分预混均匀能显著降低家畜发病率。

注意添加剂间互作：饲料添加剂间存在协同作用与拮抗作用，当把有协同作用的各成分配合在一起使用时，其功效能大于各自功效的总合，事半功倍；反之，则会使其功效小于各自功效，甚至无效和产生毒性作用。脂溶性维生素对大部分矿物质不稳定；在潮湿或含水量较高的条件下，脂溶性维生素对各种因素的稳定性均降低；维生素 K 若与氧化物或碳酸盐微量元素配合，储藏中的损失率可达 92%。

注意维生素之间的协同与拮抗。

泛酸钙：在酸性条件下容易失效，因此不能与烟酸同时添加。另外，泛酸钙吸湿性极强，因此必须先制成单项预混合料，并在其中添加适量的碳酸钠保持碱性。添加适量的氯化钙，可以防止吸湿，保持良好的流动性。

氯化胆碱：具有强烈的吸湿性，碱性极强。较强的碱性可破坏水溶性维生素 C、维生素 B_1、维生素 B_2、泛酸、维生素 PP 及脂溶性维生素如维生素 K 等。另外，氯化胆碱与蛋氨酸有协同作用，蛋氨酸能提供甲基($—CH_3$)在体内合成胆碱。

维生素 C：维生素 C 具有很强的还原性，其水溶液呈酸性，可使维生素 B_{12} 被破坏而失效，所以两者不可同时制成一个饲料添加剂剂型。维生素 C 与维生素 A 有拮抗作用，与维生素 B_1、维生素 D 有协同作用。

维生素 E：能防止维生素 A 的氧化。

维生素 B_1：与维生素 C 协同；与维生素 B 族、维生素 A、维生素 D 拮抗。缺乏维生素 B_1 时，可因维生素 A 过剩而使症状恶化。

维生素 B_{12}：能激活叶酸的生物学活性，鸡缺乏叶酸时可应用维生素 B_{12} 辅助治疗；维生素 B_{12} 与维生素 C 合用，促进鸡生长发育的效果显著。此外，泛酸能增强维生素 B_{12} 的效应。

其他维生素拮抗物：自然界中有多种物质可阻止或限制某些维生素被动物利用，这样的物质就是维生素拮抗物。维生素拮抗物存在于某些植物及一些动物制品中。有些常规用于商品家畜的药物也具拮抗维生素的特性。一些霉菌和细菌在其代谢活动中产生一些对维生素有拮抗作用的物质，这些微生物可存在于家畜周围环境中。

现已知的拮抗物对维生素的拮抗机制如下：①分解酶的分子，使维生素失去活性，如硫胺素酶可使硫胺素(维生素 B_1)灭活；②与酶形成络合物，如抗生物素蛋白可使生物素灭活；③占据作用位点，如双香豆素可占据维生素K的作用位点，使维生素K无法发挥作用；④阻止维生素在动物肠道中的吸收。

配合饲料常添加油脂。饲料中含高水平不饱和脂肪酸会增加油脂发生氧化的可能性，而油脂氧化了就会影响脂溶性维生素A、维生素D、维生素E的吸收。酸败脂肪还可使生物素灭活。

5）维生素保质期。维生素添加剂要避光保存于低温干燥的库房内。维生素在正常环境中保存时会由于氧化等作用而逐渐失效，市场上出售的复合维生素由于互作这种失效作用更迅速。为避免维生素添加剂的自然损失和效价降低，一般最好不要多买，现用现买。当然购买时要注意生产日期，不要买到失效产品。对于有一定生产规模的饲料厂，最好自己生产维生素添加剂预混料，这就需要掌握各种单项维生素产品的规格和特性。

6）高生产力动物新品种的维生素需要量变化很大，原因如下：①家畜新品种选育使各种维生素的需要量变动；②内、外应激因素影响动物的维生素需要量；③市场对产品质量的要求也制约了维生素的供给量。

5.4 氨基酸添加剂

从氨基酸的化学结构来看，除甘氨酸外，α-氨基酸都有D型（右旋）和L型（左旋）两种。由于动物体蛋白都是由L型氨基酸和甘氨酸组成，一般在肠内D型不如L型氨基酸易吸收，吸收的D型氨基酸若不转化为L型氨基酸，仍不能组成动物体蛋白。有些动物体内存在着能转化D型氨基酸为L型氨基酸的酶，这就是有的D型氨基酸也能被利用的原因。人和家畜主要是利用L型氨基酸（除蛋氨酸外），一般认为，对猪，D-蛋氨酸与L-蛋氨酸有相同的活性，对雏鸡稍差；对雏鸡，D-色氨酸为L-色氨酸的15%左右。

氨基酸的工业化生产有微生物发酵法、合成法和酶法。一般用微生物发酵法和酶法生产的为L型氨基酸；用合成法生产的为DL型或L型氨基酸。我国多以糖蜜为原料用发酵法生产L-赖氨酸。市售氨基酸有的不是纯氨基酸，实践中要注意其有效含量。

(1) 蛋氨酸添加剂

蛋氨酸是唯一含硫的必需氨基酸。目前作为蛋氨酸添加剂的产品主要有DL-蛋氨酸和DL-蛋氨酸羟基类似物（methionine hydroxy analoque，MHA）及其钙盐（MHACa）。此外，蛋氨酸制剂还有蛋氨酸金属配合物如蛋氨酸锌、蛋氨酸硒、蛋氨酸铜等。蛋氨酸金属元素配合物主要是针对微量元素添加剂在饲料中添加量小，在饲料中准确添加并混合均匀比较困难，而无机元素毒性较大，某些无机化合物易吸湿结块，影响加工性能和其他活性成分的稳定性等不足。氨基酸金属元素配合物克服了这些不足，并可提高添加效果和安全性。目前商业产品已上市，但因价格问题未广泛使用。

用微生物发酵法生产的是L-蛋氨酸，用合成法生产的是DL-蛋氨酸，两者效价相等。饲料级产品纯度为98.5%，含氮9.4%，即含粗蛋白质58.6%，代谢能为21MJ/kg。

由于DL-蛋氨酸具有与L-蛋氨酸相同的营养价值，目前饲用者大部分采用的是以石油化工产品丙烯氧化制成的丙烯醛和甲硫醇为原料合成的DL-蛋氨酸，成本低，能与鱼粉竞争。DL-蛋氨酸为白色至淡黄色结晶或结晶性粉末，易溶于水，有光泽，有特异性气味。一般饲料级制剂纯品要求含$C_5H_{11}NO_2S$在98.5%以上。近年还有部分DL-蛋氨酸钠(DL-MetNa)应用于饲料。蛋氨酸羟基类似物是美国孟山都(Monsanto)公司自1956年以来开发的蛋氨酸代替品，主要有MHA钙盐(MHA-Ca)、钠盐(MHANa)、游离酸(MHAFA)，作为商品应用的主要是孟山都产品干燥MHA(DL-蛋氨酸羟基类似物钙盐)和Alimet(液体消旋羟基类似物游离酸)。

工业合成的DL-蛋氨酸羟基类似物(MHA)能代替蛋氨酸用，其效价为1.2gMHA等于1g蛋氨酸。蛋氨酸羟基类似物钙盐(MHA-Ga)能代替蛋氨酸用，其效价为蛋氨酸的40%～100%，随试验条件的不同而不同，笔者使用时取70%。

蛋氨酸的添加量要根据饲料中蛋氨酸含量与实际需要量的差额来补充，一般添加量是日粮的0.05%～0.1%，添加量过大抑制家禽生长，甚至使家禽中毒。

N-羟甲基蛋氨酸钙不适合在鸡配合饲料中使用。

常见市售蛋氨酸有掺淀粉、葡萄糖粉、石粉等，而使氨基酸含量仅达50%左右，大大低于国家标准$C_5H_{11}NO_2S$(干基)≥98.5%。

感官检查：真蛋氨酸为纯白或微带灰黄色，为有光泽结晶，尝有甜味，具有较浓的特异气味，流动性及分散性好，无结块，无掺杂掺假。卫生标准：砷≤2mg/kg，铅≤20mg/kg。假的为黄色或灰色，闪光结晶极少，有怪味、涩感。

灼烧：取瓷质坩埚1个，加入1g蛋氨酸，在电炉上炭化，然后在550℃茂福炉上灼烧1h，真蛋氨酸残渣在1.5%以下，假蛋氨酸在98%以上。

溶解：取1个250mL烧杯，加入50mL蒸馏水，再加入1g蛋氨酸，轻轻搅拌，假蛋氨酸不溶于水，而真蛋氨酸几乎全溶于水。

退货标准：$C_5H_{11}NO_2S$(干基)<97.0%；不符合感官指标验收标准；不符合卫生标准。

(2)赖氨酸添加剂

赖氨酸属于碱性氨基酸。市售的饲料级赖氨酸为L-赖氨酸盐酸盐，为白色至淡褐色小颗粒，流动性及分散性好，无结块，略具特有口味，密度为0.48～0.65kg/L；可溶于水，在20℃时的溶解度为64.2g/100mL；难溶于乙醇或乙醚，有旋光性；本品比较稳定，温度高时易结块，吸湿性强；L-赖氨酸盐酸盐的活性仅为L-赖氨酸的 78.8%，市售的 L-赖氨酸盐酸盐添加剂纯度在 98.5%以上，含 L-赖氨酸 78.0%左右，使用时应注意这点。

L-赖氨酸盐酸盐添加剂的含氮量一般为 15.3%，粗蛋白质等价为 95.8%；含代谢能(禽) 3.99Mcal/kg (16.7MJ/kg)。在预混料和配合饲料中均稳定性良好。一般在设计配合饲料配方时，L-赖氨酸盐酸盐添加剂的用量在 0.3%以下，在猪和肉鸡等肉用动物的配合饲料中用量较大。

由于非酶褐变(美拉德反应)，饲料中赖氨酸在加热或热压条件下会降低利用率。

使用时要注意有效含量。在市售赖氨酸中，有一种 DL 型，其中含有相当数量的 D 型赖氨酸，L 型只是其中的一部分。由于动物体内只能利用 L 型赖氨酸，而 D 型不能被利用，故在使用时要计算其真正被动物利用的 L 型赖氨酸的含量。一般商品标明 L-赖氨酸盐酸盐的纯度是 98%，但其中 L-赖氨酸的含量为 78%，所以在计算添加量时应当按照 78%的含量计算。例如，日粮中需添加 L-赖氨酸 0.1%，需要用商品 L-赖氨酸盐酸盐为：0.1%÷78% = 0.128%，即在饲料中添加 0.128%的 L-赖氨酸盐酸盐。

感官检测：纯品 L-赖氨酸盐酸盐添加剂为白色或淡褐色小颗粒或粉末，无味或稍有特殊气味，放入口中带有酸味，无涩感。假的 L-赖氨酸盐酸盐气味不正，具有杂质样涩感，有些还有尿素刺鼻气味或芳香气味。

溶解性检验：根据赖氨酸易溶于水的特性，可做溶解性检验。称取 1g 样品放入烧杯中，加入 50mL 蒸馏水，轻轻搅拌，真赖氨酸完全溶解，溶液澄清无沉淀物。若溶解不完全、溶液浑浊或有残渣出现，则可能有掺假成分。将烧杯放在电炉上加热，若溶液变稠成糊状，说明样品掺有淀粉类似物。

灼烧检验：将 1g 左右的赖氨酸放至瓷质坩埚中，在电炉上灼烧，真赖氨酸会散发出类似羽毛燃烧时产生的气味，掺假赖氨酸一般气味较淡或不具有这种气味。待坩埚内样品燃烧无烟后，将坩埚移至茂福炉，在 550℃温度条件下灼烧 2～3h，真赖氨酸灼烧残渣应在 0.3%以下，肉眼几乎看不见残渣。若残渣较多，则可能为掺假赖氨酸。

氨基酸的鉴别：称取试样 0.1g，溶于 100mL 水中，取此溶液 5mL，加 1mL 0.1%的茚三酮溶液，加热 3min 后，加水 20mL，静置 15min，溶液呈紫色。

氯化物鉴别：称取试样 1g，溶于 100mL 水中，加 0.1mol 硝酸溶液，即产生白色沉淀。取此沉淀加(1+9)硝酸溶液(1 份体积的浓硝酸和 9 份体积的蒸馏水混合)，沉淀不溶解。取此沉淀加入过量的(1+2)氨水(1 份体积的浓氨水加 2 份体积的蒸馏水)，则溶解。

测氮法鉴别：赖氨酸的相对分子质量为 182.65，含有 2 个氮原子，其理论含氮量为 $2\times14\div182.65\times100\%=15.3\%$。将此理论值乘以商标上标明的纯度，即得出试样赖氨酸所应达到的含氮量。采用饲料检测中常规的凯氏定氮法，可以测出试样赖氨酸的含氮量，与其理论值进行比较，误差在一个含氮单位左右为正常，若实测值比理论值高或低 2 个含氮单位则说明是伪劣品。

卫生标准：砷≤1mg/kg；铅≤5mg/kg；铵盐≤0.02％。

企业验收标准：水分≤1.0％；$C_6H_{14}N_2O_2 \cdot HCl$(干基)≥98.5％；pH≤5～6。

退货标准：水分＞1.5％；$C_6H_{14}N_2O_2 \cdot HCl$(干基)＜95.％；pH＜5 或＞6。不符合感官指标验收标准；不符合卫生标准。

L-赖氨酸硫酸盐呈浅褐色结晶小颗粒，稍带特殊气味，流动性及分散性好，无结块，无掺杂掺假。企业验收标准为 $C_6H_{14}N_2O_2 \cdot H_2SO_4$(干基)≥65.0％。退货标准为 $C_6H_{14}N_2O_2 \cdot H_2SO_4$(干基)＜60.0％；不符合感官指标验收标准。

(3) 色氨酸添加剂

作为饲料添加剂的色氨酸有化学合成的 DL-色氨酸和发酵法生产的 L-色氨酸。皆为无色至微黄色晶体，有特异性气味。多数资料表明，对猪 DL-色氨酸的生物学有效性相当于 L-色氨酸的 80％～85％，对鸡相当于 55％～60％，设计饲料配方时应注意。

市售色氨酸添加剂一般是 DL-色氨酸，为白色至淡黄色粉末，无臭或略有异味，难溶于水，DL-色氨酸的含量在 98.5％以上。在动物体内 DL-色氨酸可转化为烟酸，而 DL-色氨酸价格昂贵，所以设计饲料配方时应当用普通饲料原料先满足烟酸指标。雏禽和仔猪易缺乏这种氨基酸。

(4) 苏氨酸添加剂

作为饲料添加剂的主要是由发酵生产的 L-苏氨酸(L-threonine)(β-羟基-α-氨基丁酸)。此外，部分来自由蛋白质水解物分离的 L-苏氨酸。L-苏氨酸为白色至黄色斜方晶系或结晶性粉末。无臭，味微甜。高温下溶于水，25°C 溶解度为 20.5g/100mL。等电点为 pH 6.16。不溶于乙醇、乙醚和氯仿。

饲料级苏氨酸添加剂为 L-苏氨酸，纯度为 95%～98.5%。

(5) 缬氨酸添加剂

饲料添加剂 L-缬氨酸(L-valine)为黄色或棕黄色、或白色的单斜晶系或结晶性粉末，无臭，有特殊苦味。易溶于水，几乎不溶于乙醇。水溶液的 pH 为 2.5～6.0。饲料级商品纯度为 98.5%～101.5%。

缬氨酸是支链氨基酸(BCAA)中的一种，动物体自身不能合成，必须从日粮中摄取才能满足其营养需要，因此属于必需氨基酸。

(6) 甘氨酸和丙氨酸

甘氨酸和丙氨酸这两种氨基酸都可用合成法制得，在饲料中用量不大，每年仅数吨。甘氨酸是禽类的必需氨基酸，可做鸡饲料添加剂。由于天然饲料中甘氨酸含量丰富，目前没有实用化。DL-丙氨酸在某些国家已被指定应用于饲料，但不用于家畜饲料，主要用于水产饲料作为诱食物质使用。

(7) 谷氨酸钠

L-谷氨酸钠是直接用发酵法生产的，一般纯品为含 $C_5H_8NNaO_4 \cdot H_2O$ 99%以上的无色和白色柱状结晶。大部分用于食品调味。每年有 200~300t 谷氨酸钠用于饲料添加剂。谷氨酸属于非必需氨基酸，在饲料中作为调味剂可以改善饲料的适口性，增进采食。通常在仔猪人工乳中添加 0.2%，在加药饲料中添加 0.5%，对改善因添加抗生素或其他药物而损害的适口性很有效。

(8) 复合氨基酸

以人的头发或猪毛、猪血为原料，用盐酸水解后，经氢氧化钠中和得复合氨基酸粗品；经活性炭吸附及 pH 调节，再提取后，得到饲用复合氨基酸。复合氨基酸中含有谷氨酸、赖氨酸、苏氨酸、天冬氨酸、丝氨酸、脯氨酸等十几种氨基酸，其中谷氨酸含量最高，赖氨酸、苏氨酸、色氨酸、精氨酸等均在1%以上。此外，也有生产单位直接以屠宰厂下脚料为原料生产饲用复合氨基酸。这些产品由于受原料限制，产量不大，质量也不理想。

(9) 使用添加剂应注意的问题

①尽量选择信誉高、质量好的厂家。②要索取发票，以便在出现问题时作为投诉和索赔的依据。③科学使用，注意适量添加。④注意混合均匀。一般小场(户)可先用 10 倍量饲料与添加剂第 1 次混合，然后再用 10 倍量饲料进行第 2 次混合，要一层层混合，直至混合完成，这样容易混合均匀，发挥饲料添加剂的作用。⑤注意配伍禁忌，慎防发生对抗作用。例如，钙、磷在碱性环境中难吸收，所以钙、磷不能与碱性较强的胆碱同时使用；磷可降低机体对铁的吸收，所以补充铁制剂时，不宜添加过多的骨粉或磷酸氢钙；镁可降低机体对磷的吸收，所以补磷时，不宜添加过多的氧化镁或硫酸镁；钙、镁、铁等微量元素与土霉素同时使用会影响吸收；锌、钙有对抗作用，所以添加硫酸锌时不要添加过多的钙。⑥勤购少买，保管好。⑦注意饲料添加剂使用的国家法规。国家颁布的饲料法规主要有：《允许使用的饲料添加剂品种目录》(农业部 105 号)、《饲料和饲料添加剂管理条例》(国务院 609 号令)、《饲料药物添加剂使用规范》、《饲料添加剂安全使用规范》(农业部 2009 年第 1224 号公告)、《饲料添加剂品种目录(2013)》(农业部 2014)、《饲料和饲料添加剂生产许可管理办法》(农业部 3 号令)、《新饲料和新饲料添加剂管理办法》(农业部 4 号令)、《饲料添加剂和添加剂预混合饲料产品批准文号管理办法》(农业部 5 号令)、《进口饲料和饲料添加剂登记管理办法》(农业部令)、《饲料添加剂品种目录》(农业部 1126 号公告)、《饲料药物

添加剂使用规范》(农业部 168 号公告)、《饲料质量安全管理规范》(农业部 2014 年第 1 号令)、《饲料原料目录》(农业部公告第 1773 号，第 2133 号)、《饲料生产企业许可条件》(农业部公告第 1849 号)、《混合型饲料添加剂生产企业许可条件》(农业部第 1849 号公告)、《饲料和饲料添加剂行政许可申报材料要求》(农业部公告第 1867 号)、《饲料标签标准》和《饲料卫生标准》等。禁止性文件有：《禁止在饲料和动物饮用水中使用的药物品种目录》(农业部 176 号公告)、《禁止在饲料和动物饮用水中添加的物质》(农业部 1519 号公告)等。

5.5 非营养性添加剂

非营养性添加剂是一种辅助饲料，添加后可提高饲料利用率，防止疾病感染，增强抵抗力，杀害或控制寄生虫，提高成活率；改善家畜产品品质；防止饲料发霉变质，保护维生素效价，或提高适口性，增强食欲，以达高产。

(1)抑菌促生长剂

这类添加剂的主要作用是抑制与宿主争夺营养成分的微生物；促进消化道吸收能力，提高饲料利用率；影响家禽体内代谢过程；抑制病源微生物繁殖，增进家禽健康，从而提高家禽生产性能。

这类添加剂的品种很多，有抗生素类，有化学合成的抗菌药，还有垂体激素中的生长激素。

应用抗生素时应注意：要严格按国家发布的《药物饲料添加剂使用规范》使用抗生素添加剂。为防止使用一种抗菌药物后肠道细菌产生抗药性，应交替使用抗生素添加剂，并注意轮用药物是否有效，选用抗同类菌的几个品种是否有交叉耐药性等。根据致病菌实际情况，联合使用不同抗菌谱品种，以达到抗菌范围广，增强疗效，减少用药量，防止抗药性和减少环境污染的目的，但应注意药物间的配伍禁忌。严格执行所选用品种的使用对象及用量要求。例如，抗生素仅对雏鸡有效，如果饲喂非适龄动物或非适用动物，不但易造成残留，而且浪费药物。同时，切忌误用、滥用或超量使用，以免引起二重感染或中毒。动物在屠宰前应严格遵守休药期，使家畜产品中的药物残留量减至最低。

化学合成的抗菌药物的作用机制类似于抗生素，并且同样存在着药物残留和抗药性问题。这类药物常见的有喹乙醇、磺胺类药、呋喃类药、砷制剂和诺氟沙星等。

驱虫保健剂种类很多，一般毒性较大，只能在发病时做治疗药物，短期使用，不能作添加剂长期加在饲料内使用，如呋喃类、磺胺类及有机砷类驱虫药。目前世界各国批准的作为饲料添加剂使用的驱虫剂只有两类；一类是驱虫性抗生素，如越霉素 A 及潮霉素 B；另一类是抗球虫剂，如氨丙啉、莫能霉素、盐霉素、氯苯胍、球痢灵等。轮番使用几种抗球虫药能收到较好效果。应用较多的还有马杜霉素，主要治疗鸡球虫病，提高饲料利用率，它对多种 G^+细菌有较强的抗菌活性，是一种高效防腐杀菌剂。

无机抗菌剂是利用无机材料(沸石、蒙脱石、凹凸棒石等)和银、铜、锌等金属及其离子的杀菌或抑菌能力通过液相或固相方法制得的一类抗菌剂。根据载体类型不同，无机抗菌剂可分为：硅酸盐类、可溶性玻璃类和硅胶类抗菌剂等。而根据离子或金属抗菌性能可分为：离子型(银、铜、锌型无机抗菌剂)、磷酸盐系、金属氧化物系抗菌剂和光催化型抗菌剂等。研究较多的无机抗菌剂为负载Ag^+、Cu^{2+}、Zn^{2+}等抗菌离子的沸石类、蒙脱石类，也有少数关于负载抗菌离子的凹凸棒石黏土类抗菌剂的研究。

与抗生素和其他抗菌材料相比，无机抗菌剂应用于饲料中具有以下特点(周岩民和唐志刚，2014)。①安全性高：无机抗菌剂所含载体一般为沸石、蒙脱石等饲料原料，另外其所含金属离子如铜、锌是动物机体所需微量元素，对动物安全无毒。②持久抗菌：无机抗菌剂的载体一般为多孔道物质，其缓释性好，故有较佳的耐久性。③广谱抗菌性：金属离子的种类不同，对各种菌种的抗菌和杀菌效果也不同。④无耐药性。⑤稳定性高，在饲料加工中不易失活。

(2)酶制剂

使用酶制剂能补充动物内源酶的不足，增加动物自身不能合成的酶，促进家畜对养分的消化、吸收，提高饲料利用率，促进生长。酶制剂可破坏植物细胞壁结构，通过分解纤维素、半纤维素和果胶酶等非淀粉多糖构成的物质，暴露细胞壁保护的蛋白质等养分，以利于消化利用。植酸酶可破坏稳定的植酸结构，提高饲料磷利用率。

现在酶制剂已广泛使用，应用效果受多种因素影响，产品质量、动物因素(如品种、生理状态、健康状况等)、环境条件(如温度、湿度、pH等)都影响其效果。

酶制剂的种类：酶广泛存在于所有生物体内，尤其是细菌、真菌等微生物是各种酶制剂的主要来源，将生物体内产生的酶经过特定生产工艺加工后的产品就是酶制剂。酶制剂包括单一酶制剂和复合酶制剂两类。目前除植酸酶有单一产品外，其余饲用酶制剂大多是包含多种酶的复合制剂。应用较多的有：①以纤维素酶和果胶酶为主的复合酶；②以 β-葡聚糖酶为主的复合酶；③以淀粉酶和蛋白酶为主的复合酶；④以纤维素酶、蛋白酶、淀粉酶、糖化酶、葡聚糖酶和果胶酶为主的复合酶。目前使用的酶制剂主要是消化碳水化合物和植酸磷的酶，也有些产品包括蛋白酶和脂肪酶，使用时要根据鸡的生理状态、配合饲料类型来选择不同的酶制剂。

酶制剂的使用：市售的酶产品，不同产品的分子结构不同，最佳环境要求不同。酶活性单位、pH、温度、离子浓度、耐加工温度、粒子数量、容重等因素都要考虑，结合自己饲料厂的饲料产品，选用合适的酶产品。使用方法一般是将酶制剂直接加入日粮中。据报道，饲料配方越合理，营养组成尤其是维生素和氨基酸组成越全，添加酶制剂的效果越不明显；反之，则效果越好。这可能是由于经微生物发酵生产的粗制酶中，不仅有所需的水解酶，而且更含有微生物合成的维生素与氨基酸及其他活性成分。当配合饲料质量较差时，添加酶制剂效果好，是因为粗酶制剂中的这类活性养分正好能给动物一定的营养补充，并非饲用酶分解底物释放有效养分的结果。

饲用酶制剂能改善家禽对饲料养分的消化吸收，提高饲料利用率。将酶加到标准日粮中以提高饲料档次和家禽的生产性能，也可添加到低标准日粮中，既可以降低饲料成本，又可以保持家禽的生产性能不受影响。这就涉及所谓酶的“潜在营养价值”。酶发挥“潜在营养价值”的前提是拥有特异的充足的底物，而且不同酶对同一动物、同种酶对不同动物有不同的“潜在营养价值”。国外相关公司已总结出一套酶制剂“潜在营养价值”的软件，可供配制日粮时参考。

饲料中添加外源酶制剂有一个最适量，添加量过少不能达到最佳效果，但添加量过高会抑制内源酶的分泌，并对消化系统特别是肠绒毛的发育产生负面影响，最终降低生产性能和经济效益。

据报道，使用小麦代替玉米时需要添加木聚糖酶，日粮能量可以比饲养标准降低 0.25MJ/kg 而不影响肉鸡性能。

微丸酶和包衣酶的确增加了酶的稳定性，但是大大增加了酶制剂的成本。蛋鸡饲料一般不制粒，没有包被的酶效果不一定差。

在低营养水平的饲粮中添加植酸酶和(或)纤维素复合酶能提高蛋鸡生产性能和蛋壳质量(陈冬梅，2001)。植酸酶与纤维素复合酶合用具有协同作用，两者最适配合量为：每吨饲料添加植酸酶 200g 和 400g 纤维素复合酶。

(3)植酸酶制剂

据报道，鸡的生产性能和蛋白质、氨基酸的消化率随植酸酶含量增加而降低。添加植酸酶可提高雏鸡日增重，饲料报酬，表观代谢能，磷、蛋白质和氨基酸的消化率及干物质和氮的沉积。

商品植酸酶的有效成分因制造商和产品剂型而不同。液体产品均为 5000FTU。固体产品有 5000FTU、2500FTU、1000FTU、500FTU 和 250FTU。含量高的产品制造技术要求高，添加量小，能留出更多配方空间。含量低的产品容易混合，但添加量大，占较多配方空间。粗酶制剂成分混杂，无质量保障，应慎用。

要掌握特定动物的植酸酶当量值，即欲使植酸酶水解植酸、释放 1g 的磷(姑且将其看作非植酸磷)，每千克日粮需添加的植酸酶单位数，据霍启光推理，产蛋鸡、猪、肉仔鸡大约应分别为 250、600、900 单位。

植酸酶已被广泛采用，实践中要依据推荐使用方案适当降低日粮中钙和磷的含量。国内蛋鸡配合饲料标示成分上仍以总磷为质量指标，但添加植酸酶时总磷含量可低些，这既可降低饲料成本、改善饲料质量，同时又可明显减少磷排放对环境的污染。

原料中植酸磷越多，酶的作用效果越显著。在蛋鸡玉米-豆粕日粮(含有0.10%有效磷)中不添加磷而添加300单位植酸酶/kg，足可维持20～70周龄蛋鸡的长期性能表现；每千克日粮添加600单位植酸酶，可安全地使肉仔鸡日粮的非植酸磷含量降低到0.2%，或使日粮中的磷酸三钙减少2/3，此时磷排泄量可降低50%[0.42g/(只·天)]。植酸酶还可提高猪、禽对氨基酸和氮的回肠消化率；用后明显提高鸡饮水量，使粪便含水量上升。

使用时，先计算出饲料的总磷、有效磷，总磷与有效磷的差值可认为是植酸磷，其中50%～60%可以被植酸酶分解成有效磷。另外，在配合料中植酸酶的添加量一般为100g，按照总磷是植酸酶添加量的1150%计算，可获得有效磷1150g。也有人粗略地把有效磷的营养标准降低0.1～0.12个百分点后直接添加植酸酶150U。

预混料中某些组分与微生物植酸酶存在互作。在预混料存放过程中，液体胆碱和七水硫酸亚铁会对植酸酶活力造成重大损失。这主要是由于水分使酶和各种组分发生作用。在使用糖蜜时，糖蜜中含有的大多数矿物质也很可能与微生物植酸酶发生作用，引起酶活损失。所以植酸酶不能与矿物质饲料一起存放。

饲料加工工艺对酶制剂有一定的影响。雏鸡配合饲料有制粒，这会破坏植酸酶活性。如果制粒温度超过了植酸酶耐受极限，就不能在这个产品中使用，但可使用液体后喷涂工艺解决。如果制粒温度在可接受范围但有些破坏，就要添加安全余量，要注意看配方计算是否划算。所有加强摩擦的因素都对植酸酶的稳定性产生不利影响。颗粒越大，饲料保存温度越低，酶活的保留率越高。研究表明，随着制粒温度的升高(60～80℃)，其酶活力将随着下降。有的产品在制粒温度为80℃时仍能保持50%的酶活。有的产品在60℃时只有48%～58%的酶活残留，而加热到80℃时仅有2%～15%酶活存留。因而为了保存较多的酶活，可选用增加酶添加量及添加耐温物质(脂肪等)以保存酶，减少高温失活。瑞士Roche公司生产的商品植酸酶就是在产品中加入了一种特殊耐热物质来包裹和保护植酸酶，使颗粒状的植酸酶在80℃仍保持98%的活力(www.ronozyme.com)。荷兰的BASF公司生产的植酸酶，当制粒温度为60℃、70℃、80℃时，植酸酶活力分别丢失0%～10%、10%～20%、20%～30%(www.animalnutrition.basf.com)。

注意事项：一般将无机磷猛然转换成植酸磷，动物会调整代谢方式，因而会有一个适应的过程。在换料初期会有些客户投诉，但最多3周都会转向正常，一般在蛋鸡中表现为5%的蛋壳颜色变淡。由植酸酶配方产品转换成无机磷产品，也会有类似的动物表现。

如今所用的饲用磷酸盐都是高质量的可消化磷源，饲料中植酸磷的含量常常是不稳定的，因此添加植酸酶的数量也应跟着变化，这就给饲料生产增加了麻烦。使用高质量的饲用磷酸盐为生产者提供了一个稳定的、可预测实际可消化磷的量，这个量不受其他原料、生产过程中参数变化及储存温度的影响。所以实践中使用植酸酶的最大作用也许是降低了磷排放。

植酸酶与柠檬酸合用存在协同效应。有人用黄羽肉鸡做实验，结果饲粮营养水平降低 6%可导致肉鸡日增重(ADG)和饲料利用率下降；在低营养水平日粮中添加植酸酶 300mg/kg、柠檬酸 0.5%，ADG 和料肉比与正常营养水平饲粮组差异不显著；腿病发生率各处理组差异不显著。添加植酸酶 300mg/kg、柠檬酸 0.5%的处理组 P 排泄量显著低于对照组。表明植酸酶与柠檬酸合用能进一步提高生产性能和钙、磷利用率，能达到正常营养水平饲粮的效果。

(4) 微生态制剂

鸡肠道微生态平衡是保持机体健康的重要因素。正常鸡肠道内的微生物分布见表 5-9。

表 5-9　健康鸡肠道内的微生态分布

	肠道前段	小肠	肠道后段
pH	3～5	6.5～7.5	～7
营养物密度	+++	++	+
营养物可利用性	+	++	+
细菌数/(cfu/g)	10^3～10^5	10^8～10^9	10^{10}～10^{12}
细菌群	耐酸性	兼性需氧菌	厌氧菌
主要菌种	乳酸杆菌	乳酸杆菌	芽孢杆菌
		梭状芽孢杆菌	梭状链孢菌
		链球菌	乳酸杆菌
		肠球菌	类杆菌
			大肠杆菌
			粪链球菌

数据来源： Dibner and Knight，2010

活菌制剂俗称益生素，主要菌种有乳酸杆菌属、链球菌属、双歧杆菌属、某些芽孢杆菌、酵母菌、无毒的肠道杆菌和肠球菌等。目前生产上使用的益生素有两种，一种为单一菌属组成的单一型制剂，另一种为多种不同菌属组成的复合菌制剂，一般来说后者比前者更能促进家畜生长及提高饲料利用率。

益生素通过与消化道内有害菌竞争营养物质，来抑制有害微生物生长。益生素在动物体内可产生酶类并提高内源酶活性。益生素抑制有害菌及清除毒素的作用，可抑制抗原吸收，增强机体细胞免疫和增加体液免疫，同时提高抗体水平和巨噬细胞的活动量，增强宿主的免疫功能等。大量试验结果表明，在猪和鸡的饲料中添加益生素，在不用或少用抗生素的条件下，可达到同样效果。

目前在活菌制剂使用上存在两个问题。一是细菌失活。饲料加工中的高温、机械、制粒等因素降低了其生物活性作用。二是认识误区。许多人认为活菌制剂“菌种数量越多越好”。目前农业部颁布的允许在饲料中使用的有益菌有12种，它们有各自不同的最佳生长环境，假如将它们置于同一环境内，它们有的要产生拮抗或“自溶”，因此作用于动物肠胃内的效果反倒不明显。所以活菌制剂中只有单种有益菌不一定效能差，菌种多不一定效果好。

寡糖亦称低聚糖，是由2～10个单糖经脱水缩合，以糖苷键连接形成的具有直链或支链的低度聚合糖类的总称。分子质量为300～2000u，甜度一般只有蔗糖的30%～50%，有少数寡糖有苦味，如龙胆寡糖。根据寡糖的生物学功能可将寡糖分为功能性寡糖和普通寡糖两大类，普通寡糖可被消化吸收和产生能量，主要包括蔗糖、麦芽糖、海藻糖、环糊精及麦芽寡糖；功能性寡糖是指不被人和动物肠道吸收，具有特殊生理学功能并且能够促进双歧杆菌的增殖，有益于肠道健康的一类寡糖，也称为双歧因子。用作饲料添加剂的化学益生素主要是指功能性寡糖。

寡糖的作用主要是通过以下几方面实现的：①选择性地促进动物肠道内有益菌群的增殖；②阻止肠道内病原菌的定植，促进其随粪便排出体外；③刺激和加强机体的免疫反应。甘露寡糖能部分或完全取代抗生素在肉鸡饲粮中的应用，其中甘露寡糖添加量以0.5～1.0g/kg效果较好。

(5)酸碱平衡调节剂

酸碱平衡调节剂包括酸化剂和离子平衡调节剂。

酸化剂：是指能提高饲料酸度(pH 降低)的一类物质。目前国内外应用的有机酸化剂主要有柠檬酸、延胡索酸、乳酸、苹果酸、戊酮酸、山梨酸、甲酸、乙酸等，无机酸化剂包括酸盐、硫酸、磷酸等(表5-10)；复合酸化剂是利用几种特定的有机酸和无机酸复合而成，能迅速降低肠道 pH，保持良好的缓冲值和生物性能。

表5-10 有机酸化剂和无机酸化剂的性能

酸化剂	活力(pKa)	溶解性	总能/(kJ/g)	形态
甲酸	3.75	+++	5.8	液态
乙酸	4.75	+++	14.8	液态
丙酸	4.87	+++	20.8	液态
延胡索酸	3.03	+	11.5	固体
柠檬酸	3.14	++	10.3	固体

续表

酸化剂	活力(pKa)	溶解性	总能/(kJ/g)	形态
甲酸钙	—	+	3.9	固体
甲酸钠	—	+++	3.9	固体
丙酸钙	—	++	16.6	固体
乳酸钙	—	+	10.2	固体

注：+号越多表示溶解性越高

酸化剂的主要作用有：①降低日粮 pH，使胃内 pH 下降，提高酶的活性；②改善胃肠道微生物区系平衡，抑制有害微生物繁殖，减少营养物质消耗及抗生长毒素的产生，促进有益菌的增殖；③直接参与体内代谢，提高营养物质的消化率；④促进矿物质和维生素的吸收利用。另外，家畜日粮中添加酸化剂可以减慢胃排空速度，减轻小肠负担，提高日粮适口性，增强机体各免疫器官的活性，降低机体的紧张度。饲料中添加酸化剂可提高动物日增重、饲料效率，减少疾病的发生(特别是仔猪腹泻)，减缓各种应激，促进动物生长。此外，酸化剂还可以作为饲料的稳定剂和保护剂，有机酸常可同时提供能量。

单一使用较多的主要是柠檬酸，一般在雏鸡日粮中添加 1%～2%；复合酸多数是有机酸与无机酸的混合物，日粮添加量为 0.2%～0.3%。

在鸡日粮中添加单一或复合有机酸，促生长效果确定，但是不如抗生素。不同酸化剂各有特点，使用最广、效果较好的是柠檬酸、延胡索酸和复合酸。

小苏打：碳酸氢钠俗称小苏打，为白色粉末结晶，是一种弱碱。有溶解黏液、健胃、抑酸和增进食欲的作用。吸收到鸡体内，能补充鸡体所需的钠。碳酸氢钠为血液和组织中的主要缓冲物质，使血液中的碱贮增加，对鸡的健康有益。具体添加量应根据日粮离子平衡值确定，一般设计蛋鸡饲料的离子平衡值为250mEq/kg 左右为宜。

碳酸氢钠作为添加剂加到鸡饲料中，可以提高饲料利用率和能量转化率，促进鸡生长和提高产蛋率。因此随着养鸡业的发展，碳酸氢钠在养鸡生产中的应用越来越广泛，同时也收到了满意的效果。

碳酸氢钠有抗热应激作用。夏季温度高，鸡通过喘气呼出二氧化碳，血液中的碱贮降低，饲料中添加碳酸氢钠可提高鸡的抗暑能力。

提高产蛋率，改善蛋壳质量。在蛋鸡日粮中添加适量的碳酸氢钠，可提高鸡血液中碳酸氢钠盐的含量，有利于蛋壳的形成，增强磷的活性，满足蛋鸡对磷的需要，提高蛋壳的硬度，对提高产蛋率有显著作用。

秦延年等(2002)试验表明，土霉素可被 0.7%的小苏打部分替代或被 250mg/kg 的高铜和 0.7%的小苏打全部替代。

6　饲料配方设计原理与方法

1875 年，John Barwell 在美国伊利诺伊州建立了世界上第一家饲料加工公司。20 世纪 20 年代设计饲料配方使用的方法有对角线法(交叉法、四角法)、联立方程法(公式法)、试差法(增减法、凑数法)等。1964 年开始电脑配方，主要是用运筹学的各种规划方法，能全面考虑营养、成本和效益；还可提供大量参考信息，为配方调整、经济分析和原料采购决策提供科学依据。

6.1　饲料配方设计的原则与基本程序

6.1.1　饲料配方设计的概念

根据特定动物的营养需要、饲料原料营养成分和营养价值、原料的供给和价格等数据，科学地确定参与构成配合饲料的各种饲料原料的用量比例，这种饲料原料的配比就是饲料配方。所谓饲料配方设计，就是应用一定的计算方法，根据原料营养成分和对配方的规格要求，产生配方中各原料比例的一种运算过程。

线性规划法是目前应用最广的一种优化饲料配方技术。线性规划最低成本配方的优化结果是产生一个满足饲养标准的最低成本配方，它受原料营养成分、饲养标准、原料价格等影响。

生产上饲料配方经常变动，包括各种原料的比例、原料种类等，但要保证使用效果不变，如料肉比、日增重、产蛋率等，好的配方应该是市面上同类性能产品中成本最低的。

饲料配方的成本是指参与构成饲料配方的各种饲料原料的成本之和。设计饲料配方的总原则是使整个畜牧业利润最大，饲料厂+用户利润最高，或饲料厂+经销商+用户+消费者利润最高。

在配合饲料厂，饲料配方是由专门的技术人员制订的，这些人可称为营养师或配方师。据报道，全国有 1 万多家饲料企业，其中年产万吨以上的占 60%以上。若一个饲料企业至少配备一个配方师，全国饲料行业对配方师的需求就达万人之多。大的养殖场一般自己生产配合饲料，也需要自己的配方师。

不断调整饲料配方的原因是：饲料原料的质量、价格不断变动；饲养管理方式各不相同；鸡品种、发育阶段、健康状况，环境等常有不同；动物的遗传性能每年会有改良，营养需要也在变化；特殊情况，如季节变化，或发生某些传染病及营养代谢性疾病时，都要适当调整饲料配方中有关原料的配合比例或某一营养指标的水平。

对饲料配方适时调整的目的，就是所设计的饲料配方能调制出在营养方面可满足需要，在价格方面比较低廉，且适口性和消化利用率均佳的配合饲料。

6.1.2 饲料配方的设计原则

设计饲料配方有多种方法，一般都应遵从如下几个原则。

(1)科学原则

要满足动物营养需要。要考虑动物物种、类型、性别、年龄、体重、生产用处、性能、生理状态和饲养环境。要考虑各养分的全价性和平衡性。满足动物对能量的要求，在动物每天能够采食的最大饲料量内，必需含有足够能量；保持每单位能量所含各种养分的比例不变。

要搞清有关原料的营养价值和营养特点，包括有关原料的养分含量、消化率、适口性、体积、对畜产品品质的影响、有无毒性等。同一原料对不同动物的适口性和营养作用都不同，例如，菜籽饼在猪料中用量过大会抑制猪的食欲甚至使猪中毒，然而鱼类却可全用菜籽粕为唯一饲料原料，中国人养鱼几千年未见中毒症状。

要考虑相应动物的消化特点。在设计饲料配方时必须含一定数量的干物质，使鸡既能吃得下，又能吃得饱，并且可满足其营养需要。有些营养指标很难给出确定的数值，例如，粗饲料一般只用于草食动物，猪和鸡等单胃动物尤其是高产鸡不宜使用，它们对粗纤维的消化能力极有限，但是一般应控制蛋鸡配合饲料中粗纤维含量在多高水平，目前推出的各种饲养标准都没有给出具体数值。笔者经验是控制在3.5%以下。

要注意各种原料的用量限制。有些原料含毒素或抗营养因子，或体积大、营养浓度低、营养极不平衡，它们价格再低也需限制用量。例如，未脱毒的棉籽饼和棉仁饼、菜籽饼和菜籽粕等。但低酚棉的棉籽饼粕、低毒菜籽的菜籽饼粕可适当放宽用量限制。

低成本原料多种搭配。一般来说，就地取材不仅可充分利用当地资源，而且运输消耗少，成本低。多样搭配可使各种饲料原料相互取长补短，发挥互补作用，以最低成本达到饲养标准的要求。实践中使用饲料原料的种类既不要太少也不要太多，太少了不宜搭配养分平衡，太多了生产时麻烦。

注意配合饲料对畜产品品质的影响。饲料有时对畜产品品质有很大影响，本书在第11章专门讨论。

要考虑各种营养成分在加工和储藏过程中的损失。在设计配方前必须根据实际加工工艺和产品生产至使用之间的间隔时间、储藏条件等，对饲养标准进行合理调整。受加工和储藏影响最大的是维生素，在配合饲料中一般是增加15%的安全余量。

饲料配方不能变动太多。若饲料配方突然变动很大，常降低动物食欲，导致生产性能下降，所以饲料配方要逐渐变动。

要注意酸碱平衡。偏离酸碱平衡，过酸或过碱，多数代谢过程就达不到最佳状态，机体忙于酸碱调节而耽误了生产。

要注意特殊情况特殊处理。例如，炎热季节，鸡群患病，转群时，应注意调整饲养标准并适当使用添加剂。

饲料添加剂的使用。可使用酶制剂、益生素、中药制剂等，要减少抗生素使用。化学益生素是非微生物制剂，在动物肠道内可促进有益微生物增殖。这些物质主要是一些寡糖类，如异麦芽糖、果寡三糖、半乳寡糖等。这些物质的特点是耐热、耐压、稳定性好。

(2) 经济原则

为降低产品成本，需考虑：①开发本地饲料资源，就近取材；②植物性蛋白质饲料原料一般价格较低；③革新技术，如用线性规划技术等；④采用理想蛋白质模式；⑤使用国家允许使用的非营养性添加剂，提高饲料产品的效能。

(3) 卫生原则

设计饲料配方时必须考虑饲料卫生要求。①不含对动物有害的物质如农药和有害微生物等。②不在动物产品中残留有害人类的物质。有些添加剂在动物体内残留时间较长或进入畜产品，危害人类健康。③不污染环境。有些添加剂如高铜可促进动物生长，但动物粪中含铜量也很高，污染环境。

(4) 合法原则

国家颁布的饲料产品标准有两种，一种是推荐标准，一种是强制执行标准。在强制执行标准中，有些指标是判定合格指标，有些是参考指标。设计饲料配方时必须考虑并且满足全部判定合格指标，尽管有些饲养标准已陈旧甚至过时，但不满足这些标准就是违法的。

(5) 适用原则

要根据营养标准中的营养指标选择原料，调查市场对各种原料的接受程度，注意采购部的采购渠道和能力(价格、付款方式)，权衡新原料带来的利润及市场开发费用。

限制某些原料用量时要考虑的原则是：用量限制依据、市场接受程度的限制、产品性能的限制、库存和采购的限制，以及采用的配方运算技术。

6.1.3 饲料配方的设计程序

(1) 搜集市场信息，确定产品价位

饲料产品质量的定位或设计目标是决定饲料产品质量最重要的因素。饲料企业饲料产品的定位取决于多种因素，如企业技术力量、市场情况、工艺技术条件、饲养者和消费者的需求等。

设计饲料配方前一般应收集如下信息。①饲养对象：动物，遗传性能，生理和生产状态。②市场情况：市场需求量，对手的质量、售价、特点、所处市场位置和发展潜力。③用户情况：如用户利益，动物产品售价、发展趋势，用户的偏爱，最关心产品的哪些特征，哪些特点最受欢迎，市售产品的哪些特点不能使用户满意。④用户的饲养管理水平。⑤产品的营养功能，生产全价料还是浓缩饲料、预混料，用户喜欢什么料。⑥生产过程：加工工艺对饲料营养的影响，产品储存期多长。⑦国家法律、饲养标准、产品标准，是强制执行标准还是推荐执行标准。⑧产品物理形状，市场需要颗粒料还是粉状料，用户喜欢什么包装。⑨竞争对手的产品质量、特点和用户反映。综合上述信息，确定自己的产品质量和价位，配方师的主要任务是调整饲养标准。

(2) 搜集原料信息

饲料原料信息最重要。最佳状态往往要求原料多样化、品种数量多，然而采购能力和费用、仓储能力和费用、生产工人的操作水平、出现差错的概率等因素则要求原料种类要少。在确定可用哪些原料及其用量限制时，一般考虑：①有哪些饲料原料可用？可用原料的质量和价格、存货量、货源供应稳定性。②可用原料的营养成分、理化特性，如消化率、适口性、体积大小、对产品品质的影响。③原料含抗营养因子或有害物质吗？市场可接受的原料最大用量和最少用量。④可用原料的加工特性，养分在加工过程中的变化情况。⑤各种原料在现用饲料配方中的用量。⑥各种原料的营养成本高低。

(3) 确定产品标准

首先评估用户饲养的动物品种、饲养环境、饲喂模式等因素，调查用户对饲料效果的评价指标，摸清竞争对手的设计标准，在此基础上制订自己的营养标准。一个产品的质量水平和价位，直接决定产品在市场上的竞争力，即市场占有率。一般把确定产品类型、质量水平和价位的过程称为产品的定位。有关产品定位的问题是饲料厂最重要的战略决策。

确定一个产品的质量标准时首先应考虑日粮类型与饲养方式。全价饲料还是浓缩饲料、预混料，颗粒饲料还是粉状饲料，预期日采食量，自由采食还是限制饲养。

预期采食量最重要。确定产品标准时首先要使动物每天采食的日粮中必须含足够每天所需的有效能量。既有一定的质又要有一定的量。量太少吃不饱，量太大吃不下。配合饲料的物理形状对日采食量影响很大。例如，颗粒饲料的采食量比粉状料大，消化利用率高，所以制作颗粒料时可相应降低某些养分标准。

从营养学角度来说，在确定产品标准时首先考虑能量浓度和粗纤维含量；其次考虑日粮物理形状。

最佳营养标准是畜牧业整体利润最高的标准。我国饲料生产和畜牧养殖分离，最佳营养标准要根据利润分配作适当调整。为迅速占有市场，还可用品牌策略，设计出有某些特点的饲料配方。例如，红太阳饲料厂，为满足散养户，首先推出“抗白痢雏鸡配合饲料”，配方中添加了抗雏鸡白痢的药物，方便用户使用，提高了雏鸡成活率，受到用户欢迎。

(4)设计饲料配方

设计饲料配方时要考虑各种养分在加工储藏过程中的损失。采用多阶段日粮设计，可使饲料营养水平与动物营养需要更贴近。

使用饲料原料中可利用养分含量设计饲料配方。用可利用养分为指标(如可消化氨基酸、有效磷等)设计饲料配方的基础是要有各种饲料原料的可利用养分含量数据。目前中国饲料数据库提供的2014版中国主要饲料原料营养成分与价值表中已经提供了回肠末端可消化氨基酸含量和有效磷含量。

配方师应在分析所用饲料原料的基础上，根据其基本物化特性、加工方法、条件等和相关回归公式及一切可用手段来具体确定其可利用养分含量，并在此基础上进行配方设计。

具体计算饲料配方，利润潜力一般为5～30元/t。

(5)设计饲料配方时应考虑的因素

设计配方时要考虑产品利用率每种原料的消化率，各种原料的组合及其对消化率的影响，动物不同状态对消化率的影响。

(6)进行饲养试验

设计饲料配方时不能仅仅从理论上考虑，是否能达到预期效果，还需要经过实践检验。

(7)批量生产

完整饲料配方包括对生产工艺的要求、操作说明、使用期限等。必须按要求生产。产品出厂前必须采样分析化验，检验合格的产品备样保存备检，然后才能出厂。

(8) 调整改进

产品投放市场后要跟踪服务，在服务过程中调查搜集用户反应及推广效果，据此改进饲料配方。对配方的整体评估是根据产品性能表现在市场上的统计分布，不同市场用户的使用结果和同一市场相对于竞争对手而言自己产品的优劣。

所以制订饲料配方是个循环过程，每次循环都会使产品质量及其市场竞争力提高一步。

6.2 饲料配方的线性规划模型

6.2.1 饲料配方优化的概念

【例 1】现有玉米、大米、小麦 3 种饲料原料各 900kg，要为猪、牛、鸡 3 种动物各配合 900kg 饲料（表 6-1），怎样安排这些饲料，才能使生产成本最低而获得的有效能又最高？

表 6-1 几种高能量饲料原料的基本数据

原料名称	动物	价格/(元/kg) (C)	有效能/(MJ/kg) (N)	营养成本 C/N
玉米	猪		14.43 (DE)	0.115
	牛	1.2	9.20 (NE)	0.130
	鸡		14.06 (ME)	0.085
大米	猪		14.64 (DE)	0.153
	牛	2.24	8.37 (NE)	0.268
	鸡		14.10 (ME)	0.157
小麦	猪		14.64 (DE)	0.098
	牛	1.44	8.37 (NE)	0.172
	鸡		12.89 (ME)	0.112

注：DE，消化能；NE，产奶净能；ME，代谢能

第一种分配方案：平均分配。每种动物各分给 300kg 玉米、300kg 大米和 300kg 小麦，则猪获得消化能 13 113MJ（14.43×300＋14.64×300＋14.64×300）；牛获得净能 7782MJ（9.20×300＋8.37×300＋8.37×300）；鸡获得代谢能 12 315MJ（14.06×300＋14.10×300＋12.89×300）。3 种动物共可获有效能 33 210MJ，合计成本 4392 元，每兆焦有效能成本为 4392/33 210＝0.1322 元。

第二种分配方案：把玉米分配给牛，把大米分配给鸡，把小麦分配给猪。结

果是：猪获消化能 13 176MJ(14.64×900)；牛获净能 8280MJ(9.20×900)；鸡获代谢能 12 690MJ(14.10×900)。3 种动物共获有效能 34 146MJ，合计成本仍是 4392 元，每兆焦有效能成本为 0.1286 元。

通过上述计算可以看出，两种分配方案第二种较好，多获得有效能 936MJ(每兆焦有效能的成本，第二种分配方案比第一种低 0.0036 元)。当然，在资源丰富时全用玉米最好。如果猪、牛、鸡都用 900kg 玉米，则共可获有效能 33 921MJ，总成本 3240 元。每兆焦有效能合 0.0955 元，比上述第二种分配方案还低 0.0331 元/MJ。

通过示例可看出，不同配方有不同成本。所谓最佳饲料配方是指，在一组给定的饲料原料中，通过最佳搭配，使配方既满足饲养标准，又成本最低，同时充分利用资源。

一般把用线性规划法设计的，既满足动物对多种养分的需要，又使饲料成本达到最低的饲料配方称为最佳饲料配方。

由于不同地点、不同时间所能获得的饲料原料及其养分含量、营养价值和价格不同，因此随时间、地点和价格的变化，最佳饲料配方也发生改变。换句话说，没有永远最佳的饲料配方。

6.2.2 饲料配方线性规划法的数学模型

饲料配方数学模型的一般化形式如下。

假定在饲料配方中第 j 种饲料原料的用量为 x_j (j=1，2，3，　，m)，显然有 $x_j \geqslant 0$。假定在设计饲料配方时考虑的营养指标有 n 项，第 j 种饲料原料的第 i 个养分的含量记为 a_{ij}，则显然有 $a_{ij} \geqslant 0$，但实践中，a_{ij} 多是化验结果，或从国家公布的饲料数据库查取。假定在设计饲料配方时选择饲养标准中的 n 项营养指标，如能量、粗蛋白质、钙、磷、赖氨酸、蛋氨酸等，分别记为 b_1，b_2，　，b_n，则显然有 $b_i \geqslant 0$。如果记第 j 种饲料原料售价为 c_j，则饲料配方的成本为

$$C = c_1 \times x_1 + c_2 \times x_2 + \cdots + c_m \times x_m \tag{6-1}$$

设计饲料配方就是要求在满足下述方程组(6-2)的约束条件的情况下使公式(6-1)的 C 最小。

$$\begin{cases} a_{11} \times x_1 + a_{12} \times x_2 + \cdots + a_{1m} \times x_m \geqslant b_1 \\ a_{21} \times x_1 + a_{22} \times x_2 + \cdots + a_{2m} \times x_m \geqslant b_2 \\ \cdots\cdots \\ a_{n1} \times x_1 + a_{n2} \times x_2 + \cdots + a_{nm} \times x_m \geqslant b_n \end{cases}$$

$$x_j \geqslant 0，j=1，2，3，\quad ，m， \tag{6-2}$$

线性规划中假定 $a_{ij} \geqslant 0$、$b_i \geqslant 0$、$c_j \geqslant 0$，且 a_{ij}、b_i、c_j 都是常数。

这就是线性规划法设计饲料配方的数学模型。

利用线性规划的优化方法设计饲料配方时，得到的最低成本配方是在一组特定条件下的结果。当这些条件包括原料的养分含量、饲养标准、用量有限制的原料用量及原料价格等发生变化时，一般会影响到最终配方成本。而配方师不能控制原料质量和价格，只能控制配合饲料或浓缩饲料的营养指标和对应的配方成本，即所谓的产品质量与成本控制。

实践中，配方师常是假定了原料价格、质量和饲养标准等为常数，然而事实远非如此。为有效驾驭线性规划模型参数的波动，需要进一步研究影子价格和灵敏度分析问题。

目前多数配方师用线性规划法设计饲料配方，但是研究营养的人常对线性规划的数学原理所知甚少，尤其是其中的影子价格及其灵敏度分析，以至于常有很多曲解或误用。本部分的目的是，以配方设计示例，由简单到复杂，探讨影子价格及其在饲料配方设计中的意义和作用。读者要注意饲料配方线性规划模型对应的对偶模型问题、模型应用及其经济学含义。

6.2.3 饲料原料的影子价格

什么是影子价格？如果某配方师要用 A、B、C 等原料设计某种饲料配方，这些原料的单位价格就称为这种原料的市场价格。而某种原料的影子价格则是指，在得到最佳配方后，配方中某种原料用量增减一个单位，使饲料配方的成本增加或降低多少。例如，棉粕有毒，在饲料配方中的用量一般要限制。假如棉粕到厂价格为 1.35 元/kg，则不考虑储存耗费时就可认为棉粕市场价格是 1.35 元/kg。如果在设计好的最佳配方的基础上，在饲料配方中多使用一个单位的棉粕(当然就要相应地降低其他原料的用量)可使配方成本降低 0.05 元/kg，则这个 0.05 元/kg 就是棉粕的影子价格。ΔY=影子价格×ΔB，式中，Y 为目标函数，B 为约束值。影子价格表示每单位约束值对目标函数的影响度。

数学家已经证明了，影子价格就是对偶规划的最优解。所以可借助对偶规划来计算各种原料的影子价格，从而为及时合理地设计和修订饲料配方提供科学依据。对偶线性规划问题不仅在解决线性规划问题时为人们提供了一个避繁就简的实用方法，而且在经济学中有重要意义。所以在饲料配方设计中，配方师应十分重视影子价格。为便于理解，通过实际例子来解释。

【例 2】设计鸡饲料配方，为了简单这里只考虑粗蛋白质、钙和磷 3 种养分。可以考虑如下线性规划问题：

$$C = 1.2 \times x_1 + 2.6 \times x_2 + 1.7 \times x_3 + 0.8 \times x_4$$

式中，x_1、x_2、x_3、x_4 分别表示玉米、豆粕、磷酸氢钙、食盐的用量；系数是各种饲料原料的价格。

约束条件:

$$\begin{cases} 85\times x_1+430\times x_2+0\times x_3+0\times x_4\geqslant 16.5 \\ 0.2\times x_1+3.2\times x_2+280\times x_3+350\times x_4\geqslant 3.5 \\ 1.2\times x_1+3.1\times x_2+100\times x_3+0\times x_4\geqslant 0.33 \\ x_j\geqslant 0, j=1,2,3,4 \end{cases}$$

现在看如下线性规划问题:

$$\max S=16.5\times y_1+3.5\times y_2+0.33\times y_3$$

$$\begin{cases} 85\times y_1+0.2\times y_2+1.2\times y_3\leqslant 1.2 \\ 430\times y_1+3.2\times y_2+3.1\times y_3\leqslant 2.6 \\ 0.0\times y_1+280\times y_2+100\times y_3\leqslant 1.7 \\ 0.0\times y_1+350\times y_2+0.0\times y_3\leqslant 0.8 \\ y_j\geqslant 0, j=1,2,3 \end{cases}$$

比较上述两个线性规划问题,不难发现它们之间存在如下一些规律性的关系。

第一，两个线性规划问题中约束条件的系数之间的关系是行和列互换。原规划问题约束条件中每一行的系数,与新规划问题约束条件中每一列的系数相对应;原规划问题的约束条件中每一列的系数，与新规划问题的约束条件中每一行的系数相对应。

这用矩阵方式解释最清楚:两个线性规划问题中约束条件的系数矩阵互为转置矩阵。在原规划中，约束条件的系数矩阵为

$$\begin{bmatrix} 85 & 430 & 0.0 & 0.0 \\ 0.2 & 3.2 & 280 & 350 \\ 1.2 & 3.1 & 100 & 0.0 \end{bmatrix}$$

而在新线性规划问题中约束条件的系数矩阵为

$$\begin{bmatrix} 85 & 0.2 & 1.2 \\ 430 & 3.2 & 3.1 \\ 0.0 & 280 & 100 \\ 0.0 & 350 & 0.0 \end{bmatrix}$$

这两个矩阵的行和列正好互换。

第二，原规划问题中右手侧的常数，正好是新规划问题的目标函数中各自变量的系数；新规划问题中约束条件的右手侧常数，也正好是原规划问题的目标函数中自变量的系数。

第三，原规划问题中约束条件中的不等式符号如果是“≥”，那么新规划问题中约束条件中的不等式符号就是“≤”。

第四，如果原线性规划问题中的目标函数是求最小值，那么新线性规划问题中的目标函数就是求最大值。

第五，运筹学已证明，若原问题和新问题都可行，则两者均有最优解，且两者的最优解相同。就是说，原问题目标函数的最小值 $\min C_0$ 与新问题目标函数的最大值 $\max C$ 相等，$\min C_0 = \max C$。

由于两个线性规划具有上述关系，所以称它们互为对偶规划。这种对偶问题，表现为相互交叉的表里关系，如果一方得到解，就能推导出另一方解。

现在可把这两个相互对偶的线性规划问题表示为如表 6-2 所示。在上面的讨论中，原规划问题的右边项 b 是饲养标准指标构成的向量，对偶规划问题最优解中的 y_i 值是饲养标准向量 b 中各种养分资源的成本。这个反面变量的解 y_i 称为影子价格。y_i 的值就相当于对第 i 种养分，当实现最大利润时的一种价格估计，是根据养分资源在生产中所作贡献而作的估价，所以把对偶规划中的决策变量 y_i(i=1，2，3)称为养分资源 b_i(i=1，2，3)的“影子价格”或“机会成本”。

表 6-2　线性规划及其对偶线型规划

	x_1	x_2	x_3	x_4		
min	1.2	2.6	1.7	0.8		max
	≤	≤	≤	≤		
y_1	85	430	0.0	0.0	≥	16.5
y_2	0.2	3.2	280	350	≥	3.5
y_3	1.2	3.1	100	0	≥	0.33

为便于理解影子价格的实际意义，下面举一最简单的线性规划例子。

【例 3】为简单，设有玉米和棉粕两种饲料原料，其粗蛋白质含量分别为 8.7%和 37.0%，价格分别为 c_1=1.2 元/kg 和 c_2=1.5 元/kg。现在要用这两种原料配制含粗蛋白质为 16%的配合饲料，问：怎样设计饲料配方才能既满足粗蛋白质需要又成本最低？

设玉米用量为 x，棉粕用量为 y，则按题意可得下列方程组

$$8.7x + 37.0y = 16 \tag{6-3}$$

$$\min C_0 = c_1 \times x + c_2 \times y \tag{6-4}$$

为简明，把式(6-3)改写为 $y = 16/37.0 - (8.7/37.0)x$，或

$$y = 0.43243243 - (8.7/37.0)x \tag{6-5}$$

此式表明，玉米用量(x)与棉粕用量(y)呈反比例关系。玉米用量 x 每增加 1 个单位时，棉粕用量 y 就下降(8.7/37.0)个单位。玉米用量增加 10 个单位时，棉粕用量就会下降 10×(8.7/37.0)个单位。即玉米对棉粕的边际代替率为(8.7/37.0)。如用 Δx 和 Δy 分别表示 x 和 y 的微小变化(增量)，则可写出：

$$\Delta y / \Delta x = 8.7/37$$

所以可把式(6-5)写为

$$y = 0.432432432 - (\Delta y / \Delta x)\,x \tag{6-6}$$

把此式代入式(6-4)可得

$$\begin{aligned} C_0 &= c_1 \times x + c_2 \times y \\ &= c_1 \times x + c_2 \times [0.432432432 - (\Delta y / \Delta x)x] \\ &= c_1 \times x + c_2 \times 0.432432432 - c_2(\Delta y / \Delta x)x \end{aligned}$$

即

$$C_0 = 0.432432432 \times c_2 + [c_1 - c_2(\Delta y / \Delta x)]x \tag{6-7}$$

由式(6-7)可看出，当$[c_1 - c_2(\Delta y / \Delta x)]$为正值时，降低玉米用量$x$就可降低配方成本$C_0$，把$y$增至最大限度，就可求得最小化的配方成本$\min C_0$；当$[c_1 - c_2(\Delta y / \Delta x)]$为负值时，提高玉米用量$x$可降低配方成本$C_0$，把$x$提高到最大限度，就可求得最小化的配方成本$\min C_0$。

所以不难看出，因子$[c_1 - c_2(\Delta y / \Delta x)]$决定了玉米用量$x$多了好还是少了好。如果用$\Delta Z$表示$[c_1 - c_2(\Delta y / \Delta x)]$，记为

$$\Delta Z = [c_1 - c_2(\Delta y / \Delta x)] \tag{6-8}$$

实践中可把Δz当判别式使用。当ΔZ为正(+)时，降低玉米的用量x就可降低配方成本C_0；当ΔZ为负(−)时，增加玉米的用量x就可降低配方成本C_0。这里ΔZ就相当于影子价格。

在【例 2】中，把已知数据代入公式(6-8)可得：$\Delta Z = 1.2 - 1.5 \times (8.7/37) = 0.8473$，所以应尽量降低玉米用量$x$，这样可降低配方成本。在本例中，$x$取最小值是0，这时不用玉米，而全用棉粕。

6.2.4 饲料养分的影子价格

在线性规划的数学理论上，影子价格还包括规划模型右手侧约束值的影子价格，在饲料配方规划模型中就是饲养标准中各养分指标的影子价格。假定在设计饲料配方时考虑的营养指标有n项，如能量、粗蛋白质、钙、磷、赖氨酸、蛋氨酸等，记为b_j，$j=1$，　，n，线性规划理论中约束值的影子价格就是指饲养标准中各养分指标b_j的影子价格。根据线性规划模型对影子价格的基本定义，饲料配方中某个营养指标的影子价格是指，在得到最佳配方后，该营养指标的约束值改变一个单位，导致配方成本的改变量。也可由简化方式理解：

$$\Delta S_j = b_j\text{的影子价格} \times \Delta b_j$$

式中，S为目标函数，ΔS_j为由于第j个养分指标改变一个单位导致的目标函数的改变量；b_j为第j个养分指标；Δb_j为第j种养分指标的改变量。所以，某种养分指标的影子价格就表示该养分指标对目标函数的影响度。

假设要设计成年蛋鸡的饲料配方。要维持产蛋率在80%以上，每只每天至少需要粗蛋白质16.5g、钙3.5g、有效磷0.33g。已知有4种原料，玉米(x_1)、豆粕

（x_2）、骨粉（x_3）和贝壳粉（x_4）的价格分别为 0.48 元/kg、0.94 元/kg、0.75 元/kg 和 0.11 元/kg，它们的养分含量可从《中国饲料数据库》查到。问:4 种原料各用多少，才能既使配合饲料成本最低，又满足产蛋鸡对粗蛋白质、钙和有效磷的需要?

这个问题的线性规划模型为

$$\min S = 0.48x_1 + 0.94x_2 + 0.75x_3 + 0.11x_4$$

$$\text{s.t.}\begin{cases} 85x_1 + 450x_2 + 0.0x_3 + 0.0x_4 \geqslant 165 \\ 0.2x_1 + 3.2x_2 + 280x_3 + 350x_4 \geqslant 35 \\ 1.2x_1 + 3.1x_2 + 100x_3 + 0.0x_4 \geqslant 3.3 \\ x_i \geqslant 0, i = 1,2,3,4 \end{cases}$$

一般情况下，假定有 n 种饲料原料，第 j 种原料的价格为 c_j；假定设计饲料配方时要考虑的营养指标有 m 个，第 j 种饲料原料的第 i 种养分含量是 a_{ij}；记饲养标准中第 i 个营养指标的饲养标准值为 b_i。则规划饲料配方的数学模型可一般地写作：

$$(\text{LP})\min S = \sum_{j=1}^{n} c_j x_j$$

$$\text{s.t.}\begin{cases} \sum_{j=1}^{n} a_{ij} x_j \geqslant b_i, i = 1,\cdots,m \\ x_j \geqslant 0, j = 1,\cdots,n \end{cases}$$

其中，x_j 为第 j 种饲料原料在饲料配方中的用量，是决策变量。

上述线性规划(LP)问题的对偶线性规划问题可以写为

$$(\text{DLP})\max G = \sum_{i=1}^{m} b_i y_i$$

$$\text{s.t.}\left\{ \sum_{i=1}^{m} a_{ij} y_i \leqslant c_j, j = 1,\cdots,n \right.$$

对原线性规划(LP)问题引入松弛变量 x_{n+1}，$x_{n+2},\cdots,x_{n+m}$，化为标准形：

$$(\text{LPI})\min S = CX$$

$$s.t.\begin{cases} AX = b \\ X \geqslant 0 \end{cases}$$

其中，$X = (x_1,\cdots,x_n,x_{n+1},\cdots,x_{n+m})^T$，$C = (c_1,\cdots,c_n,0,0,\cdots,0)$，$b = (b_1,b_2,\cdots,b_m)^T$，

$$A = \begin{bmatrix} a_{11} & a_{12} & \ldots & a_{1n} & 1 & 0 & \cdots & 0 \\ a_{21} & a_{22} & \ldots & a_{2n} & 0 & 1 & \cdots & 0 \\ \ldots & \ldots & \ldots & \ldots & \ldots & \ldots & \ldots & \ldots \\ a_{m1} & a_{m2} & \ldots & a_{mn} & 0 & 0 & \cdots & 1 \end{bmatrix}。$$

如果矩阵 A 行满秩，即 $rank(A) = m$，则 A 的任一非奇异子矩阵 B(即行列式

$|B| \neq 0$)都是 LPI 的一个基。把变量的顺序及其相应的系数重新排列，可用分块矩阵记为

$$X=\begin{bmatrix} X_B \\ X_N \end{bmatrix}，\ C=(C_B,C_N)，\ A=(B,N)。$$

对于线性规划问题 LPI 的最优基 B，应该满足 $B^{-1}b \geqslant 0$，$C-C_B B^{-1}A \geqslant 0$，所以 LPI 的最优解为 $X_B = B^{-1}b$，$X_N = 0$，$\min S = C_B B^{-1}b$，由此舍去松弛变量就可得到原线性规划问题 LP 的最优解。

根据对偶定理，原 LP 问题的 DLP 问题有最优解：$Y=(y_1,y_2,\cdots,y_m)=C_B B^{-1}$，$\max G = \min S = C_B B^{-1}b$，这里的 $y_i(i=1,2,\cdots,m)$ 就是第 i 种养分资源的影子价格。

6.2.5 影子价格的意义

如果 B 是线性规划问题 (LPI) 的最优基，DLP 的最优解为 $Y=(y_1,y_2,\cdots,y_m)=C_B B^{-1}$，$G=S=C_B B^{-1}b$，则求矩阵导数，有 $\partial S/\partial b=\partial G/\partial b=C_B B^{-1}=(y_1,y_2,\cdots,y_m)$，所以变量 $y_1,y_2,\cdots,y_m$ 的经济意义是，在其他条件不变(最优基也不变)的情况下，单位养分变化所引起目标函数最优值的改变；或求偏导数，$\partial S/\partial b_i=\partial G/\partial b_i=y_i\ (i=1,2,\cdots,m)$，表示在其他条件不变的情况下，第 i 种养分的单位变化所引起配方成本的改变量。这说明 y_i 代表第 i 种养分指标在最优决策下的边际价值。

由于影子价格是养分在最优决策下边际价值的反映，因此没有最优决策就没有影子价格。同一养分在不同的市场决策下影子价格可能不同，因此影子价格是受原料市场和质量本身客观条件制约的。问题 LP 与问题 DLP 的最优解之间的关系为 $\min G=\max S=C_B B^{-1}b=Yb$，这说明养分的影子价格定量反映了养分在最优决策下应为配方成本(总收益)提供的价值。

值得指出的是，若某种养分的影子价格等于零，则说明这个养分指标在给定条件下适当改变时不影响配方成本。

上述理论分析表明，影响影子价格的因素主要有：配合饲料产品定位、原料质量、原料市场价格结构和配方设计时的约束条件等。

6.3 影子价格在饲料配方设计上的应用

6.3.1 根据影子价格调整饲料配方

原料的影子价格揭示了参与计算的饲料原料对最终配方成本的影响程度。某

原料影子价格的绝对值越大，表明其对配方的最低成本影响越突出；而影子价格为“零”的原料是指其在特定取值范围内，该指标的达成对最低成本不构成影响。从经济方面讲，某原料(养分)的影子价格，是对每单位该原料在特定条件下最优配置时的边际效益的估价，所以可根据影子价格有把握地调整饲料配方。一般说来，当某原料影子价格为负值时，增加该原料在饲料配方中的用量，可降低配合饲料成本；当某原料影子价格为正值时，降低该原料在饲料配方中的用量，可降低配方成本。

利用 Excel2000 以后的版本设计饲料配方时，可以在筛选出最低成本配方的同时，直接在原料价格的灵敏度一栏中得到参选原料影子价格的信息。

值得注意的是，设计饲料配方时各原料的影子价格不是固定不变的，当参与规划饲料配方的各种原料的价格、质量、用量限制和饲养标准有任何变化时，各种原料的影子价格都有可能发生变化，即有可能规划出另外一个饲料配方及其影子价格，甚至原来为正的影子价格改变为负的影子价格。

在设计饲料配方时，影子价格分析只对那些设计饲料配方之前设置了限制用量的饲料原料有实际价值，而那些没有对用量设置限制的原料，其影子价格只有理论意义。因为在优化过程中，已把那些无用量限制的饲料原料用到了最佳量。或者说，规划结果就是在给定的约束条件下，各种饲料原料(包括设置了约束和未设置约束的原料)的最佳配比就是最佳饲料配方。

6.3.2 根据影子价格调整饲养标准

各种养分指标即资源的影子价格，能从量上指导配方师有针对性地调整饲养标准。在配合饲料中最重要的营养指标是能量和蛋白质，其他指标常以这两个指标为基础而定。所以配合饲料的成本主要取决于这两个指标，以及与之相对应的原料。这两个指标常允许在一定范围内变动，即蛋白能量比在一定范围内变化时不影响动物生产性能，所以在设计饲料配方时，可根据影子价格在营养平衡允许的范围内调整蛋白能量比和其他营养指标。

一般可通过计算能量和蛋白质的影子价格大致确定蛋白能量比。理论上说，当某养分的影子价格为负值时，可把配方标准中该养分的指标调整到最高限度，当某养分的影子价格为正值时，可把配方标准中该养分指标调整到最低限度。氨基酸指标按理想氨基酸模式中各种氨基酸与蛋白质的比例确定，然而实际与理论常有巨大差异。据作者经验，在设计饲料配方时，多数养分指标的影子价格都是正数。所以在实践中通常可以遇见的情况是，降低任何一个养分指标都会降低饲料配方的成本，当然，按照营养平衡原则，把全部营养指标都按平衡比例降低时，饲料配方的成本一定会随着降低。

出现这种现象，一方面是由饲料原料的性质决定的，另一方面是由饲料配方的规划原理决定的。首先，各营养成分不是单独存在的资源，而是以多种成分同时存在于一种饲料原料中，不可能孤立地“买”、“卖”或投入某一养分(市场上有售的氨基酸和维生素例外)。其次，在约束的营养成分之间，尤其是能量和其他营养成分间存在密切关系。如果把能量视为依变量，其他营养成分则是自变量。就饲料配方而言，它必须是营养平衡的。只有能量和其他营养成分在配方中保持一定比例关系，这个饲料配方才有使用价值。对于多数家畜来说，各营养成分需要量之间的相互关系已经确立。一个合格的配方师在设定营养指标时，已将各养分需要量之间的相互平衡关系考虑在内，只不过是在建立最低成本配方的线性规划模型时，将各营养成分约束条件“简化”或“假设”为独立变量。许多实际问题都是经过简化后，再建立起数学模型的，因此线性规划所提供的数学原理，在用于实际问题时，还要注意具体问题具体分析。

但有时会出现某种养分指标的影子价格为负值。如果根据这个数学分析的结果来调整饲料配方的营养指标，往往会导致饲料配方营养不平衡，降低饲料使用的效果，尤其是饲料转化率，这将导致资源浪费。例如，作者曾注意到精氨酸的影子价格有时为负值，如果仅仅根据数学原理，孤立地提高精氨酸的约束值(而不相应地提高蛋白质、赖氨酸等的约束值)，必然会导致氨基酸不平衡。

但是对养分的影子价格进行数学分析依然有巨大的经济价值，至少对饲料配方设计有理论指导意义。因为家畜对日粮各种养分的需要量及其相互比例不是不可改变的，其中蛋白质能量比最有经济价值。例如，在蛋鸡饲料生产中，蛋白质能量比(g/Mcal)至少可在58～62内变化，而市场上蛋白质资源(典型代表是豆粕)和能量资源(典型代表是玉米)的相对价格经常变化，当能量资源贵时就可提高蛋白质能量比，当蛋白质资源贵时就可降低蛋白质能量比。当然，不同蛋白质能量比的饲料会影响鸡蛋大小甚至产蛋率，所以要权衡饲料成本的降低与产蛋性能的关系，根据具体情况作出决策，这就为配方师提供了发挥技术优势的空间。

值得注意的是，饲料配方设计标准中各养分的影子价格也不是固定不变的，会随着各种养分指标的消长而发生位置的更换，或将不构成影响的资源变成有影响的，有如人们熟悉的限制性氨基酸顺序的变化。因此还必须研究资源影子价格的有效区间，体现影子价格的相对稳定性。

6.3.3 根据影子价格评价原料

评价饲料原料的传统方法是计算饲料原料中每种主要营养指标(如蛋白质、限制性氨基酸、ME 等)的价格，这种方法往往不能表明饲料原料在配方中的真实价值。因为一种饲料原料的实际价值取决于一定的原料质量—价格环境，与其他原料的质量—价格有关，当然还与前已述及的营养指标和全部可用原料的约束条件有关，在规划配方的动态运算中是以各种原料满足约束条件的能力为依据。影子价格指的是原料之间的“相对价格”，即一种原料与另一种或几种原料相互取代所导致的优化配方成本差异。

某个原料的影子价格还受饲养标准的影响，在同一原料质量—价格环境中，对于不同产品定位的配合饲料，某个原料的影子价格可能会有变化。例如，对于营养浓度较高的配合饲料，规划结果可能是选用鱼粉，对于营养浓度较低的配合饲料，在同样的原料质量—市场价格条件下，规划结果可能是选用豆粕，甚至是棉籽粕或菜籽粕。

所以，评价某个饲料原料时，最好是把它的质量—价格放在本厂可用原料和产品定位结构中进行分析，或者模拟设计一下饲料配方，根据其影子价格决定是否购入。

饲料添加剂属于饲料原料的一种，也可分析影子价格。

6.4 灵敏度分析

尽管资源影子价格的引入增加了计算结果的透明度，但还不能全面满足进行深层次配方设计的需求。在一般线性规划配方模型的基础上，还可利用数学规划的理论对原料价格的变动、动物营养需要的变化和饲料原料质量的波动做灵敏度分析。①获得保持原有配方不变时，各种原料价格的可变动范围，指导原料采购部门合理采购原料。②当线性规划的配方模型的养分系数即各种原料的养分含量在一定范围内发生变化时，如何制约配方计算结果的变化？或配方不变时，究竟对配方的使用效果会带来多大不稳定性？③当动物随生理状态变化需要改变饲养标准时，是否需要改变饲料配方?这都是灵敏度分析可以解决的问题。

前面介绍了一般线性规划的求解方法，这些解法都是在假定数学模型中的所有参数如 a_{ij}、b_i 和 c_j 是已知常数的情况下进行的。然而事实上模型参数并非固定不变的。这样就必然遇到下面几个问题。

1）模型中的参数并非都能准确测定。例如，饲料原料的养分含量，不同产地的黄玉米其养分含量不同，国家公布的饲料数据库只是平均值，饲料厂借用时带有估计和预测性质，难免有误差。这样得到的饲料配方或影子价格只能是近似最佳或在一定范围内反映客观实际。当某种饲料原料的质量与原配方要求的质量相差很多时，就需要重新设计饲料配方。那么，当饲料原料的养分含量变动量 Δa_{ij} 达到多大时，就需要重新设计饲料配方了呢？

2）市场条件经常发生变化，原料价格 c_j 常会变化，某种原料的价格 C_j 变动多少，才需要修订原来的饲料配方呢？通过灵敏度分析可了解目标函数式系数允许的增量和减量。在最优解（最佳饲料配方）保持不变的情况下，目标函数式中的系数（饲料原料价格）变化范围反映了所获得配方对原料市场价格变化的适应能力。如果原料价格变化在允许范围内，则不必更改配方。再者，还可以根据原料的影子价格做采购决策，克服以往原料采购依据经验判断甚至盲目采购的缺点。

3)配方师调整饲养标准就是调整约束值 b_i。生产上调整饲养标准后需要按照新标准设计新配方。但是，饲养标准变动不大时不必重新设计饲料配方。饲养标准 b_i 变动多少，才需要重新设计饲料配方呢？

约束值允许的增量和减量，是指在保持最优解和其他条件不变的情况下，各个约束限制值的可变化范围，也就是在此变化范围内约束条件的影子价格才能成立。这可为进一步调整约束条件提供参考。

所以实践中，配方师除经常从全厂考虑和分析各种配合饲料产品的生产和盈利状况外，还经常考虑和分析饲料配方何时需要修订。一个解决实际问题的线性规划模型，如果参数有一定误差，那么最佳方案允许的误差范围是什么？如果参数中的一个或几个发生了变化，这种变化对原最佳方案有什么影响？这两个问题实质是一个问题，就是模型中的参数与实际情况出入达到多大，原来的最佳方案就不再是最佳方案？在原最佳方案不继续使用时，怎样找到新的最佳方案？

可在原来计算结果的基础上，直接分析参数的变化对最优解的影响，从而判定最佳方案是否还能继续使用。如果不能继续使用，能不能直接通过对原来的最佳方案进行调整，不进行更多的计算就能得到新的最佳方案？

灵敏度分析为解决上述问题提供了具体的方法和严格的理论依据。对约束值进行灵敏度分析——饲养标准的灵敏度分析，当约束值在灵敏度分析给定的范围内调整时，最优基(入选原料种类)不变，最优解(原料用量)有可能变动。对目标函数系数进行灵敏度分析——原料价格灵敏度分析，当原料价格在灵敏度分析给定范围内调整时，最优解不变，不需要调整配方；超出范围时，最优解变化，最优基也可能改变，必须调整配方。

6.5 原料的变异与饲料配方的精度

6.5.1 饲料养分的变异

所有饲料，包括精饲料和副产品饲料，其营养成分都存在变异。变异是绝对客观存在的，甚至包括不同原料的消化率，营养学家必须学会在配制饲料时控制变异。饲料营养成分存在的变异会增加饲料配方失真的风险，增加成本。如果一种特定的饲料原料在批次之间存在较大变异，配制日粮时必须提高添加量，以避免可能出现的营养缺乏(这增加了饲料成本)，否则可能出现营养不足，降低生产性能。

许多人在配制日粮时都在使用平均数，很少有人在配制日粮时考虑和利用离散性数据。简单来说，离散性是用来确定使用平均数时的可靠性的。如果样本分布值的离散性非常大，在使用平均值时出现实际偏差的可能性就增大。对于一个正态分布的变量，最常用的离散性度量指标是标准差(SD)，平均数±0.5SD应当占所有观测值的38%，平均数±1SD应当占所有观测值的68%，平均数±2SD应当占所有观测值的95%。例如，一个啤酒糟总体的粗蛋白质平均水平是25%，其标准差为2，那么可以期望：来自该总体有68%的样品粗蛋白质水平在23%～27%，有95%的样品粗蛋白质水平在21%～29%内。标准差越小(相对于平均值)，人们在利用平均值配制日粮时出现实际误差的可能性越小。

6.5.2 变异的来源

理解饲料营养成分可能出现的变异来源，有助于人们确定利用哪些数据，如何利用这些数据。谷物和加工副产品的营养水平可能受到多种因素的影响：作物的遗传基础(品种、杂种等)、生长环境(气候、干旱、土壤肥力等)，副产品饲料还受到加工技术的影响。

上面提到的变异来源被认为是固定变异(就是说，其变异可描述、可重复)。例如，玉米育种可能一直进行提高其籽粒蛋白质含量的选育，因而其籽粒蛋白质含量高于一般玉米；酒精糟在生产过程中所使用的干燥温度非常高，导致其酒精糟酸性洗涤不溶蛋白质含量较高。干旱天气可能导致玉米籽粒较小，增加其粗纤维含量。另一类固定变异来源于化验室，尽管分析方法的标准化方面已取得很大进展，化验室可能使用不同分析技术分析饲料营养含量。如果一个化验室用亚硫酸盐测定中性洗涤纤维(NDF)，而其他化验室不使用亚硫酸盐，由于分析方法不同，不同化验室的分析结果也不同。

另一种变异来源被称为随机变异。人们不知道为什么数值会有差异，这种确实存在的变异无法解释。如果从一批啤酒糟中取10个样品，并把这10个样品送化验室分析，会得到10个稍稍不同的粗蛋白质含量的数值。变异可能来源于这一批啤酒糟内部差异，也可能来源于化验室的随机误差。

一般在理想情况下，随机变异可以被视为总体内部存在的变异，而固定变异可被看作不同总体之间的变异。例如，由于制造工艺不同，酒精厂X生产的酒精糟始终比酒精厂Y生产的酒精糟的中性洗涤纤维含量高。如果酒精厂X和酒精厂Y生产的酒精糟被看成两个总体，那么每个总体内部的标准差应当低于将两个酒精厂的产品视为一个总体的标准差。

由于饲料厂谷物的混合及原料来源不同，许多本来是固定的变异被混淆了。例如，人们可能不知道所购买的豆粕是用什么品种的大豆生产出来的，可能也不知道所购买的玉米淀粉渣是否是由受干旱影响的玉米加工而来的。在这种情况下，固定变异来源变成了随机变异，这将导致总体内变异的增加。然而，通过定义不同的总体，尽量让总变异归入固定变异源，会减少数据的离散性，从而降低在利用平均数时出现误差的概率。

6.5.3 变异的估计

现在最大的可利用的饲料原料营养成分的数据库是NRC数据库。该数据库包括大多数常用饲料原料营养成分的平均值和标准差。用于计算一种饲料营养成分平均值和标准差的来源可能非常广。样品可能取自不同地区、自不同年份生产的谷物。对于某些饲料和营养成分，用于计算该种饲料营养成分的平均值和标准差的样本数量可能非常有限，在使用这类数据时要十分谨慎。而对于另一类饲料原料，样品的数量可能非常大，其平均值和标准差能很好地估计来源广泛的总体情况。可是必须记住，在NRC表中所列、一个非常宽泛总体的平均值对某一个特殊来源的饲料原料也许不是很好的估计。也有极个别文献给出了一些饲料原料营养成分变异的数据。

根据饲料营养成分变异的大小，可以将饲料原料分成低、中等、高变异3类。低变异的饲料原料有玉米籽粒、高粱籽粒，可能还有大麦籽粒。高变异的饲料原料主要是副产品饲料，这类饲料通常不是一种直接的终产品。例如，马铃薯渣的营养成分变异非常大，因为马铃薯渣中有淘汰不用的马铃薯、马铃薯皮、马铃薯加工成人类食品过程中产生的渣滓，可能还有被退回的用于人食的产品等。面粉厂下脚料、玉米筛出物、罐头厂的下脚料也属于营养成分高变异的种类，这类原料组成难以定义，即使为同一来源，其营养变异也很高。属于中等变异的饲料原料主要是加工的伴随产品(不是副产品)，如酒精糟(酒精生产终产品)、玉米蛋白粉(生产玉米糖的终产品)、啤酒糟(生产啤酒的终产品)。由于这类产品在生产过程中是严格控制的，因此在同一个工厂出来的伴随产品是比较一致的。

为了提高日粮配合的准确性，对于中等和高变异的饲料原料必须定期抽样、检测，并且将所获检测结果正确地加以利用。

在日粮配制中，对于某种特别饲料原料的变异的精确估计非常重要。配制日粮如果要考虑一个安全系数，就要使用标准差。在NRC营养成分表中给出的标准差实际是谷物和副产品总的变异、包括饲料本身存在的差异、不同化验室间的差异、不同生产工艺间的差异，以及许多其他来源的差异。如果没有其他关于所用饲料的变异数据，就可以利用NRC给出的数据。但必须记住，许多饲料的实际变异要远远低于NRC的数据。

如果所有样品来自于一个来源，其标准差就会大大降低，这意味着在利用粗蛋白质平均值配制日粮时出现粗蛋白质含量可能误差的可能性大为减小(也就是配合饲料出现实际蛋白质缺乏的可能性大为降低)。

当获得了一个新的数据，要问一个简单的问题：营养成分改变的理由是什么？可能的回答：供应商改变了，酒精厂的生产工艺改变了，或者在更多情况下什么也不知道。如果没有想出饲料营养组成改变的理由，那么营养含量的改变可能就是随机造成的。营养含量的改变可能是由于批次间的随机变异，也可能是由于批次内的随机变异(取样误差)，或者两者都有。在这种情况下，新获得的数据并不见得比旧数据好，但新旧数据的平均值出现实际误差的可能性最小。因此应当使用新旧数据的平均值来配制日粮，而不是用新数据。用户应当记录、整理饲料分析化验的平均值和标准差，并且一旦有了新的数据，要重新计算平均值和标准差。

如果有一个合乎逻辑的理由认为饲料营养含量改变了(如新的总体)，那么用新的数据代替旧的数据，应当重新开始整理数据。

6.5.4 减小变异的方法

所有饲料的营养成分都存在变异。但日粮中所有的饲料原料的某种营养成分，在某一天都低于期望水平的可能性是很低的。日粮中某些原料的营养成分可能高于期望值，而另一些饲料原料的营养成分可能低于期望值，因此，饲料原料营养成分的变异通常低于配合饲料营养成分的变异。饲料原料营养成分变异引起的配合饲料养分变异随着日粮中饲料种类的增加而降低。

如果配入大比例的、特别的、粗蛋白质含量变异很大的饲料原料，有增加日粮误差的危险。但如果这种特别饲料原料在日粮中只提供10%的粗蛋白质，那么其5个百分点的粗蛋白质变异只导致0.5个百分点日粮粗蛋白质的变异。在配制配合饲料时，尽量用多种饲料原料，并且某种饲料原料的比例不要太大，这是减少日粮变异及由此引起的成本增加的最好方法。

6.5.5 饲料配方的精度和保证值

按照饲料配方生产配合饲料，不同批次产品的质量会有变异，变异大小如何判断？即如何判断饲料配方的精确度？可以采用变异系数(CV)，配方养分的保证值也可以估计出来。

(1)变异系数的计算方法

1)了解各种原料养分变量x的变化范围，针对某一种原料的n次观测值x_i，计算该养分的平均数$\overline{x_i}$和标准差S_i。

$$\overline{x_i}=\frac{\sum x_i}{n}$$

$$S_i=\sqrt{\frac{\sum_{i=1}^{n}x_i^2-(\sum_{i=1}^{n}x_i)^2/n}{n-1}}$$

2)计算配方养分的标准差和变异系数。假设饲料配方使用了m种原料，第i种原料在饲料配方中的用量为a_i，该原料在考察的养分指标上的标准差为s_i，则配

方养分的标准差(S)和变异系数(CV)分别估计为

$$S=\sqrt{\frac{\sum_{i=1}^{m}(a_is_i)^2}{(\sum_{i=1}^{m}a_i)^2}}$$

$$\mathrm{CV}=S/X$$

其中，$X=\frac{\sum_{i=1}^{m}a_i\overline{x}_i}{\sum_{i=1}^{m}a_i}$。

饲料是工业产品，变异系数CV应小于10%，最好在5%以内。

(2)配合饲料养分保证值计算步骤

第一步，计算配方养分的X、S、CV。

第二步，确定适宜的边界概率α，从正态分布表中查出相应的临界值(K_a)值。则两尾概率的范围是: $X\pm K_aS$ 或 $X(1\pm K_a\mathrm{CV})$。

【例4】计算保证值。假设有下述饲料配方数据：

饲料	配方用量/%	CP变化/%	CP平均/%	CP标准差/%
玉米	0.7973	8、8.4、9	8.5	0.5
米糠	0.0566	13.3、14.1、14.6	14	0.6
菜籽饼	0.117	36、38.5、39.5	38	1.8
其他	0.03	0	0	0
	a_i		x_i	s_i

该饲料配方的粗蛋白质平均数(X)和标准差(S)分别是

$$X=\frac{\sum a_i\overline{x}_i}{\sum_{i=1}^{m}a_i}=\frac{0.7973\times8.5+0.0566\times14+0.117\times38+0.03\times0}{0.7973+0.0566+0.177+0.03}$$

$$=12$$

$$S=\sqrt{\frac{\sum_{i=1}^{m}a_i^2s_i^2}{(\sum_{i=1}^{m}a_i)^2}}$$

$$=\sqrt{\frac{0.7973^2\times0.5^2+0.0566^2\times0.6^2+0.117^2\times1.8^2}{(0.7973+0.0566+0.117+0.03)^2}}$$

$$=\sqrt{0.20\,406}$$

=0.45 173

根据正态分布表可知，所分析的配方养分值的95%的置信区间是[12−1.96×*S*/2，12+1.96×*S*/2]，也就是[11.55，12.45]。

计算结果说明，有95%的把握相信，CP在11.55%～12.45%内变化，抽样分析的最低保证值不低于11.55%。

饲料质量的稳定，是饲料工业及畜牧业持续稳步发展的重要保证。然而，在饲料生产中，成品质量与配方设计之间常有一定差异，达不到配方设计的要求，业界称为配方失真。配方失真的主要原因有：①原料营养成分变异的影响，原料存放时间太长也会损失营养，同时增加有害物质，特别是一些稳定性差的添加剂(如维生素A等)，在温度、湿度、光线和空气等外界环境的作用下会迅速失效，有的吸潮，效价降低。②粉碎粒度的影响。③混合均匀度的影响，保证国标规定的混合均匀度变异系数应小于10%。④配料精度的影响。⑤制料工艺的影响。⑥成品水分的影响。控制颗粒料成品水分，调质和冷却、风干是关键。⑦物料残留影响。在饲料加工及输送过程中，由于料仓、设备性能(如提升机的卸料形式，逆流冷却器栅格上颗粒料残留)的制约，以及物料静电的作用，一部分物料被黏附于设备上，并混入别的物料中，造成交叉混染。⑧采样、化验的影响。取样不正确，分析误差就会增大，会误导配方设计，影响产品质量。饲养实验得到的消化率也存在变异，应该视为随机变量。

因此，要健全检测机构，完善检测设施，加强技术培训，提高化验人员的技术水平。运用标准的方法采集、制备和分析饲料样品。并且通过配方设计过程来降低产品质量的波动。

6.6　饲料配方设计关键技术

设计饲料配方的主要目的，就是以最小成本满足特定生产性能的动物营养需要。设计蛋鸡不同生理阶段的饲料配方，关键技术是因地制宜地修订饲养标准、合理选择和使用饲料原料、准确估计饲料加工对饲料质量的影响等。设计饲料配方的大致步骤是：①确定动物每天的营养需要量；②确定可用的饲料原料及其营养价值；③确定动物的采食量，据此换算出每千克日粮的养分含量；④确定各种饲料原料的用量限制；⑤规划出最低成本的饲料配方。

6.6.1　饲养标准的修订

1) 确定动物的营养需要量。这里需要考虑的主要因素有维持需要量、生产需要量、鸡舍温度、饲养管理和鸡舍设备等。环境温度对日采食量的影响最大，鸡舍设备和饲养管理也有很大影响。还要注意竞争对手的饲料质量，生产性能。

一般是先确定能量需要量，然后确定蛋白质需要量。一般教科书介绍的根据蛋白能量比确定蛋白质需要量，是一个非常不科学的方法，因为不同环境下的蛋白能量比不同，而没有不同环境中可靠的蛋白能量比参数可以参考。所以笔者强调，应该分别确定代谢能、蛋白质、氨基酸、矿物质等的需要量。因为在很多情况下，如高温，只影响能量需要量而不影响生产性能，那就只需要调整能量标准而不需要调整蛋白质的饲养标准；如果高温既影响能量需要量又影响生产性能，那就应该先根据特定温度计算出维持和生产的能量需要量，然后根据生产性能计算出蛋白质、氨基酸、矿物质和维生素等的需要量，生产需要量加上维持需要量，就是动物每天的养分需要量。

2）确定常用的饲料原料，根据本地常用的饲料原料确定采食量。要注意竞争对手的饲料采食量和营养水平。

蛋鸡有惯性采食现象，即换料时会遵守前日的采食量，当设计日粮营养浓度高于前料时，由于惯性采食的日营养增加，产蛋增加或不变，但低于前料时产蛋率下降，这也是蛋鸡场不愿换料的主要因素。另一个问题是配方结构，主要是消化率的影响，一般换料后3～7天恢复正常采食，但对于争取市场、客户换料有积极意义。换料时首先应考虑能量问题，可以根据化验竞争对手的饲料产品来估计其代谢能参数。

表6-3给出了一般蛋鸡品种的体重和耗料标准。

表6-3 生长蛋鸡的体重与采食量 (单位：g/只)

周龄	周末体重	耗料量	累计耗料量	周龄	周末体重	耗料量	累计耗料量
1	70	84	84	11	875	413	2807
2	130	119	203	12	965	441	3248
3	200	154	357	13	1055	469	3717
4	275	189	546	14	1145	497	4214
5	360	224	770	15	1235	525	4739
6	445	259	1029	16	1325	546	5285
7	530	294	1323	17	1415	567	5852
8	615	329	1652	18	1505	588	6440
9	700	357	2009	19	1595	609	7049
10	785	385	2394	20	1670	630	7679

3）日粮能量与设计能量有差异。实际上原料中的能量部分常不能充分利用。例如，能量高时一部分被储藏在体内，造成浪费；蛋白质高时一部分蛋白质被脱掉氨基排出体外，造成浪费；饲料成分变异系数不达标；其他原因影响到能量物质的吸收和利用(如粗纤维含量、动物代谢过程中体内的酸碱和电解质平衡等)。

所以配方中设计的能量足够，但有时动物还是表现为能量摄食不足。动物能量不足常见表现：在肉鸡或猪，骨架长起来，但体重少；采食量偏大；均匀度不好。在蛋鸡，采食量增加，产蛋率较低，高峰维持时间缩短，均匀度不好控制。

4)最佳效益配方技术。目前的最佳效益配方技术是建立在最小生产成本的基础上的，即生产相同数量或质量的蛋费用最小，或者以最小费用生产相同数量的蛋品。以费用最小作为目标参数，是以蛋鸡日采食费用最小为设计依据的。

蛋鸡的采食量以饲料提供的有效能量为基础，每日的能量需要决定了饲料的采食量，并且可以精确地确定其他养分的每天需要量。通过日采食量设计，就可以产生不同档次的高产蛋鸡饲料和不同营养浓度的饲料标准；在一定的原料选择范围内产生不同配方成本的饲料。

以“饲料单价×日采食量=蛋鸡日采食费用”为对象，其最小值即为最低饲养成本配方(最佳效益配方)，其条件为：产蛋率和蛋重一致。

5)根据采食量、每天的营养需要量和本厂饲料产品定位或竞争对手的饲料质量，换算出单位质量日粮的养分浓度，这就是设计饲料配方的标准。

6.6.2 饲料原料有效养分含量的估计

目前有几个比较权威的饲料数据库，最好使用中国的饲料数据库，因为你使用的是中国的饲料原料。这里有一个问题不好解决，就是使用中国的饲料数据库而使用国外的饲养标准，可能会使我们距精准营养更远。NRC 给出的能量需要量常常高于中国的饲养标准，NRC 给出的饲料原料的有效能含量也高于中国的饲料数据库，如果同时使用 NRC 的数据库和饲养标准，也许是一个配套的解决方案。可是 NRC 数据库给出的同名饲料原料的质量变异更大，如玉米，蛋白质含量可在 7.5%～9.5%内变动，所以实践中，应该对本厂使用的饲料原料质量进行评估。

目前很多配方软件都提供一种根据原料“干物质”含量修订其他养分的功能。例如，当玉米水分发生变异时，大多数配方师都会根据干物质变化修订能量、氨基酸和其他养分指标。但以“无灰分干物质”为基础修订养分数据更为真实。在没有现成文献和资料可用时，以无灰分干物质为基础，同时考虑粗纤维、粗脂肪、粗蛋白质、粗灰分来修订能量数据，不失为一种实用方法。

通常在以下情况下需要修订养分数据：①谷物原料水分变异很大，如玉米、小麦等；②粗纤维、粗灰分变异很大，如谷物副产品(玉米酒糟 DDGS、麸皮、次粉、玉米麸皮等)、杂粕(菜籽粕、花生粕、棉籽粕等)等。

具体修订方法和公式如下：

$$\text{能量}=\text{设定值}\times(\mathrm{DM}_R-\mathrm{ASH}_R)/(\mathrm{DM}_D-\mathrm{ASH}_D)$$
$$+\mathrm{VE}\times(\mathrm{EE}_R-\mathrm{EE}_D)+\mathrm{VP}\times(\mathrm{CP}_R-\mathrm{CP}_D)\quad-\mathrm{VF}\times(\mathrm{CF}_R-\mathrm{CF}_D)$$

式中，ASH为灰分；DM为干物质；EE为粗脂肪；CP为粗蛋白质；CF为粗纤维；下标R为实际测得的数值；下标D为设定值；VE为每1%粗脂肪对能量的贡献(如335kJ/kg)；VP为每1%粗蛋白质对能量的贡献(如84kJ/kg)；VF为每1%粗纤维对能量的贡献(如－84kJ/kg)。

谷物原料：玉米、小麦、高粱、稻谷是最常用的原料，水分和灰分变异是影响其能量浓度最关键的因素。

能量＝设定值$\times(DM_R - ASH_R)/(DM_D - ASH_D)$

【例5】标准玉米禽代谢能为13.56MJ/kg，干物质由86%降低到84%、粗灰分由3%提高到4%对能量的影响：

能量ME$=13.56\times(DM_R - ASH_R)/(DM_D - ASH_D)$

$=13.56\times(84-4)/(86-3)$

$=13.1$MJ/kg

而仅以干物质为基础来修订，则：

能量ME $=13.56\times(DM_R)/(DM_D)$

$=13.56\times(84/86)$

$=13.24$MJ/kg

上述两种方法，能量估测值相差0.14kJ/kg，笔者认为，以无灰分干物质为基础修订能量数据更为准确。

谷物副产品、杂粕类、动物副产品类：玉米DDGS、胚芽饼、胚芽粕、玉米蛋白饲料、小麦副产品、杂粕、动物副产品等，产品中粗蛋白质含量变化不大，但由于加工工艺不同，粗灰分、粗脂肪、粗纤维含量变异很大。根据这些指标修订能量数据非常必要。

能量＝设定值$\times(DM_R - ASH_R)/(DM_D - ASH_D)$

$+VE\times(EE_R - EE_D)+VP\times(EE_R - EP_D) \quad -VF\times(CF_R - CF_D)$

【例6】假定标准玉米DDGS的禽代谢能为10.04MJ/kg，其干物质(88%)不变，粗灰分由3%提高到4%，粗脂肪由8%减少到3%，粗纤维由8%提高到9%，则其修正后的能量为：

能量ME$=10.04\times(88-4)/(88-3)+0.335\times(3-8)-0.084\times(9-8)=8.16$kJ/kg

显然，如果不根据常规养分修订原料的能量值，会直接影响配方的准确性和鸡的生产性能。因此，以常规养分修订原料数据库具有很强的实践意义。实践中修订饲料原料的养分值考虑更多指标时更精确。

大型饲料厂日常观测的指标较全，具有丰富的观测数据，完全可以建立自己的饲料数据模型，用以估计本厂原料的养分含量，这对于提高饲料配方设计的可靠性具有巨大作用。假定观测了多个指标，以玉米为例，要根据多个观测指标(如化学成分测定值或容重等物理指标)估计玉米的赖氨酸含量：

$$y = b_1 x_1 + b_2 x_2 + \cdots + b_q x_q + e$$

式中，x_j 为玉米第 j 个观测指标值，b_i 为偏回归系数，$j = 1, \cdots, q$；e 为模型残差。

可以根据下式估计各个偏回归系数：

$$\begin{bmatrix} \sigma_{x_1 x_1} & \sigma_{x_1 x_2} & \cdots & \sigma_{x_1 x_q} \\ \sigma_{x_2 x_1} & \sigma_{x_2 x_2} & \cdots & \sigma_{x_2 x_q} \\ \cdots & \cdots & \cdots & \cdots \\ \sigma_{x_q x_1} & \sigma_{x_q x_2} & \cdots & \sigma_{x_q x_q} \end{bmatrix} \begin{bmatrix} \hat{b}_1 \\ \hat{b}_2 \\ \cdots \\ \hat{b}_q \end{bmatrix} = \begin{bmatrix} \sigma_{x_1 y} \\ \sigma_{x_2 y} \\ \cdots \\ \sigma_{x_q y} \end{bmatrix}$$

式中，$\sigma_{x_i x_j}$ 为变量 x_i 与 x_j 的协方差；$\sigma_{x_i y}$ 为变量 x_i 与变量 y 的协方差，当 $i = j$ 时，$\sigma_{x_i x_j}$ 就是玉米第 i 个观测指标的方差。

具体设计饲料配方时，配方师可以根据下式预测所用玉米的赖氨酸含量：

$$\hat{y} = \hat{b}_1 x_1 + \hat{b}_2 x_2 + \cdots + \hat{b}_q x_q$$

式中，x_i 是第 i 个化学成分的测定值。

估计值 $\hat{y}$ 的方差的平方根（标准差）为

$$S = \sqrt{\begin{bmatrix} b_1 \\ b_2 \\ \cdots \\ b_q \end{bmatrix}^{\mathrm{T}} \begin{bmatrix} \sigma_{x_1 x_1} & \sigma_{x_1 x_2} & \cdots & \sigma_{x_1 x_q} \\ \sigma_{x_2 x_1} & \sigma_{x_2 x_2} & \cdots & \sigma_{x_2 x_q} \\ \cdots & \cdots & \cdots & \cdots \\ \sigma_{x_q x_1} & \sigma_{x_q x_2} & \cdots & \sigma_{x_q x_q} \end{bmatrix} \begin{bmatrix} b_1 \\ b_2 \\ \cdots \\ b_q \end{bmatrix}}$$

6.6.3 饲料原料的搭配

鸡饲料原料很多，如何搭配科学合理而价格又低？①必须掌握鸡的营养需要。不同鸡的要求不同，如轻型产蛋鸡、重型产蛋鸡或肉用鸡，小鸡、大鸡或种鸡，营养需要在量与质上都不同，要根据相应的鸡查询相应资料，确定营养需要。②要了解本地饲料资源。要价格便宜，来源充足。③日粮要能满足鸡需要的量和质，适口性好，成本低。④计算配方时必须掌握鸡的营养理论和实践方法，既要计算出最廉价的饲料，又要计算完善日粮。⑤鸡日粮搭配好坏的评定标准，主要看饲料报酬，饲料报酬高，饲养日期长，成本就会降低。⑥饲料以碎屑状较好，若过于粉碎，会降低采食量。低能量颗粒料鸡增重较快，青年母鸡用颗粒料要限量，以免过肥，成年母鸡最好用粉料，以免采食太多，引起过肥。但夏季笼养母鸡可用颗粒料以提高食量。⑦断喙、转群、运输、鸡群发病时喂质量好、含维生素和抗生素的饲料，从饲养上预防疾病发生。⑧确定饲料中蛋白质含量时，既要考虑日粮能量水平，又要考虑养分平衡。例如，蛋白质氨基酸平衡，日粮中粗脂肪和粗纤维含量，矿物质补充，维生素和微量元素一般以添加剂形式使用。⑨霉坏饲料不能喂鸡。雨季应在饲料中适当加防霉剂。⑩主要饲料原料间应有一定比例。谷实类占 40%～60%，2～3 种提供能量；糠麸类占 10%～30%，1～2 种提供能量和 B 族维生素；油饼类占 10%～20%，1～2 种提供蛋白质；矿物质占 2%～8%，2～3 种补充钙、磷；动物性饲料占 3%～15%，1～2 种补充蛋白质及必需氨基酸；添加剂占 0.05%～0.25%；食盐占日粮的 0.25%～0.45%。

6.6.4 饲料原料与加工方式的选择

确定可用的饲料原料，根据各种饲料原料的质量和性质确定每一种饲料原料在日粮配方中的用量限制。

根据蛋鸡产蛋期择食原理，选择原料有玉米，破碎 2～4 瓣；豆粕，原料来源不同，粗碎或直接加入；棉粕，捡出较大颗粒直接投入；菜粕直接投入；葵花籽粕，粗碎直接投入；鱼粉、鱼浆蛋白粉、猪油渣等，直接投入；麦麸直接投入；使用碘制盐、磷酸氢钙或骨粉，直接投入；计算其中的钙含量及可能添加的细石粉钙总量为 1.0%左右；选择颗粒石粉和贝壳粉混合，补充其余的钙。

油脂添加的必要性：脂肪不仅是重要的能量来源，而且是蛋鸡热应激和亚油酸的来源，同时物料在添加油脂后减少了粉尘，同时改善了蛋鸡采食性能，尤其有过多细料存在时，有利于采食目标的实现。

饲料粉碎粒度要逐渐变化。有试验表明，鸡群对特定粉碎粒度有个适应和习惯，改变粉碎粒度后需要 5～7 天的时间适应新的饲料粒度(表 6-4)。

表 6-4 突然改变饲料粉碎粒度对鸡群采食量的影响

颗粒大小	正常(2.4mm)	颗粒变小(<2.4mm)	颗粒变大(>2.4mm)
采食量/[g/(只·天)]	112b	124a	81c

数据后不同小写字母表示差异显著($p<0.05$)

数据来源：Leeson and Summers，2008

6.6.5 设计饲料配方

一般使用市售饲料配方软件，也有使用 Excel 的线性规划功能自己设计的软件。鉴于动物营养与饲料研究的不断进展，所以自己设计的饲料配方软件一般比较好用，只是所用的饲料数据库要注意不断吸收新的研究报告和饲料配方软件数据库的数值。

设计饲料配方的数学原理有线性规划法和目标规划法等，以线性规划法最流行。对于大型饲料企业，拥有完整的饲料数据库时，使用随机规划法设计饲料配方较好。

评估饲料配方质量应考虑以下几个方面：①产品性能表现在市场上的统计分布；②不同市场用户可能的结果；③同一市场相对于竞争对手而言自己产品的优劣；④配方的可执行性如何；⑤饲料配方在试验农场中的表现。

7　蛋鸡生长期饲料配方设计

蛋用鸡可分为白壳蛋鸡和褐壳蛋鸡两种，按生产用途和生长发育阶段又可分为雏鸡(0～6 周龄)、青年鸡(7～12 周龄)、育成鸡(13～18 周龄)、开产鸡(18～20 周龄)、产蛋高峰鸡(产蛋率大于 80%)、普通蛋鸡(产蛋率小于 80%)、种公鸡、种母鸡等。

7.1　蛋鸡生长发育阶段的划分

不同生长发育阶段和不同生理状态的鸡，营养需要量差别很大，商品蛋鸡一般饲养到 72～80 周龄淘汰，规模化鸡场自配饲料时可以每周龄设置一个饲养标准，以达到精细饲养；一般鸡场和饲料厂不能设置这么多的饲养阶段，否则难以实际操作。一般以产蛋率达到 5%为标准划分为生长期与产蛋期(图 7-1)，这种划分方法可能不如以 1% 产蛋率为划界标准。

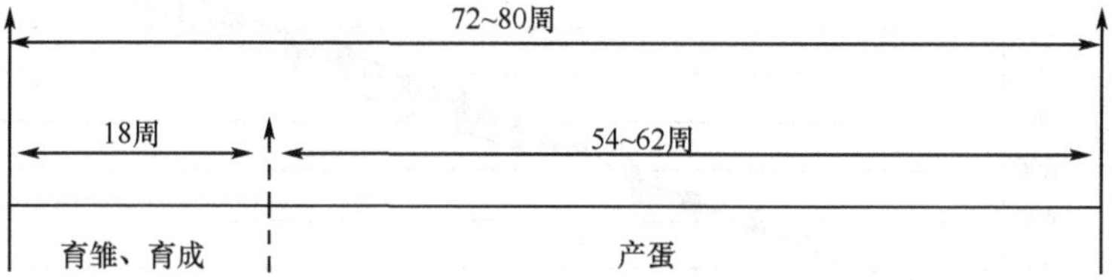

图 7-1　蛋鸡饲养阶段的划分

生长期又可细分为育雏期(0～3 周龄为幼雏期、4～6 周龄为大雏期)、生长期(7～12 周龄)、育成期(13～16 周龄)和开产期(17 周龄至产蛋率 5%)；产蛋期可以细分为产蛋前期(产蛋率 5%～50%)、高峰蛋鸡(产蛋率 50%至 32 周龄)、高峰后蛋鸡(33～44 周龄)、普通蛋鸡(45～58 周龄)和老母鸡(59～72 周龄或 80 周龄淘汰)。

实践中不同厂家推荐的阶段划分方案大致相同，这是由鸡本身生长发育规律决定的，不同蛋鸡品种的生长发育规律基本相同，轻型蛋鸡与中型蛋鸡略有差别。例如，生长鸡的发育，总是本着先保住生存，再求发展的原则，这是符合进化论原理的。具体地说，雏鸡阶段(0～6 周龄)消化系统和免疫系统发育强度最大，生长期(7～12 周龄，育成前期)体架(骨骼和肌肉)生长强度最大，育成期(育成后期，13～16 周龄)和开产期(17～18 周龄)生殖系统(卵巢、输卵管和骨髓)发育强度最大(图 7-2)。

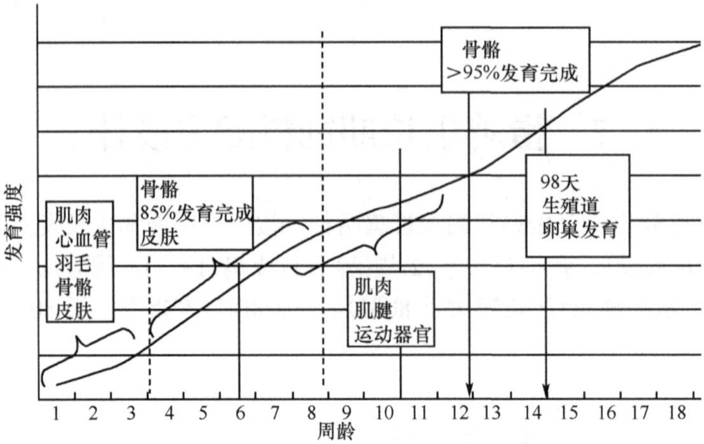

图 7-2　蛋鸡生长期的发育规律

鸡的骨骼和体重的生长强度不同，骨骼在 10 周内生长迅速，8 周龄雏鸡骨架已完成 75%，12 周龄已完成 90% 以上，而体重则到 36 周龄达到生长强度最高点。生长鸡体重增长规律如图 7-3 所示。

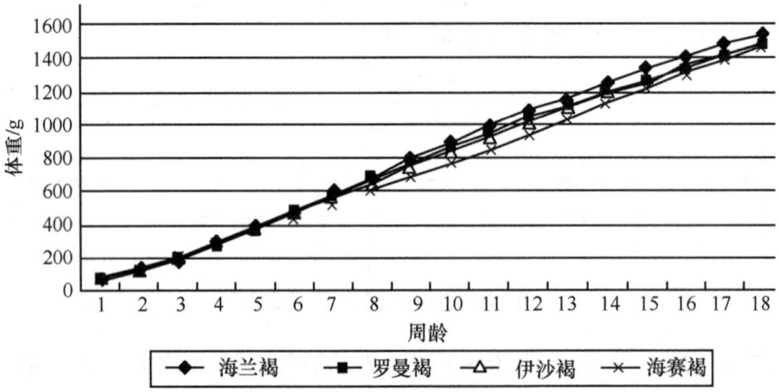

图 7-3　蛋鸡生长期的体重生长

体形发育的好坏直接影响生产性能。胫长达标而体重偏轻的鸡群，产蛋早期蛋重小，产蛋率上升缓慢；胫长不达标而体重超标的鸡群会出现早产蛋或发生严重脱肛等现象，死亡率和淘汰率高；如果胫长和体重都不达标，就意味着育雏育成失败，开产时间延长，少则开产推迟 1～2 周，多则推迟 3～4 周，产蛋高峰达不到标准，产蛋量低，对经济效益影响较大。

实践中，不同蛋鸡育种公司划分的生长期饲养阶段见表 7-1。

表 7-1　蛋鸡生长期饲养阶段的划分

阶段	海兰褐	罗曼褐	伊沙褐	海塞克斯褐
育雏期	0～6 周龄	0～4 周龄	0～4 周龄	0～5 周龄

续表

阶段	海兰褐	罗曼褐	伊沙褐	海塞克斯褐
生长期	7～8 周龄	5～8 周龄	5～10 周龄	6～10 周龄
育成期	9～15 周龄	9～15 周龄	11～16 周龄	11～17 周龄
开产期	16 周龄至产蛋率 5%	16 周龄至 5%	17 周龄至 2%	17～20 周龄

蛋用鸡在育雏期、生长期和育成期生长迅速，雏鸡 2 周龄体重约为出壳体重的 2 倍，6 周龄为 10 倍，8 周龄为 15 倍，前期生长强度大，以后随日龄增加而减弱。雏鸡前 8 周内完成体型发育的 75%～85%，体重的 27%。羽毛也生长很快。

雏鸡代谢旺盛，但胃容积小，消化率低，经常遭受温度变化、免疫、用药、断喙等应激因素影响，影响采食量和体形发育。因此应精心配制雏鸡日粮，保证雏鸡形成良好的骨骼系统，有利于形成有效的免疫系统，并促进羽毛生长，使雏鸡胫长和体重提前达标。育雏期和育成期的营养状况，与产蛋鸡的性成熟、产蛋期产蛋率、蛋重和经济效益密切相关(表 7-2)。

表 7-2 主要生长期指标与产蛋期性能指标的相关性

	5 周龄体重	10 周龄体重	16 周龄体重	16 周龄均匀度
早熟性 (20~24 周只日产蛋率)	0.63**	0.59**	0.39*	0
产蛋持久性 (68~72 周只日产蛋率)	0.82***	0	0	0.46*
60 周龄存活率	0.71**	0	0	0.40*
72 周龄存活率	0.65**	0	0	0.61**
入舍鸡产蛋数				
60 周龄	0.83***	0. 3*	0	0.54**
60~72 周龄	0.94***	0	0	0.60**
72 周龄	0.93***	0	0	0.72**

*弱相关(0.25～0.50)；**中等相关(0.50～0.75)；***强相关(>0.75)

数据来源：尚磊，1998

由表 7-2 可知，在蛋鸡生长早期搞好饲养管理，使 5 周龄体重达到标准或更高一些，预示着该鸡群早开产、产蛋多及死亡率低。这可能是由于蛋鸡各主要器官(如心脏、肝脏、肾脏等)的发育与形成是在生长发育早期，特别是前 5 周内。器官发育与形成良好的鸡群，其生产性能会提高，死亡率将降低。而 16 周龄的鸡群均匀度主要影响 60 周龄后的产蛋率及死亡率。试验发现，在均匀度差的鸡群中，体重轻的鸡可正常产蛋到 60 周龄，之后则出现“早衰”现象，导致产蛋率下降及死亡率增高。所以，实践中必须争取鸡群 5 周龄体重大于或等于该品种的标准。

衡量生长鸡营养供给是否合适的标准一般是测定体重和胫长。笔者强调指出，不仅要注意鸡群的平均数，还要注意变异程度。平均数不达标可能是饲料营养问题、设备问题，也可能是饲养管理问题。体重不达标可以通过增减给料量或采食量解决，体重超标则需要控制采食量。鸡群变异程度一般用整齐度表示，鸡群体重应该是正态分布，平均数上下 1 个标准差应该包含有 68%的个体，2 个标准差范围内应该包含有 95%的个体。如果平均数上下 1 个标准差内包含的个体超过 68%，就说明鸡群整齐度高。如果鸡群的平均数达标而整齐度低，则说明饲养管理或设备有问题，例如，料槽不足或饮水器不足，群内强弱不一的问题就会很突出，这个问题在青年鸡阶段最明显。

实践中评价鸡群整齐度的标准见表 7-3。

表 7-3 评价鸡群整齐度的标准(百分制)

级别	体重在平均体重±10%以内鸡数占的百分数
特级	＞90
优等	84～90
良好	77～83
一般	70～76
不良	63～69
差	56～62
很差	＜55

整齐度对鸡群生产性能的影响见表 7-4。

表 7-4 整齐度对肉种鸡生产性能的影响

整齐度/%	70～75	76～80	>80
开产日龄	172	170	164
平均产蛋/个	139	143	174
受精率%	91.3	92.8	93.4
孵化率%	87.4	88.3	92.4
健雏率%	96.5	96.8	97.2

数据来源：张淑芬和杨贵坦，2006

所以实践中青年鸡阶段的饲养管理重点是体重、骨架、整齐度，以及光照(光照影响性成熟年龄，间接影响开产体重，从而影响蛋大小，影响鸡场的经济效益)。需要强调，测定体重需要每周一次，根据测定结果及时调整饲养方案，使鸡群尽量按照品种标准体重生长。

适时分群整群，及时调整营养水平也很重要。例如，根据雏鸡的体形发育特点和身体结构变化规律，在6周龄分群整群。具体方法是：挑出低于平均体重10%的鸡只，进行单独饲养。对于体重低于平均值10%的鸡，继续饲喂育雏期料至8周龄，其他鸡可更换为生长期料。对胫长达标和超标，体重超标的鸡群，换用生长鸡料。对胫长达标，体重不达标的鸡群，继续饲喂育雏期料。对于胫长低于标准，体重超标的鸡群，用育雏期料，增加维生素，外加氯化胆碱500mg/kg，并减少日粮代谢能44kcal/kg。对于胫长和体重均低于标准的鸡群，继续用育雏期料饲喂2周，再改为生长鸡料，按该品种的饲养指南(手册)进行管理。

性成熟的调控是通过育成期限饲并结合适当光照方案来实现的。在体重达标的情况下，对14～16周龄的鸡给予低水平的代谢能和粗蛋白质，对防止母鸡早产和增加初产蛋重有重要作用。

不同品种蛋鸡产蛋期生产性能的时态变化规律更相近，可用图7-4表示。

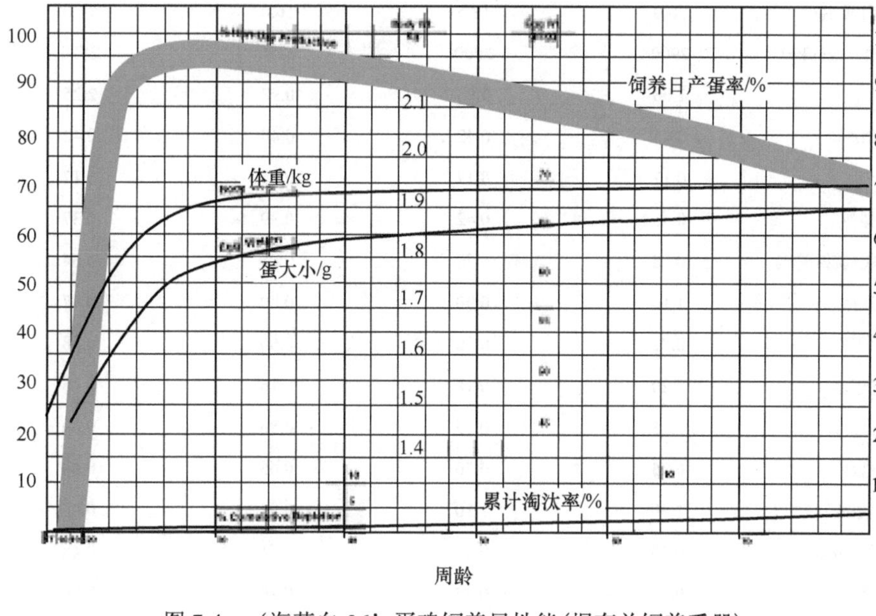

图7-4 ‘海蓝白-36’蛋鸡饲养日性能(据有关饲养手册)

7.2 蛋鸡生长期的营养需要量

育雏期(1～42 日龄)营养状况可能会影响动物肠道发育，甚至影响后期阶段对营养物质的利用。雏鸡的早期生长阶段消化系统生长快于身体生长。雏鸡在6周龄内体重比较大的，内脏器官会发育的比较好，肺、心脏、肝脏、胃及肠道占体重的比例要相对的高一些。考虑整个育成期投入，前 6 周的饲料量占整个预成期饲料的 10%，增加 1 元的饲料成本，使饲料的品质提高一大截，就可做到 6 周龄体重达标。

育雏期（1～42 日龄）生长强度大，是一生性能的奠基时期，3 周龄内应给予高能量（ME2900kcal/kg）、高蛋白（CP18.5%）的饲料。实践证明，在 3～4 周龄内采用破碎料（每只雏鸡 400g），可以明显改善蛋鸡雏的早期增重。据报道，蛋鸡在 0～8 周龄得到标准营养，接着给予低能日粮直到性成熟，产蛋期表现最好。

表 7-5 显示了来航鸡青年期的营养需要量，表 7-6 给出的是褐壳蛋鸡青年鸡的营养需要量。这些营养规格是中等水平，用于指导饲料配方设计，可以满足一般蛋鸡生长发育的需要。

表 7-5a　来航鸡青年期的营养需要量

营养成分	雏鸡（0～6 周龄）	生长鸡（6～10 周龄）	育成鸡（10～16 周龄）	产蛋前（16～18 周龄）
粗蛋白质/%	20.0	18.5	16.0	16.0
代谢能/（kcal/kg）	2900	2900	2850	2850
钙/%	1.00	0.95	0.92	2.25
有效磷/%	0.45	0.42	0.40	0.42
钠/%	0.17	0.17	0.17	0.17
蛋氨酸/%	0.45	0.42	0.39	0.37
蛋氨酸+胱氨酸/%	0.78	0.72	0.65	0.64
赖氨酸/%	1.10	0.90	0.80	0.77
苏氨酸/%	0.72	0.70	0.60	0.58
色氨酸/%	0.20	0.18	0.16	0.15
精氨酸/%	1.15	0.95	0.86	0.80
缬氨酸/%	0.75	0.70	0.65	0.60
亮氨酸/%	1.30	1.10	0.92	0.88
异亮氨酸/%	0.70	0.60	0.51	0.48
组氨酸/%	0.35	0.32	0.29	0.26
苯丙氨酸/%	0.65	0.60	0.53	0.49

表 7-5b　来航鸡青年期的维生素与微量元素需要量

维生素	日粮中含量/kg	微量元素	日粮中含量/kg
维生素 A/IU	8000	锰/mg	60
维生素 D_3/IU	2500	铁/mg	30
维生素 E/IU	50	铜/mg	6

续表

维生素	日粮中含量/kg	微量元素	日粮中含量/kg
维生素 K/IU	3	锌/mg	60
硫胺素/mg	2	碘/mg	0.5
核黄素/mg	5	硒/mg	0.3
吡哆醇/mg	4		
泛酸/mg	12		
叶酸/mg	0.75		
生物素/μg	100		
烟酸 /mg	40		
胆碱 /mg	500		
维生素 B_{12} /μg	12		

数据来源：Leeson and Summers，2008

表 7-6a 褐壳蛋鸡青年鸡的营养需要量

营养成分	雏鸡(0～5周龄)	生长鸡(5～10周龄)	育成鸡(10～15/16周龄)	产蛋前(15/16～17周龄)
粗蛋白质/%	20.0	18.0	15.5	16.0
代谢能/(kcal/kg)	2900	2850	2800	2850
钙/%	1.00	0.95	0.90	2.25
有效磷/%	0.45	0.42	0.38	0.42
钠/%	0.17	0.17	0.17	0.17
蛋氨酸/%	0.45	0.41	0.35	0.34
蛋氨酸+胱氨酸/%	0.78	0.71	0.63	0.61
赖氨酸/%	1.10	0.90	0.75	0.73
苏氨酸/%	0.72	0.68	0.60	0.57
色氨酸/%	0.20	0.18	0.15	0.15
精氨酸/%	1.15	0.95	0.86	0.80
缬氨酸/%	0.75	0.70	0.65	0.60
亮氨酸/%	1.30	1.10	0.92	0.88
异亮氨酸/%	0.70	0.60	0.51	0.45
组氨酸/%	0.35	0.32	0.27	0.24
苯丙氨酸/%	0.65	0.60	0.50	0.45

表 7-6b 褐壳蛋鸡青年鸡的维生素和微量元素需要量

维生素	饲料中含量/kg	微量元素	饲料中含量/kg
维生素A/IU	8000	锰/mg	60
维生素D_3/IU	2500	铁/mg	30
维生素E/IU	50	铜/mg	6

续表

维生素	饲料中含量/kg	微量元素	饲料中含量/kg
维生素K/IU	3	锌/mg	60
硫胺素/mg	2	碘/mg	0.5
核黄素/mg	5	硒/mg	0.3
吡哆醇/mg	4		
泛酸/mg	12		
叶酸/mg	0.75		
生物素/μg	100		
烟酸/mg	40		
胆碱/mg	500		
维生素B_{12}/μg	12		

数据来源：Leeson and Summers，2008

青年鸡的生长环境包括鸡舍和设备等变化很大，这些环境都影响营养需要。在大多数情况下，管理条件影响能量的需要，而能量与所有其他重要营养物质都有相关。例如，在炎热气候下，小母鸡会吃得少，营养物质如氨基酸，有效采食量会降低，因此必须增加日粮营养浓度。生长在地板上的青年鸡比笼养鸡吃得多，只需要增加能量浓度而不需要增加其他养分的浓度。表 7-5 和表 7-6 给出的日粮规格是基于传统的饲料原料，这些原料的营养物质的消化率是可预测的。当使用非标准原料时，必须考虑更严格的饲养标准，确定重要养分的消化率，如可消化氨基酸。

白壳蛋鸡与褐壳蛋鸡青年鸡营养需要量不同，这种差异可能是起因于它们的生长速度不同，成熟体重也不同。不同的白壳蛋鸡青年期的营养需要量也不同，表 7-8 表明了白壳蛋鸡商业母鸡在 18 周生长期生长速度的差异。4 周龄时最轻的品系与最重的品系之间体重差异 14%，而在 18 周龄时差异是 10%。生长速度的差异反映了营养需求的差异，例如，雏鸡氨基酸需要量水平，日粮浓度差异 10%～15%。表 7-8 表明了褐壳蛋鸡不同商业品种在 18 周生长期的生长速度的差异。

表 7-7　白壳蛋鸡青年鸡体重　　（单位：g）

周龄	谢弗(Shaver)	海蓝36(Hyline 36)	海蓝98(Hyline 98)	罗曼(Lohmann)	宝万(Bovan)
1	70	65	65	70	70
2	135	110	110	115	105
3	205	180	180	170	175
4	280	250	260	240	250
5	365	320	350	320	320
6	450	400	450	400	395

续表

周龄	谢弗(Shaver)	海蓝36(Hyline 36)	海蓝98(Hyline 98)	罗曼(Lohmann)	宝万(Bovan)
7	535	500	550	470	475
8	620	590	650	540	560
9	700	680	750	614	650
10	775	770	850	682	735
11	845	870	930	749	820
12	915	950	1000	816	900
13	975	1030	1070	878	975
14	1035	1100	1130	941	1045
15	1095	1160	1180	998	1110
16	1165	1210	1230	1056	1170
17	1235	1250	1270	1118	1225
18	1300	1280	1320	1181	1270

表 7-8 褐壳蛋鸡青年鸡体重 (单位：g)

周龄	谢弗(Shaver)	伊莎(ISA)	海蓝(Hyline)	罗曼(Lohmann)	宝万(Bovan)
1	60	50	70	75	70
2	100	100	115	130	110
3	200	190	190	195	180
4	300	280	280	275	290
5	380	380	380	367	370
6	480	480	480	475	450
7	570	580	580	580	530
8	650	675	680	680	610
9	760	770	770	780	690
10	850	850	870	875	770
11	940	950	960	960	850
12	1030	1040	1050	1040	935
13	1120	1130	1130	1120	1020
14	1220	1220	1210	1200	1110
15	1320	1300	1290	1265	1200
16	1400	1390	1360	1330	1300
17	1490	1475	1430	1400	1400
18	1580	1560	1500	1475	1500

注：根据相关育种公司的饲养手册改编

雏鸡日粮营养需要量的差异见表7-9，不同品系的能量浓度要求相当接近，虽然体重最小的品系即罗曼鸡日粮的赖氨酸和苏氨酸能量浓度很高。这一趋势一直持续到青年鸡(表7-10)。有趣的是，育成期氨基酸需要浓度最高的是最重的鸡(Shaver)，而最轻的Lohmann鸡氨基酸采食量明显低很多(表7-11)，不同品系的鸡开产前日粮差异更大。

表 7-9　白壳蛋鸡雏鸡日粮能量浓度的差异

营养成分	谢弗(Shaver)(0～6周龄)	海蓝36(Hyline 36)(0～6周龄)	海蓝98(Hyline 98)(0～6周龄)	罗曼(Lohmann)(0～6周龄)	宝万(Bovan)(0～6周龄)
蛋白质/%	19.5	20	20	21	20
ME/(kcal/kg)	2900	2960	2960	2900	2980
钙/%	1.00	1.00	1.00	1.05	1.00
有效磷/%	0.47	0.50	0.50	0.48	0.50
钠/%	0.16	0.19	0.19	0.16	0.18
亚油酸/%	1.20	1.00	1.00	1.40	1.30
Met/%	0.42	0.48	0.48	0.48	0.45
Met+Cys/%	0.73	0.80	0.80	0.83	0.80
Lys/%	0.95	1.10	1.10	1.20	1.10
Try/%	0.20	0.20	0.20	0.23	0.21
Thr/%	0.68	0.75	0.75	0.80	0.75

注：根据相关品系的饲养手册改编

表 7-10　白壳蛋鸡青年鸡日粮能量浓度的设置

营养成分	谢弗(Shaver)(6～12 周龄)	海蓝 36(Hyline 36)(6～8 周龄)	海蓝 98(Hyline 98)(6～8 周龄)	罗曼(Lohmann)(3～8 周龄)	宝万(Bovan)(6～10 周龄)
蛋白质/%	17.5	18	18	19	18
ME/(kcal/kg)	2800	3025	2960	2800	2970
钙/%	0.95	1.00	1.00	1.03	1.00
有效磷/%	0.47	0.47	0.48	0.46	0.48
钠/%	0.16	0.18	0.18	0.16	0.17
亚油酸/%	1.00	1.00	1.00	1.44	1.30
Met/%	0.38	0.44	0.44	0.39	0.40
Met+Cys/%	0.66	0.73	0.73	0.69	0.72
Lys/%	0.86	0.90	0.90	1.03	1.00
Try/%	0.18	0.18	0.18	0.22	0.19
Thr/%	0.62	0.70	0.70	0.72	0.70

注：根据相关品系的饲养手册改编

表 7-11　白壳蛋鸡育成鸡日粮能量浓度的设置

营养成分	谢弗（Shaver）（12～17周龄）	海蓝36(Hyline 36)（8～15周龄）	海蓝98(Hyline 98)（8～15周龄）	罗曼(Lohmann)（8～16周龄）	宝万(Bovan)（10～15周龄）
蛋白质/%	16.50	16.00	16.00	14.90	16.00
ME / (kcal/kg)	2750	3075	2940	2800	2960
钙/%	1.15	1.00	1.00	0.92	1.00
有效磷/%	0.45	0.45	0.46	0.38	0.45
钠/%	0.16	0.17	0.17	0.16	0.17
亚油酸/%	1.00	1.00	1.00	1.03	1.30
Met/%	0.36	0.39	0.39	0.34	0.36
Met+Cys/%	0.63	0.65	0.65	0.58	0.65
Lys/%	0.81	0.75	0.75	0.67	0.88
Try/%	0.16	0.16	0.16	0.16	0.17
Thr/%	0.58	0.60	0.60	0.51	0.60

注：根据相关品系的饲养手册改编

不同商品蛋鸡育种公司推荐的维生素和微量元素需要量差异显著，见表 7-12。

表 7-12　不同白壳蛋鸡的维生素和微量元素需要量

维生素和微量元素需要量/kg饲料	谢弗(Shaver)	海蓝36/海蓝98(Hyline 36/Hyline98)	罗曼(Lohmann)	宝万(Bovan)
维生素A/IU	12 000	8 000	12 000	8 000
维生素D_3/IU	2 500	3 300	2 000	2 500
维生素E/IU	30	66	20	10
维生素K/IU	3	5.5	3	3
硫胺素/mg	2.5	0	1	1
核黄素/mg	7	4.4	4	5
泛酸/mg	12	5.5	8	7.5
烟酸/mg	40	28	30	30
吡哆醇/mg	5	0	3	2
生物素/μg	200	55	50	100
叶酸/mg	1	0.22	1	0.5
维生素B_{12}/μg	30	8.8	15	12
胆碱/mg	1000	275	200	300
铁/mg	80	33	25	35
铜/mg	10	4.4	5	7
锰/mg	66	66	100	70

续表

维生素和微量元素需要量/kg饲料	谢弗(Shaver)	海蓝36/海蓝98 (Hyline 36/Hyline98)	罗曼(Lohmann)	宝万(Bovan)
锌/mg	70	66	60	70
碘/mg	0.4	0.9	0	1
硒/mg	0.3	0.3	0.2	0.25

注：根据相关品系的饲养手册改编

褐壳蛋鸡之间的差异好像较小，不同育种公司推荐的褐壳蛋鸡饲养标准见表7-13～表7-16。

表 7-13　褐壳蛋鸡雏鸡的营养方案

营养成分	谢弗(Shaver) (0～4周龄)	伊莎(ISA) (0～5周龄)	海蓝(Hyline) (0～6周龄)	宝万(Bovan) (0～6周龄)
蛋白质/%	20.5	20.5	19.0	20.0
ME/(kcal/kg)	2950	2950	2870	2980
钙/%	1.07	1.07	1.0	1.0
有效磷/%	0.48	0.48	0.48	0.5
钠/%	0.16	0.16	0.18	0.18
亚油酸/%	1.00	1.00	1.00	1.30
Met/%	0.52	0.52	0.48	0.45
Met+Cys/%	0.86	0.86	0.8	0.8
Lys/%	1.16	1.16	1.1	1.1
Try/%	0.21	0.21	0.20	0.21
Thr/%	0.78	0.78	0.75	0.75

注：根据相关品系的饲养手册改编

表 7-14　褐壳蛋鸡生长鸡的营养方案

营养成分	谢弗(Shaver) (4～10 周龄)	伊莎(ISA) (5～10 周龄)	海蓝 (Hyline) (6～9 周龄)	罗曼(Lohmann) (6～8 周龄)	宝万(Bovan) (6～10 周龄)
蛋白质/%	19.0	20.0	16.0	18.5	18.0
ME/(kcal/kg)	2850	2850	2890	2775	2940
钙/%	1.00	1.00	1.00	1.00	1.00
有效磷/%	0.42	0.44	0.46	0.45	0.50
钠/%	0.16	0.17	0.18	0.16	0.17
亚油酸/%	1.20	1.20	1	1.40	1.30
Met/%	0.45	0.47	0.44	0.38	0.40

续表

营养成分	谢弗(Shaver)(4～10 周龄)	伊莎(ISA)(5～10 周龄)	海蓝 (Hyline)(6～9 周龄)	罗曼(Lohmann)(6～8 周龄)	宝万(Bovan)(6～10 周龄)
Met+Cys/%	0.76	0.80	0.70	0.67	0.72
Lys/%	0.98	1.03	0.90	1.00	1.00
Try/%	0.19	0.20	0.18	0.21	0.19
Thr/%	0.66	0.69	0.70	0.70	0.70

注：根据相关品系的饲养手册改编

表 7-15 褐壳蛋鸡育成鸡的营养方案

营养成分	谢弗(Shaver)(10～16 周龄)	伊莎(ISA)(10～16 周龄)	海蓝(Hyline)(9～16 周龄)	罗曼(Lohmann)(8～16 周龄)	宝万(Bovan)(10～15 周龄)
蛋白质/%	16.0	16.8	15.0	14.5	15.5
ME/(kcal/kg)	2750	2750	2830	2775	2840
钙/%	0.95	1.0	1.0	0.9	1.0
有效磷/%	0.36	0.38	0.44	0.37	0.45
钠/%	0.16	0.17	0.16	0.16	0.17
亚油酸/%	1.20	1.20	1.00	1.00	1.20
Met/%	0.33	0.35	0.39	0.33	0.35
Met+Cys/%	0.60	0.63	0.60	0.57	0.63
Lys/%	0.74	0.78	0.70	0.65	0.85
Try/%	0.16	0.17	0.15	0.16	0.16
Thr/%	0.50	0.53	0.60	0.50	0.60

注：根据相关品系的饲养手册改编

表 7-16 褐壳蛋鸡的维生素与微量元素需要量

维生素与微量元量需要量/kg饲料	谢弗(Shaver)	伊莎(ISA)	海蓝(Hyline)	罗曼(Lohmann)	宝万(Bovan)
维生素A/IU	13 000	13 000	8 800	12 000	8 000
维生素D_3/IU	3 000	3 000	3 300	2 000	2 500
维生素E/IU	25	25	66	10~30	10
维生素K/IU	2	2	5.5	3	3
硫胺素/mg	2	2	0	1	1
核黄素/mg	5	5	4.4	6	5
泛酸/mg	15	15	5.5	8	7.5
烟酸/mg	60	60	28	30	30
吡哆醇/mg	5	5	0	3	2
生物素/μg	200	200	55	50	100

续表

维生素与微量元量需要量/kg饲料	谢弗(Shaver)	伊莎(ISA)	海蓝(Hyline)	罗曼(Lohmann)	宝万(Bovan)
叶酸/mg	0.75	0.75	0.22	1.00	0.50
维生素B_{12}/μg	20	20	8.8	15.0	12
胆碱/mg	600	600	275	300	300
铁/mg	60	60	33	25	35
铜/mg	5	5	4.4	5	7
锰/mg	60	60	66	100	70
锌/mg	60	60	66	60	70
碘/mg	1	1	0.9	0.5	1
硒/mg	0.20	0.20	0.30	0.20	0.25

7.3 蛋鸡生长期饲料配方的设计

雏鸡消化系统尚未发育完善，胃容积小且研磨饲料的能力很差，同时消化道内缺乏一些消化酶，所以消化能力差。因此，设计配合饲料要求品质好、养分含量高、易消化、粗纤维含量低。①营养水平高而平衡，这点在制订饲养标准时已考虑到了。②易消化且无毒素，这与选择饲料原料有关，这一点在饲养标准上无明显规定。因此，棉籽饼、菜籽饼、亚麻(即胡麻)饼等有毒原料，羽毛粉、皮革粉、蹄角粉等不易消化的原料，以及粗饲料、麸皮等大体积的原料，都应在配方中限制用量，一般不要超过 1%，粗饲料一般不用。③实践中常见雏鸡和育成鸡饲粮中钙含量超过其营养需要，使其钙摄入量过大，这会严重影响幼鸡生长发育，甚至影响日后产蛋性能；钙含量超标严重还会导致代谢紊乱、甚至发病，而这种疾病无法用药物治愈。④饲养蛋用雏鸡和青年鸡的目的是体格和体质(而不仅是体重)的最大生长速度，要求生长发育健康、羽被覆盖良好、养分如维生素 A 和维生素 D 等储存充分、有较高产蛋潜力。需要指出，雏鸡产蛋潜力不仅取决于日粮，而且在很大程度上取决于光照、疾病防治措施和饲养管理措施。

雏鸡饲料一般选用优质饲料原料，如玉米、豆粕、优质鱼粉等营养浓度高且易消化的原料，可按照各种饲料所含养分和适口性多样配合。

有人认为，过早过多地喂给雏鸡鱼粉、豆饼等蛋白质饲料，不仅不能使之强壮，反而容易引起消化不良。因为雏鸡(特别是 10 日龄内的雏鸡)胃肠消化器官还很弱，饲喂过多蛋白质饲料往往使其胃肠负担过重，消化器官功能发生紊乱，严重的可因蛋白质中毒而死亡。甚至有报道，1～4 日龄雏鸡日粮中不可添加豆饼、鱼粉等蛋白质饲料；5～10 日龄雏鸡日粮中蛋白质饲料只可占 10%以下；11～20 日龄的不可超过 15%；21～30 日龄的不可超过 25%。

生产中经常出现的问题是，早期雏鸡体重不达标，中后期拼命撵，一般在6～7周龄，甚至10周龄后才达到相应的体重标准，结果是把鸡培育成小胖墩。表7-17给出了海兰褐壳蛋鸡延迟生长对达到目标体重所需饲料数量的影响。

表7-17 补偿生长所需的饲料

生长阶段	预期增重/g	计划采食量/g	饲料转化率/%	补偿0～6周生长需要的额外饲料
0～6周	440	1099	2.50	
7～12周	600	2247	3.75	50%
13～18周	470	3185	6.78	171%

胫长不达标而体重达标甚至超标的鸡群，会出现开产早、蛋重小、蛋壳质量差、产蛋期无产蛋高峰或产蛋高峰持续期短、脱肛现象严重、鸡群死亡率和淘汰率高等一系列问题，严重影响蛋鸡、蛋种鸡生产水平和经济效益。

青年鸡(7～11周龄)和育成鸡(12～18周龄)生长迅速，发育旺盛，各器官发育已健全，对外界适应能力增强，采食量增多。此阶段骨骼、肌肉生长快；应喂给可增强骨骼、肌肉、内脏发育的饲料，为延长成年鸡的产蛋时间和提高产蛋率打下良好基础。育雏期采食量增加，生长速度减慢，且体内脂肪沉积也随日龄增加而逐渐积累，生殖系统发育也逐渐成熟。

研究表明，蛋鸡8～10周龄是脂肪细胞分裂增殖的高峰，但脂肪球的体积、脂肪沉积是随着性器官的逐渐成熟后才呈现加速增长的，这可能是由于卵巢的雌性激素分泌有促进脂肪蓄积的作用。所以10～13周龄的鸡体重上升较快，有可能出现超重，应适当监控，防止体脂沉积过多。

育成料与开产料或高峰料之间的代谢能差别以不相差50kcal/kg为宜。如果相差超过50kcal/kg，将会降低产蛋鸡采食量，从而影响日后的性成熟及产蛋量。

青年鸡和育成鸡体质强健，但还应加强锻炼，为今后产蛋期打好基础。为使鸡群在开产后能采食充足的饲料，育成鸡饲料中应含有3%以上的纤维素。一般在9～20周龄期间，在保证胫长和体重生长达到正常标准的前提下，应尽量降低饲养标准，尽量用较差的饲料原料。这不仅可充分利用饲料资源，降低饲料成本，而且可适当锻炼鸡的消化能力，有利于产蛋。例如，适当增加日粮体积以增加其消化道容积；降低能量含量以减少脂肪沉积，刺激生殖系统发育；不易消化的原料及粗饲料、麸皮等大体积原料，都可在配方中用到最大允许用量。

在育成期，白壳蛋鸡一般可自由采食，而褐壳蛋鸡体型大、食欲好，常限制饲养，一般为自由采食的90%。美国NRC(1994)推荐的蛋鸡营养需要量，白壳蛋鸡与褐壳蛋鸡不同，但我国饲养标准未区别白壳蛋鸡与褐壳蛋鸡。

在设计饲料配方时，棉籽饼、菜籽饼、亚麻(胡麻)饼等有毒原料，一般在蛋用青年鸡饲料配方中可用到6%；羽毛粉、皮革粉等不易消化的原料可用到3%；

麸皮、粗饲料如酒糟等大体积饲料原料，一般可根据需要用到最大量；用石粉作钙源而不用贝壳；但维生素和微量元素用量一般要按照标准设计。

研究表明，含粗蛋白质14.5%的平衡日粮即可满足青年鸡生长。赖氨酸和蛋氨酸的最低需要量分别为0.68%和0.32%。若喂给高蛋白质、高能量日粮，会使蛋鸡性成熟提前，脂肪积累太多，体重过大，产蛋量低，蛋小并影响终生产蛋量。所以蛋鸡育成期常限制饲喂。而限饲程度取决于鸡的品种和季节，一般限制在自由采食量的80%～90%；也可采用限质饲喂，即对育成期所需的某一种必需养分，如蛋白质、氨基酸、能量、维生素或矿物质进行限制。不少人认为，育成期采用限制饲养，可使鸡体重降低7%～11%，耗料降低16%～18%，而对死亡率和产蛋性能无不良影响。

衡量青年鸡生长发育状况的指标主要是体重、胫长和整齐度，蛋鸡开产体重对蛋大小影响很大，第一个蛋的大小可影响其一生。开产体重大 100g，采食量可增加 3.5g，蛋重可增加 1.2g。主要原因是，蛋黄大小严重影响鸡蛋大小，鸡体大小或开产体重严重影响蛋黄大小。

鸡的体型和体况也很重要，体型一般就是指体格大小、骨架大小。由于体型和体况不易定量测定，而且都与体重高度相关，因此实践中一般是测定体重。青年鸡和育成鸡的生长发育严重影响鸡一生的生产性能，生产上应该在青年期和育成期调整好鸡的体格大小和体重，满足品种要求。如果到育成期结束时鸡的体格和体重还没有达标，那么这群鸡的一生就不会有好的生产性能，高峰期后产蛋量可能降低 5%～8%(图 7-5)。

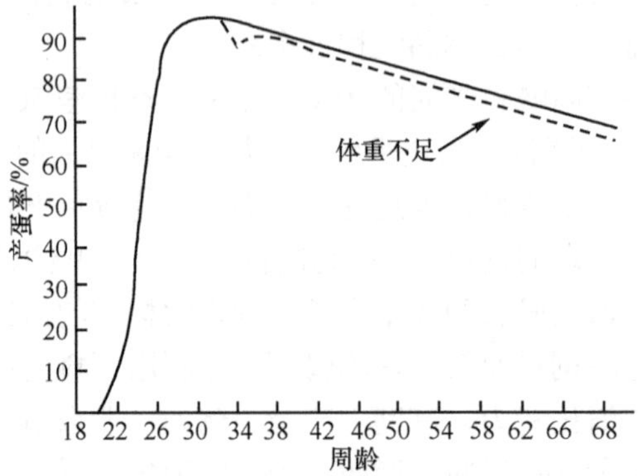

图 7-5　开产前体重不足，导致高峰期后产蛋量下降(Leeson and Summers，2008)

7.4　鸡的骨骼发育

骨骼主要由钙和磷组成，但骨骼发育还依赖于许多其他物质。例如，维生素D、锰、胆碱、叶酸、吡哆醇、锌、烟酸或生物素等，添加酵母可显著减少养分不平衡引起的腿软病。蛋鸡料中加食盐、氨基酸，以及矿物质添加剂过量或使用不当，会打破机体酸碱平衡，引起鸡腿病和猝死综合征，使蛋壳质量下降，并降低鸡的抗应激能力。

大约从 16 周龄起小母鸡逐渐进入性成熟阶段，此时成熟卵泡不断释放雌激素，雌激素和雄激素相互作用诱发髓骨在骨腔中的形成。尤其在开产前 14 天内，大量钙沉积到长骨中。因此钙的摄入量增加，应注意供给钙。髓骨约占性成熟小母鸡全部骨重的 72%。髓骨的生理功能是作为一种容易抽调的钙源，供母鸡产蛋时利用。蛋壳形成时有 20%～25%的钙来自髓骨，其余 75%～80%由日粮提供。这个阶段应降低日粮养分含量，日粮蛋白质含量应随体重增加而减少，但应保证氨基酸的供给和平衡；特别注意钙的供给，建立适当的髓骨储备以满足第一个蛋的蛋壳形成；应控制采食量，控制生长，抑制性成熟，防止脂肪积累，使育成鸡有良好体况并保持鸡群体重均匀。

鸡的骨骼大约含有1g髓骨钙，可在任何一天用于蛋壳的钙化。在连续排卵期间髓骨钙是连续补充的，并在钙不满足蛋壳形成需要时，动用骨髓储备以维持蛋壳形成和鸡体代谢。60%～70%的髓骨钙储于长骨，所以长期钙缺乏会导致跛行和笼养蛋鸡疲劳。开产期2周提供鸡髓骨的钙沉积，这种沉积与卵泡发育成熟都受雌激素和雄激素的控制。雄激素对于髓骨的钙沉积似乎是必不可少的。产第一个蛋时从鸡体骨骼流失2g钙以形成蛋壳，其中有些钙是来自髓骨，所以在开产前需要建立这个钙储备库。体重大的鸡可能是最早开产的，如果这些鸡在产第一个蛋时使用含钙1%的育成鸡日粮而不是开产期日粮，那么这些鸡的储存钙仅够产2～3个蛋，此后它们可能会因缺钙而停止产蛋或发生疲劳症。

年轻母鸡软骨病可能是由于日粮钙、磷、维生素 D_3 或其他微量元素不足，有时几种因素交织，结果更严重。通常 1%的钙已足够所有 15 周龄以下鸡的生长需要。0.5%的磷可满足前 3 周龄的小鸡需要，0.48%的磷可满足 3～6 周龄的小鸡需要，0.45%的磷可满足笼养蛋鸡需要。维生素 D_3 需要 3300～4400 国际单位才能满足年轻母鸡需要。即使以上所有养分都足，软骨病还有可能发生，主要是因为鸡有肠炎，特别是刚孵化 2 周龄的小鸡更易发生。产蛋率高的母鸡如钙供应不足，肋骨可能塌陷，这种情况可能在短暂的 3～4 天里发生。蛋壳质量在很大程度上依赖于鸡的骨骼状况。患软骨病的鸡，蛋壳总是很薄。

磷是动物生长发育和代谢必需的。产蛋鸡的磷需要量可能低于 NRC（1994）推荐量。据报道，20～70 周龄产蛋鸡玉米-豆粕型日粮非植酸磷添加水平可能在 0.15%～0.20%，有效磷水平在 0.20%～0.25%，总磷 0.35%～0.45%；添加植酸酶可进一步降低非植酸磷水平。产蛋鸡各阶段时磷的需求量略有差别，前期较后期高；蛋鸡品种及日粮类型也可能影响磷需求量；依据产蛋鸡年龄段设计日粮磷添加水平在生产中有重要意义。添加植酸酶要确保添加到了蛋鸡的日粮中。

鸡日采食钙量影响钙的存留率（图7-6）。每天采食5g钙，存留率40%时，每天存留钙2g；采食2.5g钙，存留率60%时，每天存留钙1.5g。所以，在发现鸡群中有一只鸡产出第一个蛋后立即换开产期日粮就为时已晚，最迟换料时间不得迟于产蛋率0.5%时。一般认为当产蛋率达到5%时就应该换为产蛋鸡日粮。而不再使用含钙2%～2.5%的开产期日粮。作者以为，在产蛋率达到1%时就应该换为产蛋鸡日粮。

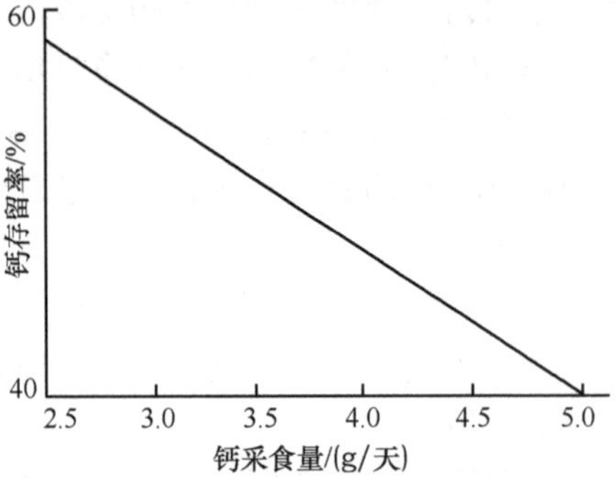

图 7-6　钙存留率随日采食钙量而降低(Leeson and Summers，2008)

由于开产前日粮使用时间短，鸡场常因为麻烦不愿频繁换料，这会损害鸡的生产性能，因此既偷懒又比较保险的办法是早使用蛋鸡日粮。使用蛋鸡日粮过早的缺点是，降低了钙的存留率，提高了饲料成本，有增加肾脏排泄负担的风险。然而有证据表明，在开产前6～8周就给予产蛋鸡日粮，未发现对肾脏的组织学损伤，日粮中过量的钙并不被鸡体吸收，而是通过粪便排泄(表7-18)。只是，排泄过量的钙使得鸡大量饮水，增加了粪便湿度(表7-19)。

表 7-18　开产前饲喂高钙蛋鸡料对鸡体钙存留率的影响

日粮钙/%	每天钙存留量/g	排泄的钙(干物质的百分比)/%
0.9	0.35	1.4
1.5	0.41	3.0
2.0	0.32	5.7
2.5	0.43	5.9
3.0	0.41	7.5
3.5	0.51	7.7

数据来源：Leeson and Summers，2008

表 7-19　开产前日粮钙水平对此后鸡粪便湿度的影响

开产前(16～19周)日粮钙/%	鸡日龄/天			
	147	175	196	245
1.0	71.4	78.7	75.3	65.5
2.0	71.6	77.2	73.9	63.9

续表

开产前(16～19周)日粮钙/%	鸡日龄/天			
	147	175	196	245
3.0	72.1	77.7	74.1	63.9
4.0	77.0	80.0	76.0	69.4

注：140 日龄后日粮含钙 4%

数据来源：Leeson and Summers，2008

7.5 预产期蛋鸡饲料配方设计

自16周到产蛋率5%，称为开产期或预产期，母鸡体重增加400～500g，骨骼增重15～20g，其中4～5g为钙的沉积。

在开产前 1 个月，鸡日采食量变化很小，从开产前 4 天日采食量减少 20%，且保持低采食量至开产；开产后最初 4 天采食量迅速增加；此后采食量以中等速度增加，直到产蛋第 4 周后，采食量增加缓慢。从开产前 2、3 周至开产后 1 周，母鸡体重增加 340～450g，其后体重增加特别慢。研究表明，产蛋早期(开产后的前 2～3 个月)适当增加营养即能量和蛋白质摄入量，对尽快达到产蛋高峰很重要；能量摄入量与第一枚蛋重的关系比蛋白质更重要，能量摄入量严重影响产蛋量；因此开产后前 2～3 周到产蛋高峰期这段时间的能量需要，对产蛋鸡一生至关重要。

在产蛋初期饲粮中添加 1.5%～2.0%的脂肪非常有效，不仅能提高日粮能量水平，而且能改善日粮适口性，提高采食量。日粮蛋白质、氨基酸含量影响产蛋期的产蛋量和蛋重，但对产蛋初期的蛋重无明显影响。

有人认为，蛋鸡开产前应提高日粮营养浓度，为今后产蛋做好准备，因为它们既要产蛋又要生长发育。如果在前期给予高营养浓度的饲料，则可以使鸡群体重增加较快，但是这对于鸡的骨骼发育无任何意义。鸡群体重突然增加但是体型不会突然增大，还是小个子，所以笔者不主张开产前突然给予高营养浓度日粮，这也是强调青年鸡营养管理的根本原因。

但是，对于青年期和育成期营养不足、发育不良的鸡群，开产期突击优饲与不突击优饲的鸡群相比，还是可以提高第一个蛋的大小，从而影响整个生产期的产蛋量，因而在我国，在鸡群开产前突击优饲的饲养方案很流行，以至于许多鸡场认为应该在开产前突击优饲。

日本人提出了一种短期劣饲的饲养方案，也就是自18周龄或者鸡群产蛋率1%开始给予劣质饲料直至20周龄。这种饲养方案可以使开产蛋重增加1～1.5g。图7-7是限饲期只喂小麦麸时鸡群的生产性能。这种营养方案可以在特定的市场环境中采用。

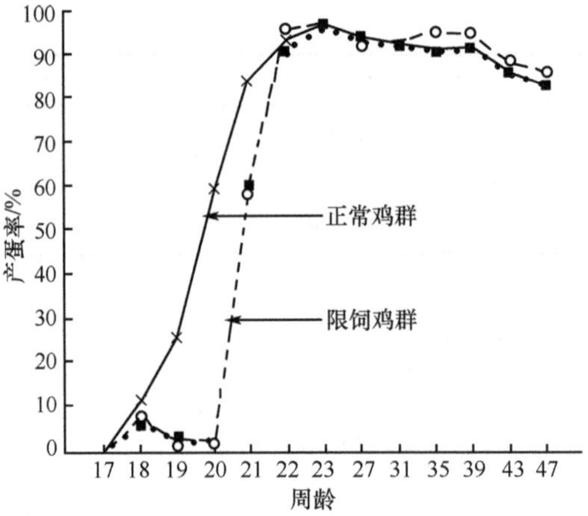

图 7-7　开产期只喂小麦麸的鸡群生产性能（Leeson and Summers，2008）

笔者认为，可以在蛋鸡开产前维持育成鸡日粮的营养浓度，也不用优质饲料原料，只是钙和磷的浓度分别提高到2%～2.5%和0.35%，仍用石粉作钙源；直到下蛋率达1%时才开始逐渐换用高峰期蛋鸡饲料。

设计开产期饲料标准有一个值得注意的问题，就是鸡群的变异。发育较好、体重较大的鸡与发育较迟、体重较小的鸡营养需要量差异较大，好在母鸡可以通过调节采食量来满足不同的营养需要量，但是在设计饲料标准时要考虑到鸡调节采食量的范围限制，否则会延迟产蛋高峰期到来，降低鸡群的总产蛋量。尤其是按照采食量设计饲料标准时要考虑到早熟的鸡有可能过量采食，这会导致早熟鸡大量长出体脂肪而影响产蛋量。

开产时产蛋不规律、不稳定，所以开产期产蛋率并不代表开产鸡在鸡群中的百分数，例如，在产蛋率40%时可能有70%的鸡已经开产，设计饲料标准时要注意这个问题。表7-20表7-21分别是几个白壳蛋鸡和褐壳蛋鸡饲养手册推荐的预产期日粮标准。

表 7-20　白壳蛋鸡预产期日粮能量浓度的设置

营养成分	海蓝36（Hyline 36）（5～19周龄）	海蓝98（Hyline 98）（6～18周龄）	罗曼（Lohmann）（16～18周龄）	宝万（Bovan）（15～17周龄）
蛋白质/%	15.50	15.50	1800	1500
ME /（kcal/kg）	3040	2940	2800	2930
钙/%	2.75	2.75	2.05	2.25
有效磷/%	0.4	0.45	0.46	0.45
钠/%	0.18	0.18	0.16	0.18
亚油酸/%	1.00	1.00	1.03	1.20
Met/%	0.36	0.36	0.37	0.36

续表

营养成分	海蓝36(Hyline 36)(5～19周龄)	海蓝98(Hyline 98)(6～18周龄)	罗曼(Lohmann)(16～18周龄)	宝万(Bovan)(15～17周龄)
Met+Cys/%	0.60	0.60	0.70	0.63
Lys/%	0.75	0.75	0.87	0.8
Try/%	0.15	0.15	0.21	0.16
Thr/%	0.55	0.55	0.62	0.55

注：根据相关品系的饲养手册改编

表 7-21　褐壳蛋鸡预产期日粮能量浓度的设置

营养成分	谢弗(Shaver)(16～17周龄)	伊沙(ISA)(16～17周龄)	海蓝(Hyline)(16～18周龄)	罗曼(Lohmann)(6～18周龄)	宝万(Bovan)(15～17周龄)
蛋白质/%	17.0	17.0	16.5	17.5	14.8
ME/(kcal/kg)	2750	2750	2850	2775	2820
钙/%	2.05	2.05	2.75	2.00	2.25
有效磷/%	0.45	0.45	0.44	0.45	0.45
钠/%	0.16	0.16	0.18	0.16	0.18
亚油酸/%			1.00	1.00	1.20
Met/%	0.36	0.36	0.35	0.36	0.35
Met+Cys/%	0.65	0.65	0.60	0.68	0.63
Lys/%	0.80	0.80	0.75	0.85	0.80
Try/%	0.17	0.17	0.17	0.20	0.16
Thr/%	0.54	0.54	0.55	0.60	0.55

注：根据相关品系的饲养手册改编

7.6　蛋鸡生长期饲料配方实例

表7-22~表7-25给出了一些配方实例，这些配方中使用了玉米、小麦或高粱和肉粉等常规饲料原料。

表 7-22　雏鸡饲料配方实例

项目	配方1	配方2	配方3	配方4	配方5	配方6
玉米/kg	544	555				
小麦/kg			628	643		
高粱/kg					578	568
碎小麦/kg	100	105	100	100	100	100
肉骨粉/kg		50		30		50

续表

项目	配方1	配方2	配方3	配方4	配方5	配方6
豆粕/kg	310	258	227	191	276	250
脂肪/kg	10	10	10	10	10	10
DL-Met/kg	1.1	1.3	1.5	1.6	1.7	1.6
食盐/kg	3.1	2.8	2.7	2.3	3.4	2.9
石粉/kg	18	13.2	19.3	16.1	18.5	13.3
磷酸氢钙/kg	12.8	3.7	10.5	5	11.4	3.2
预混剂/kg	1	1	1	1	1	1
合计/kg	1000	1000	1000	1000	1000	1000
粗蛋白质/%	21.0	21.0	20.6	20.6	20.0	21.0
ME/(kcal/kg)	2930	2930	2900	2930	2930	2930
钙/%	1.05	1.05	1.00	1.05	1.05	1.05
有效磷/%	0.47	0.47	0.45	0.45	0.45	0.47
钠/%	0.18	0.18	0.18	0.18	0.18	0.18
Met/%	0.46	0.47	0.45	0.46	0.45	0.45
Met+ Cys/%	0.78	0.78	0.78	0.78	0.81	0.81
Lys/%	1.16	1.17	1.10	1.10	1.10	1.20
Thr/%	0.89	0.87	0.76	0.74	0.78	0.80
Try/%	0.29	0.28	0.31	0.30	0.27	0.27

表 7-23　生长鸡饲料配方实例

项目	配方1	配方2	配方3	配方4	配方5	配方6
玉米/kg	550	555				
小麦/kg			620	590		
高粱/kg					568	558
碎小麦/kg	150	165	150	160	150	150
肉骨粉/kg		50		20		20
豆粕/kg	256	200	188	180	238	234
脂肪/kg	10	10.5	10	23.5	10	10
DL-Met/kg	1.2	1.3	1.3	1.3	1.7	1.6
食盐/kg	3.3	2.7	2.7	2.5	3.4	3.2
石粉/kg	17.3	12.5	18	15.6	17.9	15.4
磷酸氢钙/kg	11.2	2	9	6.1	10	6.8
预混剂/kg	1	1	1	1	1	1
合计/kg	1000	1000	1000	1000	1000	1000

续表

项目	配方1	配方2	配方3	配方4	配方5	配方6
粗蛋白质/%	19.0	19.0	19.4	19.5	18.9	19.5
ME/(kcal/kg)	2930	2930	2900	2930	2930	2930
钙/%	0.97	0.97	0.97	0.97	0.97	0.97
有效磷/%	0.43	0.43	0.42	0.43	0.42	0.43
钠/%	0.18	0.18	0.18	0.18	0.18	0.18
Met/%	0.43	0.45	0.42	0.42	0.42	0.42
Met+ Cys/%	0.72	0.72	0.73	0.72	0.75	0.76
Lys/%	1.0	1.0	1.0	1.0	1.0	1.1
Thr/%	0.8	0.78	0.7	0.7	0.72	0.74
Try/%	0.26	0.25	0.29	0.28	0.25	0.26

表 7-24 育成鸡饲料配方实例

项目	配方1	配方2	配方3	配方4	配方5	配方6
玉米/kg	534	535				
小麦/kg			648	649		
高粱/kg					572	580
碎小麦/kg	239	240	197	200	205	203
肉骨粉/kg		20		20		20
豆粕/kg	186	167	114	96	181	161
脂肪/kg	10	10	10	10	10	10
DL-Met/kg	1.1	1.2	1.4	1.4	1.3	1.3
食盐/kg	3.3	3.1	2.7	2.4	3.5	3.2
石粉/kg	16	16.4	17.5	15.4	17	15
磷酸氢钙/kg	9.6	6.3	8.4	4.8	9.2	5.5
预混剂/kg	1	1	1	1	1	1
合计/kg	1000	1000	1000	1000	1000	1000
粗蛋白质/%	16.5	16.5	16.5	16.5	16.5	16.5
ME/(kcal/kg)	2855	2855	2850	2850	2850	2850
钙/%	0.92	0.92	0.92	0.92	0.92	0.92
有效磷/%	0.39	0.39	0.39	0.39	0.39	0.39
钠/%	0.18	0.18	0.18	0.18	0.18	0.18
Met/%	0.39	0.39	0.38	0.38	0.35	0.35
Met+ Cys/%	0.63	0.63	0.63	0.63	0.64	0.64
Lys/%	0.82	0.83	0.79	0.79	0.86	0.86

续表

项目	配方1	配方2	配方3	配方4	配方5	配方6
Thr/%	0.69	0.68	0.57	0.56	0.62	0.61
Try/%	0.22	0.22	0.24	0.24	0.22	0.21

表 7-25　开产前饲料配方实例

项目	配方1	配方2	配方3	配方4	配方5	配方6
玉米/kg	527	481				
小麦/kg			615	629		
高粱/kg					574	593
碎小麦/kg	227	306	180	180	180	180
肉骨粉/kg		50		34		60
豆粕/kg	168	100	122	90	167	105
脂肪/kg	10	10	16.7	11	11	10
DL-Met/kg	1.4	1.6	1.4	1.4	1.6	1.5
食盐/kg	3	2.4	2.5	2	3.2	2.7
石粉/kg	51.6	46.6	51.5	48.2	51.3	46.8
磷酸氢钙/kg	11	1.4	9.9	3.4	10.9	
预混剂/kg	1	1	1	1	1	1
合计/kg	1000	1000	1000	1000	1000	1000
粗蛋白质/%	16.0	16.0	16.6	17.0	16.0	16.2
ME/(kcal/kg)	2850	2850	2850	2850	2850	2900
钙/%	2.25	2.25	2.25	2.25	2.25	2.30
有效磷/%	0.42	0.42	0.42	0.42	0.42	0.42
钠/%	0.17	0.17	0.17	0.17	0.17	0.18
Met/%	0.41	0.42	0.38	0.39	0.37	0.37
Met+ Cys/%	0.64	0.64	0.64	0.64	0.66	0.65
Lys/%	0.78	0.78	0.81	0.84	0.82	0.84
Thr/%	0.66	0.63	0.58	0.58	0.60	0.58
Try/%	0.22	0.20	0.25	0.24	0.21	0.20

8　产蛋鸡饲料配方设计

8.1　我国蛋鸡的生产性能

蛋鸡在不同产蛋阶段的性能，包括产蛋率(egg production)、蛋大小(egg weight)和产蛋量(egg mass)等，变化规律见图8-1，这些规律是设计产蛋鸡饲料配方的理论基础。

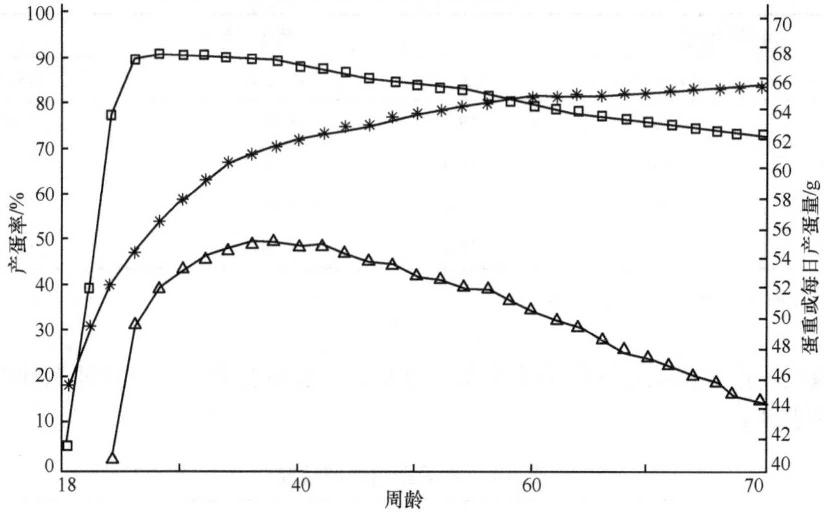

图 8-1　年龄对蛋鸡产蛋率、蛋重或产蛋量的影响(Leeson and Summers，2008)

不同年龄的鸡产蛋性能不同，导致其营养需要量也不同，根据不同性能设计饲料配方才能够做到精准饲养，合理利用饲料，降低生产成本。需要强调，饲料营养浓度应该在产蛋高峰后降低，而在产蛋高峰之前不能降低。一般在产蛋高峰后降低日粮蛋白质和氨基酸水平以降低饲料成本和蛋大小。这样做在蛋白质成本高时的优势是显而易见的，但是降低蛋大小的优点不容易定义，这取决于鸡蛋价格变化。当大蛋市场价格高时降低蛋大小也许不好。

很难给出具体建议，让日粮蛋白质或氨基酸水平既能降低蛋大小又不降低产蛋率。蛋白质水平降低的程度是否合适，取决于季节变化(温度对采食量的影响、年龄、生产性能及日粮能量水平)。因此，应该针对每个特定鸡群作出降低日粮蛋白质水平的决定。笔者建议在鸡群产蛋率降到90%时把蛋白质摄入量从19g/天降低到18g/天，产蛋率下降到80%时降低到15～16g/天。如果鸡群的平均采食量是

95g/天，这就相当于日粮分别含有20%、19%和16%的蛋白质。必须强调的是，这些值应该仅作为指导。如果蛋白质水平降低导致了鸡群生产性能下降，那就说明营养摄入的减少已太严重，应该立即增加。另外，如果生产性能保持恒定并且蛋大小没有下降，那就说明蛋白质或氨基酸摄入量的减少并不严重，还可以进一步减少。这里最需要考虑的氨基酸是蛋氨酸，因为蛋氨酸对鸡蛋大小的影响最大。要逐步降低蛋白质和氨基酸，一步降低氨基酸过多，可能导致产蛋量和饲料摄入量下降。据报道，日粮蛋氨酸一次减少20%，鸡蛋大小下降3%，产蛋率下降8%。

产蛋鸡磷需要量也随年龄而下降，高峰期需要量约0.42%，产蛋末期大约需要0.32%（表8-1）。

表 8-1　高峰期后的营养需要量（假定采食量 100g 不变）

年龄与性能		营养水平/%			
周龄	产蛋率/%	粗蛋白质	蛋氨酸	钙	有效磷
<35	93	19.0	0.41	4.2	0.44
45	90	18.0	0.38	4.3	0.41
55	85	17.0	0.36	4.4	0.36
70	80	16.0	0.34	4.5	0.32

数据来源：Leeson and Summers，2008

蛋鸡生产性能决定其营养需要量。据报道，我国蛋鸡生产性能随机抽样测定结果见表 8-2。

表 8-2　我国蛋鸡生产性能

群别	品系	达 50%产蛋日龄	产蛋率			蛋重/g	总蛋重/kg	
			入舍鸡	饲养日	产蛋率/%		入舍鸡	饲养日
1	宝万斯白	152	315	316	87.7	61.6	19.40	19.46
3	星杂 288 白	158	299	300	83.3	60.0	17.97	18.01
5	星杂 288 白	155	307	309	85.8	63.0	19.30	19.44
7	海赛克斯白	149	307	318	88.5	62.1	19.07	19.78
9	迪卡（XL－LINK）	158	304	307	85.3	59.9	18.20	18.39
11	迪卡（XL－LINK）	158	301	304	84.5	59.8	18.03	18.21
13	罗曼 LSL	152	313	315	87.4	64.7	20.28	20.37
15	罗曼 LSL	152	314	316	87.8	64.8	20.37	20.50
17	密斯特海布里德 F	152	252	272	75.5	66.7	16.83	18.12
19	密斯特海布里德 W	151	259	277	76.9	67.5	17.48	18.69
	白壳平均	154	297	303	84.3	63.0	18.69	19.10

续表

群别	品系	达50%产蛋日龄	产蛋率			蛋重/g	总蛋重/kg	
			入舍鸡	饲养日	产蛋率/%		入舍鸡	饲养日
2	宝万斯褐	144	300	308	85.5	63.6	19.07	19.58
4	依莎沃伦	142	303	311	86.3	65.0	19.70	20.19
6	海赛克斯褐	150	307	307	85.4	67.4	20.68	20.71
8	迪卡(G—LINK)	146	305	308	85.6	64.4	19.66	19.84
10	罗曼LB	151	304	307	85.4	65.5	19.93	20.12
12	罗曼LB	143	296	305	84.8	66.0	19.56	20.15
14	密斯特海布里德B	144	283	289	80.3	72.0	20.34	20.82
	褐壳平均	146	300	305	84.8	66.3	19.85	20.20

8.2 蛋鸡的饲养标准

8.2.1 鸡对能量的需要量

蛋用鸡和肉用鸡营养需要虽不同，但其营养原理和对饲料的要求和反应相近。产蛋期鸡对日粮能量的需要量取决于体重和产蛋量两个因素，年龄影响很小，所以一般饲养标准都不考虑产蛋期的影响。产蛋高峰期一般在33～35周龄，产蛋率和产蛋量都达到高峰，这时鸡有能力根据能量需要量的增加而相当准确地提高采食量。据作者经验，产蛋鸡日粮的有效能(代谢能)浓度在10.88MJ(2.6Mcal/kg)时，鸡群产蛋量不受影响，低于这个水平后就影响鸡群产蛋量(表8-3)。

表8-3 产蛋鸡(19～67周龄)日粮能量浓度的影响

每千克日粮能量/Mcal	采食量/[g/(只·天)]			用料/kg	产蛋		MEI
	43周龄	51周龄	65周龄	19～67周龄	产量数	产量/kg	365天
2900	100b	103bc	103b	33.9b	290	17.9a	98.3
2750	100b	103bc	103b	34.3b	294	16.9b	94.7
2600	116a	113a	109ab	37.1a	304	17.9a	96.8
2450	112a	111a	115a	37.1a	302	17.3ab	91.2

注：其他养分都与能量成比例；MEI表示代谢能采食量；数字后不同字母表示差异显著($P<0.05$)

数据来源：Leeson and Summers，2008

NRC(1994)给出了不同体重和产蛋率下每只产蛋鸡每天需要的代谢能，见表8-4。

表 8-4 不同体重和产蛋率下每只产蛋鸡每天的代谢能需要量(NRC，1994)(单位：kJ)

体重/kg	产蛋率/%					
	90	80	70	60	50	0
1.0	1013	958	908	858	803	544
1.5	1209	1155	1105	1050	1000	741
2.0	1381	1326	1276	1222	1172	912
2.5	1552	1498	1448	1393	1343	1084
3.0	1706	1653	1602	1548	1498	1238

根据表 8-4 就可以计算出不同生产性能和体重的蛋鸡每天需要的代谢能；根据这个代谢能数据，便可以计算出日粮代谢能水平给定时蛋鸡每天的采食量。

一只 1.75kg 体重的蛋鸡日需维持代谢能 0.883MJ(地面散养为 0.967MJ)，产一枚中等大小的蛋需要代谢能 0.360MJ，共 1.243MJ。初产鸡体重每增加 1g 需代谢能 8.368kJ，但初产母鸡的体重小，产蛋也小，笼养时耗能 1.243MJ 是足够的。另外，每只母鸡每天采食量不足 1.192MJ 时，产蛋率和蛋大小都会下降。据此也可以推算出不同产蛋率、能量水平和采食量的关系，见表 8-5。

表 8-5 蛋鸡采食量与日粮能量水平和产蛋率的关系推算

饲料代谢能浓度/(MJ/kg)	产蛋率/%					
	100	90	80	70	60	50
	代谢能需要量/MJ					
	1.326	1.289	1.255	1.218	1.184	1.146
11.92	111	108	105	102	99	96
11.72	113	110	107	104	101	98
11.51	115	112	109	106	103	100
11.30	117	114	111	108	105	102
11.1	119	116	113	110	107	104
10.9	121	118	115	112	109	106

需要强调的是，蛋鸡的采食量不是可以无限制增加的，受消化道容积限制，所以蛋鸡日粮的能量浓度不可以极度降低。很多白壳蛋鸡开产时的采食量不足 85g，所以设计白壳蛋鸡开产期日粮并不容易。褐壳蛋鸡开产期采食量不足 95g，相对于白壳蛋鸡来说，设计开产日粮容易许多。

表 8-6 和表 8-7 是按周龄计算的产蛋早期的能量需要量。

表 8-6 来航鸡产蛋早期的能量需要量

周龄	能量需要量/(kJME/只)				日粮 CP 17%，ME 11.92MJ
	维持	生长	产蛋	合计	采食量/(g/天)
16	556	167		741	62
17	573	167		740	64
18	594	167		761	65
19	628	146	21	795	67
20	644	146	42	832	70
21	644	126	100	870	73
22	644	126	184	954	80
23	644	105	238	987	85
24	644	105	326	1075	90
25	649	84	356	1089	91
26	649	75	364	1088	92
27	661	63	385	1109	93
28	661	63	397	1121	94
29	669	54	406	1129	95
30	674	50	418	1142	96

数据来源：Leeson and Summers，2008

表 8-7 褐壳蛋鸡产蛋早期的能量需要量

周龄	能量需要量/(kJME/只)				日粮 CP 17%，ME 11.92
	维持	生长	产蛋	合计	采食量/(g/天)
16	619	209	8	836	70
17	619	209	33	861	72
18	561	209	126	896	75
19	577	167	209	953	80
20	594	167	251	1012	85
21	619	126	293	1038	87
22	636	126	335	1097	92
23	649	105	397	1151	95
24	669	105	402	1176	96
25	686	63	406	1155	97
26	695	63	410	1168	98
27	703	63	414	1180	99

续表

周龄	能量需要量/(kJME/只)				日粮 CP 17%，ME 11.92
	维持	生长	产蛋	合计	采食量/(g/天)
28	724	50	418	1192	100
29	732	50	423	1205	101
30	736	50	427	1213	102

数据来源：Leeson and Summers，2008

鸡与其他禽类一样，味觉不发达且嗅觉很差，在使用优质原料配制的配合饲料时，添加调味剂不增加鸡采食量。决定禽类采食量的主要因素是饲料能量浓度；而营养平衡时能量浓度在一定范围内变化不怎么影响鸡生长发育和生产力，所以可在一定范围内调整饲养标准；一般高能量浓度时配方成本高，低能量浓度时配方成本低。由于养分浓度低的日粮通常体积很大，而鸡消化道容积有限，就会存在一个极限，当日粮中的能量浓度低于这个极限时，鸡就不能通过增加采食量来获取足够能量。这个能量低限，在寒冷或温度适中的环境条件下约为每千克日粮10.8784MJ，在温暖环境中约为10.46Mcal。使鸡获得适宜能量的最小饲料密度约为每立方厘米6.276kJ代谢能，所以，每千克含有代谢能10.878MJ的日粮应有的密度至少为0.58g/cm^3。

有报道，向日粮中添加市售的真菌酶制剂可提高代谢能18%，但这种提高可能受饲料原料种类的影响。

在理想蛋白质的情况下，低能量高蛋白质的配合饲料即蛋白能量比高的配合饲料可使鸡产大蛋，蛋白能量比低的配合饲料可以使鸡产小蛋。在能量和蛋白质水平都合适，即配合饲料中绝对浓度合适时，产蛋率最高。

8.2.2 制订能量标准时应当考虑的问题

(1) 日粮能量来源于构成日粮组分的饲料原料

影响饲料原料能量值的因素有：①干物质含量。饲料成分表所列某种饲料的消化能若干，代谢能若干，是以一定的干物质(或含水量)为基础的。②含杂程度。含杂质多时，能量含量和养分含量都减少。③原料的品质规格。同名饲料的品种特点、栽培和收获条件、加工条件等，往往差异较大。

(2) 日粮的能量水平和饲料耗用比

由于动物在日粮一定能量浓度的范围内，具有调节采食量的本能，使用高能量日粮时，每生产一单位产品所消耗的饲料较少，而使用低能量日粮时，每生产一单位产品所消耗的饲料较多。

(3)蛋白能量比

由于成年鸡有能力根据能量需要量确定采食量，而采食量决定了蛋白质或氨基酸等其他养分的采食量，因此一般情况下，设计日粮标准时都以能量浓度为标准来设置其他养分的浓度，也就是单位有效能(在鸡一般就是代谢能)对应的蛋白质或氨基酸或其他养分的量，这就是“蛋白能量比”“赖氨酸能量比”等概念的由来。

需要强调的是，蛋白能量比只适合于合适的环境下调整饲料养分浓度。在环境变化，如温度升高或降低时，就不能根据蛋白能量比来调整饲料的养分浓度，因为没有相应的参数报道可资参考。例如，在寒冷的环境中，鸡的能量需要量增加而赖氨酸和蛋白质的需要量不变，这时有关于能量需要量的估计模型，而没有关于蛋白能量比的相应模型可资参考。所以，根据蛋白能量比调整饲养标准的做法是需要注意适用条件的。

(4)环境温度与采食量的关系

饲养在18～23℃室温下的成鸡，能量消耗最小，利用率也高。如果低于上述气温，就需要消耗较多的饲料维持体温，因而，采食量增加；在气温高时，鸡为了维持正常的体温，增加了能量消耗，但饲料的采食量反而减少。在环境温度较高的情况下，还不能忽视湿度的影响。鸡舍内相对湿度达到80%以上时，对产蛋不利。

(5)限制饲养

在养鸡业上，使用限制饲养最突出的是肉用种鸡。限制饲养的中心问题，是限制它的能量摄入量，防止脂肪的过多沉积，一种措施是限制它的采食量，另一种措施是使用不平衡日粮，前者称为量的限制法，后者称为质的限制法。量的限制法有限制饲喂量和限制饲喂时间两种。质的限制法有高纤维低能量日粮、低赖氨酸日粮和低蛋白质日粮。在养鸡场广泛使用的是限制采食量。

8.2.3 蛋鸡的蛋白质需要量

传统的动物营养学认为，动物对蛋白质的需要量实际上是对各种氨基酸的需要。只要日粮的有效能量在正常范围内，蛋白质和其他各种养分相对于能量的比例或者说相对浓度合适，就可以说是营养平衡的日粮，各种养分的绝对浓度大小可随日粮中能量浓度的变化而改变。但生产中有时能量饲料营养成本低，有时蛋白质饲料营养成本低，所以配方师要考虑调整饲养标准，即调整蛋白能量比的高低。蛋鸡一般要求日粮中的蛋白能量比在243～260(g/MJ)内，当蛋白质饲料便宜时就可取蛋白能量比在 260(g/MJ)，当能量饲料便宜时就可取蛋白能量比在 243(g/MJ)。在炎热或寒冷季节，一般是直接计算能量需要量，而不是对蛋白能量比进行调整，因为蛋白能量比没有定量参数可资参考。

能量采食量在 0.77～1.31MJ/(只·天)内变动，产蛋量剧烈变化。在能量采食量很高时，蛋白质采食量在 13～21g/(只·天)内变化对产蛋量的影响不很明显；而在能量采食量很低时，蛋白质采食量在 13～21g/(只·天)内变化对产蛋量的影响就很明显。与产蛋量相反的是，蛋大小对蛋白质采食量的反应较大，而对能量采食量的反应不很明显。18～66 周龄期间日粮蛋白质和能量采食量对产蛋量的影响见图 8-2。

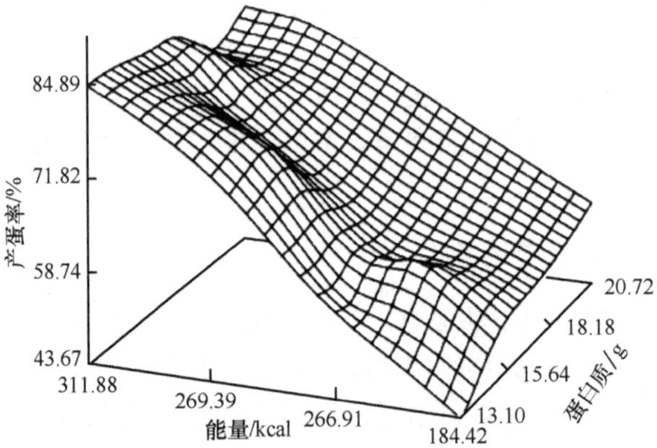

图 8-2　蛋白质和能量采食量对产蛋量的影响(Leeson et al.，2001)

实际设计饲料配方时必须考虑各种影响产蛋鸡蛋白质需要量的因素。例如，母鸡大小与品种、环境温度、生产期、饲养方式(笼养还是平养)、母鸡占有的笼底面积、食槽宽度、健康状况、日粮养分浓度等。

8.2.4　蛋鸡的维生素营养

(1) 维生素 A

NRC(1994)推荐的蛋鸡维生素维持需要量已过时。经验表明，添加高剂量维生素(130%～500%)已成为获取动物最佳生产性能和经济效益的重要手段。只要成本允许，就可超量添加，尤其是多加维生素 A、维生素 D_3、维生素 E、维生素 K_3、维生素 B_2、烟酸、维生素 B_{12}、泛酸和胆碱。另外，笼养鸡需要的维生素 K 和 B 族维生素较多。在应激或患病时，某些维生素需要量增加，例如，在患有肠道疾病时，由肠道微生物合成的维生素就会缺乏。某些因素可抑制维生素活性或破坏维生素，如不饱和油类，包括鳕肝油、玉米油、大豆油、亚麻籽油都加速维生素 E、维生素 A 和维生素 D 的破坏，但添加抗氧化剂如乙氧喹啉可制止。压制颗粒饲料时，如果日粮不含足够抗氧化剂以防止在有蒸汽和高温条件的加速氧化作用，维生素 E 和维生素 A 都可被破坏。应激或日粮中加有抗球虫药物时维生素 K 需要量增加 10 倍。

关于维生素过量的毒害性问题一般不必考虑，因为生产上一般是供给不足而不是过量。尤其是在维生素平衡时，重毒剂量常是需要量的上百倍。例如，维生素 A 中视黄酸为最低需要量的 50 倍时才有毒性，而视黄醇为最低需要量的 500 倍时才有毒性。但日粮中氯化胆碱用量过大时鸡蛋会有鱼腥味。

(2) 维生素 D

维生素 D（抗佝偻病维生素）是几种脂溶性类固醇衍生物的综合名称。维生素 D 中以维生素 D_2 和维生素 D_3 最重要、最常用，对鸡来说维生素 D_3 最重要，因为其效能比维生素 D_2 高 25～40 倍。维生素 D 相当稳定，但硫酸锰可使维生素 A 和维生素 D 受到破坏。维生素 D 对任何年龄的鸡都很重要，因为鸡骨骼、蛋壳等形成时的钙、磷代谢，一定要有维生素 D 参与。如果缺乏维生素 D，即使日粮中有数量充足、比例适当的磷和钙，也会使钙、磷吸收和代谢作用发生障碍，以致血液中缺乏钙、磷而引起佝偻病。维生素 D 降低肠内酸碱度造成酸性反应条件，加强了磷酸钙盐溶解，促进了肠壁吸收钙、磷的作用，提高了血液中的含钙量。维生素 D 能对甲状旁腺起抑制作用，使肾小管的再吸收能力增加，无机磷排出减少。所以维生素 D 与钙、磷和甲状旁腺内分泌密切相关，它是调节钙、磷吸收的要素。日粮缺乏维生素 D，雏鸡生长发育不良，羽毛松乱，两腿无力，喙、爪软易弯曲，走路不稳，常以飞节蹲伏休息。飞节与肋骨关节肿大，肋骨与肋软骨连接处显著肿大，形成圆形结节。胸骨弯曲，腿骨变形，胸部正中内陷，使胸腔变小，因而内部器官受到挤压。产蛋母鸡缺乏维生素 D 两三个月后才开始出现症状，起初出现产薄壳蛋和软壳蛋数量增加，随后产蛋量下降，蛋形变小，孵化率低。有些母鸡体重减轻，动作迟缓或暂时不能走路，以后身体坐伏腿上，喙、爪和胸骨变软，肋骨失去正常硬度，胸骨和肋骨接连处内陷，全部肋骨沿胸廓呈向内弧形的特征。缺乏维生素 D 的种蛋孵化后，胚胎往往在 8～16 日龄死亡。胚胎皮肤出现明显的浆液性大囊泡状水肿，皮下组织呈弥漫性增生，生长发育受阻，有时见到明显的足肢短小，肝脏脂肪浸润。

(3) 维生素 E

维生素 E 对动物生产性能和免疫力都有影响，日粮中维生素 E 的含量一直是营养学家考虑的问题。1994 年 NRC 对蛋鸡和种鸡的维生素 E 需要标准定为 5IU/kg、10IU/kg，而其他商业公司推荐量为 20～40IU/kg。维生素 E 的需求量与动物生产水平、采食量及环境有关。我国饲料原料维生素 E 含量很低，而且饲养条件与美国也存在很大差异，因而探讨我国饲养条件下蛋鸡和种鸡的维生素 E 需要量很有必要。维生素 E 缺乏症可通过添加硒和维生素 E 来解决。

实践中 NRC 推荐量只可用作评价饲料中维生素添加量的基础。NRC 推荐量的目的是预防临床维生素缺乏症。在考虑饲料中的维生素添加率时，值得对下述各点加以注意：配合饲料加工过程中的损失；饲料储存条件不良时的损失；发生疾病或存在免疫性应激时需要量增加；环境条件不良时维生素需要量增加；应针对现代商品畜种供给特定量的维生素。

8.3 开产后蛋鸡饲料配方设计

青年母鸡开产是其一生中最关键的阶段。开产后的 8～10 周内，母鸡必须摄取足够养分以使其产蛋率增加到 90%左右，并且使体重增加 25%。产蛋高峰期蛋鸡新陈代谢旺盛，应增加投入，尽量给予品质优良的配合饲料，既满足相应品种的饲养标准、营养浓度高而平衡，又易消化吸收，这是获得持续高产的关键。褐壳蛋鸡采食量较大，体型也大，饲养标准一般比白壳蛋鸡高。

实践中饲料厂可以参考表 8-8 设计蛋鸡饲养标准。

表 8-8a 产蛋鸡饲养标准

营养成分	采食量/[g/(只·天)]							
	18～32 周龄		32～45 周龄		45～60 周龄		60～70 周龄	
	90	95	95	100	100	105	100	110
粗蛋白质/%	18.5	18.0	17.5	17.0	16.5	16.0	15.5	15.0
代谢能/(MJ/kg)	12.13	12.13	12.03	12.03	11.92	11.92	11.72	11.72
钙/%	4.2	4.0	4.4	4.2	4.5	4.3	4.6	4.4
有效磷/%	0.50	0.48	0.43	0.4	0.38	0.36	0.33	0.31
钠/%	0.18	0.17	0.17	0.16	0.16	0.15	0.16	0.15
亚油酸/%	1.8	1.7	1.5	1.4	1.3	1.2	1.2	1.1
蛋氨酸/%	0.45	0.43	0.41	0.39	0.39	0.37	0.34	0.32
蛋氨酸+胱氨酸/%	0.75	0.71	0.70	0.67	0.67	0.64	0.6	0.57
赖氨酸/%	0.86	0.82	0.80	0.76	0.78	0.74	0.73	0.69
苏氨酸/%	0.69	0.66	0.64	0.61	0.60	0.57	0.55	0.52
色氨酸/%	0.18	0.17	0.17	0.16	0.16	0.15	0.15	0.14
精氨酸/%	0.88	0.84	0.82	0.78	0.77	0.73	0.74	0.70
缬氨酸/%	0.77	0.73	0.72	0.68	0.67	0.64	0.63	0.60
亮氨酸/%	0.53	0.50	0.48	0.46	0.43	0.41	0.40	0.38
异亮氨酸/%	0.68	0.65	0.63	0.60	0.58	0.55	0.53	0.50
组氨酸/%	0.17	0.16	0.15	0.14	0.13	0.12	0.12	0.11
苯丙氨酸/%	0.52	0.49	0.48	0.46	0.44	0.42	0.41	0.39

表 8-8b 产蛋鸡维生素与微量元素需要量

维生素	日粮需要量/kg	微量元素	日粮需要量/kg
维生素 A/IU	8000	锰/mg	60
维生素 D_3/IU	3500	铁/mg	30
维生素 E/IU	50	铜/mg	5
维生素 K/IU	3	锌/mg	50
硫胺素/mg	2	碘/mg	1
核黄素/mg	5	硒/mg	0.3
吡哆醇/mg	3		
泛酸/mg	10		
叶酸/mg	1		
生物素/μg	100		
烟酸/mg	40		
胆碱/mg	400		
维生素 B_{12}/μg	10		

产蛋期前 8～10 周的日粮应有以下特征：①粗粉料，含谷物量高；②添加 2.0%～2.5%的脂肪，至少含 2.0%的亚油酸；③日粮代谢能不低于 11.6MJ/kg；④粗蛋白质含量不高于 18%，含有足量氨基酸；⑤最多含 3.5%的钙，且为颗粒状。

下面提供一组产蛋前期饲料配方，供同行研摹，见表 8-9。

表 8-9 产蛋前期饲料配方(18～32 周龄)

项目	配方 1	配方 2	配方 3	配方 4	配方 5	配方 6
玉米/kg	507	554				
小麦/kg			517	619		
高粱/kg					440	373
碎小麦/kg			42		68	184
肉骨粉/kg		70		70		70
豆粕/kg	327	245	261	171	311	214
脂肪/kg	45	31	60	40	60	59
DL-Met/kg	1.2	1.2	1.6	1.5	1.8	1.8
食盐/kg	3.6	2.6	3.0	2.0	3.6	2.6
石粉/kg	99.5	92.3	100	94	100	93

续表

项目	配方 1	配方 2	配方 3	配方 4	配方 5	配方 6
磷酸氢钙/kg	15.7	2.9	14.4	1.5	14.6	1.6
预混剂/kg	1	1	1	1	1	1
总计/kg	1000	1000	1000	1000	1000	1000
粗蛋白质/%	20	20	20	20	20	20
ME/(kcal/kg)	2900	2900	2900	2900	2900	2900
钙/%	4.2	4.2	4.2	4.2	4.2	4.2
有效磷/%	0.5	0.5	0.5	0.5	0.5	0.5
钠/%	0.18	0.18	0.18	0.18	0.18	0.18
Met/%	0.45	0.46	0.45	0.45	0.45	0.45
Met + Cys/%	0.76	0.75	0.77	0.76	0.8	0.78
Lys/%	1.14	1.15	1.12	1.05	1.17	1.16
Thr/%	0.86	0.83	0.75	0.7	0.78	0.75
Try/%	0.28	0.26	0.30	0.28	0.28	0.26

8.4 产蛋高峰鸡饲料配方设计

在温度合适时，如果日粮养分平衡，高产白来航蛋鸡每只每天大约需要采食代谢能 1.26～1.34MJ。高温季节采食量降低，可把饲养标准中能量降低 5%左右，同时提高其他指标 5%左右，尤其应注意补足维生素和微量元素；冬季则需要较多能量。为保证蛋壳质量，炎热季节钙源饲料可用 2/3 贝壳。在寒冷季节日粮代谢能含量为 10.8784MJ/Kg 时，日粮粗蛋白质含量可减少到 15%；在温暖季节日粮有效能含量为 3.3Mcal/kg 时，日粮粗蛋白质含量必须达到 21%；在营养平衡日粮中上述蛋白质指标可降低 1～2 个百分点。要保持母鸡下蛋率为 90%并维持 11 周，随意采食平衡日粮时，每只每天采食蛋白质 16g、赖氨酸 0.72g、蛋氨酸 0.34g 就足够了；要保持母鸡下蛋率 83%，每只每天赖氨酸需要量在 0.66g 就足够了。

作者经验证明，在营养平衡的日粮中，蛋白质含量为 15.5%时就可满足产蛋率为 92%的母鸡的营养需要。如果每天需要采食蛋白质 17g，则每天采食量为 17÷15.5%≈110g。

在商品蛋鸡中，棉籽饼粕、菜籽饼粕和亚麻(胡麻)饼等有毒原料最多可用到 6%；羽毛粉、皮革粉、血粉等不易消化的原料最多可用到 2%，芝麻饼最大用量为 4%；麸皮等大体积饲料原料，一般根据配方设计需要而不会使用太多；用石粉作钙源而不用贝壳，但在高温季节，一般等量使用贝壳与石粉；黄玉米对家禽肤色、脚色和蛋黄颜色有良好作用且可大量使用。

油脂易消化吸收，能降低食糜在消化道内的流动速度，同时提高油脂和其他养分的利用率，所以饲料中添加油脂能产生“组合效应”；饲料中添加油脂还可增加蛋重，尤其在夏季热应激时添加更有效；油脂还可促进脂溶性维生素吸收，减少饲料粉尘，增加饲料适口性，改善饲料外观，降低饲料加工机械磨损。实践中一般在高产蛋鸡配合饲料中可加1%～5%的油脂。

蛋氨酸一般是产蛋家禽的第一限制性氨基酸，蛋氨酸不足时，产蛋率和蛋重都随不足的程度而成比例下降，当蛋重降至90%时就停止下降，继续降低蛋氨酸水平时只有产蛋率继续下降(NRC，1994)。调整日粮氨基酸水平改变蛋重，会同时影响产蛋率。任何通过营养手段降低蛋重的措施都同时降低产蛋率。在产蛋高峰后期，甜菜碱盐酸盐替代50%蛋氨酸可缓解产蛋后期产蛋率的下降，从而提高饲料转化效率。

实践中常见高峰蛋鸡料中钙、磷比例不当，主要是钙多。钙、磷含量及其比例也可严重影响产蛋率，而不是仅影响蛋壳质量。蛋壳形成多在夜间进行，夜间不供饲料，母鸡就会挪用髓骨中的钙。为满足产蛋母鸡夜间对钙的需要，可用粗些的牡蛎壳或石粉。也可在傍晚饲喂含钙量高的饲料，以满足母鸡对高钙饲料的特殊食欲，这是提高蛋壳质量的有效措施之一。

日粮中钙和磷平衡时，如果同时提高钙和磷的含量不太过度，一般不会诱发生产性能下降，但没什么好处，这样做只会抬高饲料成本，蛋壳质量并不随钙、磷水平提高而提高。这里再次强调营养平衡的原则，单独抬高某些养分指标只增加饲料成本而不提高生产性能。但是提高石粉的粒度有益于改良蛋壳质量，但石粉不要过粗，过粗了不易混合匀，甚至没有消化就排泄了，沉淀物会堵塞水槽或排水沟等。

有研究表明，一般国家公布的饲养标准中维生素和微量元素的量都不足以满足产蛋母鸡充分发挥产蛋潜力、维持和促进高峰产蛋的需要。据笔者经验，一般可使用市售添加剂，按其使用说明的3～5倍量添加，效果较好。

下面给出一组蛋鸡饲料配方，供同行研摹，见表8-10。

表8-10 高峰蛋鸡饲料配方(32～45周龄)

项目	配方1	配方2	配方3	配方4	配方5	配方6
玉米/kg	536	581				
小麦/kg			586	508		
高粱/kg					419	382
碎小麦/kg			8	123	118	200
肉骨粉/kg		70		60		65
豆粕/kg	301	220	233	156	279	192
脂肪/kg	39	24.6	50	50	60	56

续表

项目	配方 1	配方 2	配方 3	配方 4	配方 5	配方 6
DL-Met/kg	0.9	1.1	1.3	1.2	1.5	1.5
食盐/kg	3.3	2.3	2.7	1.8	3.4	2.5
石粉/kg	106	100	107	99	107	100
磷酸氢钙/kg	12.8		11.0		11.1	
预混剂/kg	1	1	1	1	1	1
合计/kg	1000	1000	1000	1000	1000	1000
营养水平						
粗蛋白质/%	19	19	19	19	19	19
ME/ (kcal/kg)	2875	2875	2875	2875	2875	2875
钙/%	4.4	4.4	4.4	4.4	4.4	4.4
有效磷/%	0.43	0.44	0.43	0.44	0.43	0.44
钠/%	0.17	0.17	0.17	0.17	0.17	0.17
Met/%	0.41	0.42	0.41	0.41	0.41	0.41
Met+ Cys/%	0.70	0.70	0.72	0.70	0.74	0.72
Lys/%	1.07	1.07	1.04	1.04	1.08	1.09
Thr/%	0.82	0.79	0.71	0.67	0.74	0.71
Try/%	0.26	0.25	0.28	0.26	0.26	0.25

8.5 产蛋后期蛋鸡饲料配方设计

产蛋高峰过后，进入产蛋后期，一般为 41～60 周龄。这时鸡已成熟，鸡体用于自身生长的营养需要将消失，产蛋率下降，而蛋重增加，采食量也较固定。随周龄增加，养分摄入过剩，体重增加，饲料利用效率下降。如此时能量摄入过多，易发生脂肪肝。此阶段的营养目的是使产蛋率缓慢平稳地下降。产蛋高峰期过后，仔细调节日粮中蛋白质和蛋氨酸水平可有效控制蛋重。产蛋下降后的 3～4 周内，日粮蛋白质含量最多可降低 0.5%。如果产蛋量下降超过预期水平，最安全的办法是减少日粮中的蛋氨酸水平，而不是日粮中的蛋白质水平。此期一般采用限制饲养。限食程度取决于产蛋鸡的体重、环境温度、产蛋率和日粮营养水平等因素，一般以采食量限制为正常的 90%～95%较好。

总的说来，日粮的营养浓度随产蛋期推移而下降，只有钙的需要量例外。所以蛋白质和氨基酸的需要量可以根据蛋白能量比和氨基酸能量比调整，磷的需要量也可以按比例下调，而钙的需要量不能。下蛋率降到 80%以下的产蛋后期使用普通蛋鸡料，其饲养标准低于高峰期，而钙浓度适当增加，但含钙量一般不宜超过4%，否则会影响日粮适口性，降低蛋壳强度和产蛋率；能量浓度宜低，以降低脂肪沉积对产蛋的影响。产蛋后期的B族维生素需要量降低，最终可降低30%左右。

普通蛋鸡料中可大量使用棉籽饼、菜籽饼、亚麻(胡麻)饼等劣质有毒原料，最高可用到8%，但3种原料的平均用量不能超过6%；羽毛粉、皮革粉、血粉等不易消化的原料最高可以用到3%，芝麻饼可用到5%；麸皮等大体积饲料原料，一般可根据配方设计需要使用；一般情况下用石粉作钙源而不必用贝壳，但在高温季节至少需要等量使用贝壳与石粉。

下面给出一组普通蛋鸡饲料配方，见表8-11和表8-12。

表8-11 高峰后蛋鸡饲料配方(45～60周龄)

项目	配方1	配方2	配方3	配方4	配方5	配方6
玉米/kg	584	626				
小麦/kg			648	571		
高粱/kg					550	483
碎小麦/kg				113	35	143
肉骨粉/kg		60		50		55
豆粕/kg	261	190	187	115	248	169
脂肪/kg	29	14.8	40	40	40.5	40
DL-Met/kg	1	1.2	1.3	1.5	1.5	1.5
食盐/kg	3	2	2.5	1.5	3.2	2.5
石粉/kg	111	105	111	107	111	105
磷酸氢钙/kg	10		9.2		9.8	
预混剂/kg	1	1	1	1	1	1
合计/kg	1000	1000	1000	1000	1000	1000
营养水平						
粗蛋白质/%	17.5	17.5	17.5	17.5	17.5	17.5
ME/(kcal/kg)	2850	2850	2850	2850	2850	2850
钙/%	4.5	4.5	4.5	4.5	4.5	4.5
有效磷/%	0.38	0.39	0.38	0.38	0.38	0.38
钠/%	0.16	0.16	0.16	0.16	0.16	0.16
Met/%	0.40	0.42	0.39	0.41	0.39	0.39
Met+Cys/%	0.67	0.67	0.67	0.67	0.70	0.68
Lys/%	0.95	0.95	0.92	0.93	0.98	0.98
Thr/%	0.76	0.73	0.63	0.60	0.68	0.64
Try/%	0.24	0.22	0.26	0.24	0.24	0.22

表 8-12 淘汰前饲料配方(60～70 周龄)

项目	配方 1	配方 2	配方 3	配方 4	配方 5	配方 6
玉米/kg	638	619				
小麦/kg			570	527		
高粱/kg					485	467
碎小麦/kg		51	126	190	156	200
肉骨粉/kg		49		38		42
豆粕/kg	221	157	138	90	192	138
脂肪/kg	13	9.7	40	40	40	37
DL-Met/kg	0.8	1	1.1	1.2	1.2	1.4
食盐/kg	3	2.3	2.4	1.8	3	2.6
石粉/kg	115	110	115	111	115	111
磷酸氢钙/kg	8.2		6.5		6.8	
预混剂/kg	1	1	1	1	1	1
合计/kg	1000	1000	1000	1000	1000	1000
营养水平						
粗蛋白质/%	16	16	16	16	16	16
ME / (kcal/kg)	2800	2800	2800	2800	2800	2800
钙/%	4.6	4.6	4.6	4.6	4.6	4.6
有效磷/%	0.33	0.35	0.35	0.35	0.35	0.35
钠/%	0.16	0.16	0.16	0.16	0.16	0.16
Met/%	0.36	0.37	0.35	0.36	0.34	0.34
Met+Cys/%	0.60	0.60	0.60	0.60	0.62	0.61
Lys/%	0.83	0.83	0.80	0.80	0.85	0.85
Thr/%	0.70	0.67	0.57	0.55	0.60	0.59
Try/%	0.22	0.20	0.24	0.23	0.21	0.20

8.6 产蛋鸡掉毛的营养原因

在蛋鸡生产中，经常会发现鸡群中有部分个体掉毛，掉毛的主要部位在颈部和背部，有的掉毛现象与产蛋减少相伴发生，而有的掉毛现象不影响鸡群的产蛋。

蛋鸡掉毛的原因主要有皮炎(包括毛囊炎)、羽毛的结构与质地异常或变脆、羽毛更换及啄羽等，而引起这些异常的诱因则是复杂多样的，在发生这种问题后很难寻找出确定的诱因。一般来说，产蛋鸡羽毛脱落更多的是受环境影响。

羽毛的生长和正常结构的维持需要合适的营养供给，凡是与羽毛结构有关的营养成分缺乏都可能导致羽毛变脆而容易折断；在饲料中营养成分含量不足，常常引起皮炎和毛囊炎，从而诱发蛋鸡的啄羽现象；绝大多数情况下，由于营养缺乏而导致的掉毛常常伴随着鸡群产蛋率下降。因此，判定蛋鸡掉毛是否由营养缺乏所致，关键要注意群内掉毛鸡的数量、分布和全群产蛋量变化。

(1)矿物质元素与掉毛的关系

锌：尽管锌在家禽体内含量很少，却广泛分布于肌肉、内脏器官、羽毛和骨骼中。锌是羽毛结构物质，缺锌会导致羽毛变脆。低锌日粮使鸡出现羽毛生长不良、质地变脆、皮肤形成鳞片状，羽毛末端易磨损，严重时翼羽和尾羽全部磨掉。但是，饲料中锌含量过高会引起蛋鸡采食量明显下降并导致羽毛松乱甚至换羽。

钙：钙对羽毛的生长和结构维持的直接作用不明显，但是当日粮中钙过量时会干扰锌、铜的吸收利用，引起继发性掉毛及皮肤衍生物病变。

硫：硫是机体内多种物质的构成成分，体内许多氨基酸、维生素、蛋白质中都含有硫。参与羽毛组成的主要氨基酸是含硫氨基酸，尽管无机硫不参与形成含硫氨基酸，但在饲料中硫含量足够的情况下可以减少对含硫氨基酸中硫的动用。

硒与砷：当饲料中硒、砷含量高时，可引起慢性中毒，对其沉积的部位造成损害，家禽表现为尾羽逆乱、容易脱毛等。硒中毒可引起全身掉毛，其特点之一是从头、颈背侧开始，逐渐向后躯蔓延。此外，羽毛边掉边长，长毛已脱落，短毛、新毛又开始生长也是其特点。

碘：碘是甲状腺素的组成成分，它对鸡新陈代谢的速率起着重要调节作用，并参与几乎所有物质的代谢过程。缺碘或碘过多，均可引起羽毛生长不良和掉毛现象。

食盐。饲料中食盐含量高会引起鸡群的食盐中毒。慢性中毒者，羽毛易脱落。

(2)维生素与掉毛的关系

维生素 B_3(泛酸)缺乏会影响产蛋鸡羽被生长，羽毛容易折断，常伴有皮炎发生，主要在口角、眼圈、鼻孔和爪等部位。

产蛋鸡缺乏烟酸会在全身引起对称性的皮肤炎症，造成羽毛脱落。一般情况下，饲料原料中烟酸的含量比较充足，不容易出现缺乏症。但是，当玉米使用量过高(尤其是使用玉米蛋白粉作为蛋白质原料)、饲料原料经过碱化或高温处理时可能会因为烟酸的破坏而出现缺乏。

维生素 B_6 参与体内的蛋白质代谢过程，缺乏时会影响胱氨酸的利用、阻碍色氨酸转化为烟酸，进而影响羽毛生长和结实性。

当家禽缺乏生物素时，羽毛出现干燥、变脆、脱落等现象。家禽缺乏叶酸时也出现羽梗变脆、容易折断，有色羽毛褪色、脱落等现象。

(3)蛋白质(氨基酸)与掉毛的关系

含硫氨基酸：羽毛中的蛋白质含量占78%左右，主要是角蛋白，其中含硫氨基酸的比例要明显比其他组织中高。含硫氨基酸缺乏时，可直接影响羽毛的主要成分——角蛋白的合成，致使家禽特别是成年家禽出现羽毛大量脱落，有的甚至全身掉毛后，迟迟不能生长。病禽尾、颈背部羽毛脱落，常被其他同伴啄食，引起皮肤感染，甚至出现同类相残，相互攻击的啄癖。

色氨酸在体内可以转化为烟酸，饲料中色氨酸不足会影响烟酸的合成和烟酸功能的发挥。

(4)脂肪与掉毛的关系

每天鸡都会用喙啄其尾脂腺并随之在羽毛上梳理，这种行为是为了把尾脂腺中的油脂涂抹在羽毛上面以保持羽毛的润泽和正常结构。饲料中脂肪的含量和类型会影响尾脂腺中油脂的形成。在蛋鸡饲料中脂肪含量长期低于1.5%或饲料中脂肪被氧化而不能有效利用的情况下，蛋鸡的尾脂腺质量会缩小，其油脂的分泌量减少而影响羽毛的润泽。

(5)饲料霉变与掉毛的关系

霉变的饲料会产生霉菌毒素，也会导致蛋鸡脱毛。梅雨季节发霉的玉米和油脂过氧化的豆饼，都是造成蛋鸡脱毛的诱因。

9 种鸡饲料配方的设计

种蛋提供必需养分是胚胎正常生长发育的前提，这种养分供应源于种鸡日粮及新陈代谢，依赖于营养物质在种蛋内的沉积效率。种鸡营养水平在胚胎的发育和孵化中起关键作用。养分的临界缺乏过量不像严重缺乏或过量那样容易被观察到或检测到。使用特定的饲料后，若孵化出现问题也要在数周以后才会被发现，因此，至少应该保存饲料样品两个月。疾病、寄生虫感染、化学毒素和生物毒素、营养吸收不良综合征或药物也会影响孵化率或雏鸡质量，或造成假性营养性问题。而且环境因子、基因型及各影响因子间的交互作用都可影响孵化率。

设计饲料配方时，种鸡生产潜力是很重要的依据。例如，罗曼(褐)父母代性能(表 9-1)，开产日龄 21～23 周，高峰期产蛋率 90%～92%，每只舍饲种母鸡产蛋量，产蛋到 68 周为 255～265 枚，产蛋到 72 周为 273～283 枚。每只舍饲种鸡生产合格种蛋量，产蛋到 68 周为 225～235 枚，产蛋到 72 周为 240～250 枚。每只舍饲母鸡生产雏鸡量，产蛋到 68 周为 90～96 只，产蛋到 72 周为 95～102 只。

表 9-1 罗曼(褐)父母代种鸡开产前性能

类别	祖代	父母代	商品代
1～8 周龄存活率/%	98～99	98～99	98～99
9～18 周龄存活率/%	98～99	98～99	98～99
1～18 周龄耗料量♂/kg	7.5	7.5	
1～18 周龄耗料量♀/kg	6.5	6.5	6.5
18 周龄体重/g	A 群♂2000～2100 C 群♂1900～2000 B 群♀1500～1600 D 群♀1400～1500	♂1900～2000 ♀1400～1500	1450～1550

9.1 种公鸡饲料配方设计

目前国内外关于种公鸡的饲养、营养需要和培育等方面报道很少。所以，有关种公鸡的营养需要和配方设计要求应参考各相应育种公司的饲养手册。一般来说，生长期种公鸡营养需要可参考同龄青年蛋鸡；繁殖期种公鸡营养需要低于种母鸡，无论肉用型还是蛋用型种公鸡，建议采用代谢能为 10.88～12.13MJ/kg，粗蛋白质 11%～13%，赖氨酸 0.55%，含硫氨基酸 0.45%，钙 1.5%，磷 0.65%～0.8%

的营养水平，维生素和微量元素按 NRC(1994)蛋鸡饲养标准的 3 倍设计。需要强调的是，种公鸡和种母鸡饲料中都不能使用棉籽饼、菜籽饼等有毒原料。

9.2 蛋鸡不同季节的生理特点

成年蛋鸡、种鸡生理习性在一年四季中有很大差异，其差异呈规律性循环变化，按此规律设计饲料配方，可获更多效益。

(1)采食习性的变化规律

成年蛋鸡、种鸡在夏季和冬季采食量有明显变化。

夏季采食量明显下降。蛋鸡在夏季气温高时，能量需求减少，因而采食量下降。气温超过 30℃时，采食量减少 10%～15%；酷热时，可减少 30%以上。由于采食量减少，摄入的蛋白质和钙也相应减少，因而导致产蛋量下降。此时应适当调整日粮。可按“一减四增”的原则进行调整。一减：即减少能量饲料，可比平常饲养标准减少 1.0MJ。四增：即增加蛋白质、钙质、油脂和添加剂饲料，蛋白质含量不低于 17%，钙质可提高到 3.6%～3.8%，油脂可添加到 1%～2%，添加剂可适量多加，尤其是维生素。

冬季采食量明显上升。冬季寒冷，鸡需要多消耗营养以御寒，所以采食量增加。当舍温低于 21℃时，每下降 1℃，鸡采食量增加 1%；此时日粮调整原则为“只增不减”。提高饲料中的能量水平，增加日粮中维生素 A 和维生素 D_3 的含量。

(2)产蛋习性的变化规律

1 月最低，以后逐月上升，4～5 月产蛋率最高，为产蛋高峰期，以后逐月下降，至 12 月降至最低。相应地，要根据产蛋率升降变化及时调整日粮，增减日粮的各种养分。在产蛋率低的月份，适当减少蛋白质、矿物质饲料以降低饲料成本。在产蛋高峰月份，适当增加蛋白质、矿物质饲料，以满足产蛋和维持健康的需要。

9.3 母鸡日粮对种蛋及雏鸡的影响

(1)蛋白质和能量

种鸡摄食低能量、高蛋白日粮时，种蛋孵化率往往较低，因为孵化中期胚胎死亡率升高，并且雏鸡不能破壳而出。种鸡日粮的能量和蛋白质水平不影响胚胎异位或畸形发生率。给老龄肉用种鸡饲喂粗蛋白质含量为 9%～15%的日粮时，孵化率不受影响；在整个产蛋期内饲喂粗蛋白质含量为 10%～16%并补充蛋氨酸和赖氨酸的日粮时，孵化率也不受影响。但也有报道，褐壳蛋鸡摄食高蛋白质日粮使其孵化率提高。高蛋白质日粮要增加维生素 B_{12} 和吡哆醇的添加量。

肉用种鸡的能量摄取量降低 12%不影响受精蛋孵化率。将一种标准肉用种鸡日粮稀释 15%没有显著影响孵化率，但显著增加了每只蛋鸡所产雏鸡的数量。

在肉用种鸡生长期间较多地降低蛋白质、能量和赖氨酸的摄取量不影响以后的受精率和孵化率。

(2) 脂肪和脂肪酸

日粮脂肪酸构成可影响蛋黄的脂肪酸构成，后者可影响胚胎发育和孵化率。棕榈酸加快胚胎对蛋黄的利用，可提高蛋黄中的油酸含量，影响透过卵黄囊膜的养分运输，并可为胚胎发育和种蛋孵化节约亚油酸。在基础日粮中添加富含必需脂肪酸的玉米油、棕榈酸、油酸或亚油酸可提高蛋黄中的必需脂肪酸含量，进而影响孵化率，并降低孵化后期胚胎死亡率。青年肉用种鸡的孵化率较低与胚胎对蛋黄脂肪的利用率较低有关，而且也与蛋黄的脂肪酸构成发生变化有关。将种蛋的胆固醇含量提高 70%不影响孵化率。日粮含有棉籽饼或木棉籽粉作为原料或污染物，种蛋孵化率可下降到几乎为零，孵化后第二周死亡率极高，第一周死亡率稍低一些，而且血液和循环系统的形成发生严重障碍。

(3) 维生素

维生素 A 缺乏可导致产蛋率降低，继而可降低孵化率。胚胎可能在孵化期第一周内死亡，或可存活到孵化期结束但无力出壳，或虽可出壳但很快死亡。维生素 A 过量(＞10 000IU/kg) 也可造成胚胎早期死亡，并使孵化率下降。

种蛋缺乏生物素时，孵化期内第一周和第三周的胚胎死亡率升高。老龄种鸡对日粮中添加生物素的反应较大。胚胎缺乏生物素时，所见症状包括孵化 5 天以前或 17 天以后出现死亡高峰、软骨营养障碍或畸形短肢、短骨和“鹦鹉嘴”。

核黄素(维生素 B_2) 缺乏症是较常见的影响孵化率的营养缺乏症之一。胚胎缺乏维生素 B_2 时会出现水肿、孵化 9～14 天期间死亡率升高、棍状绒毛、出血、矮小、畸形短肢及贫血。维生素 B_2 缺乏症的严重程度会影响胚胎死亡高峰出现时的日龄。出血和棍状绒毛是最常见的症状。只要饲喂数天维生素 B_2 缺乏的日粮就会产生缺乏症，因热应激、疾病或其他原因而减少采食，就会使个别种鸡出现临界缺乏。现已查明，遗传因素可造成种蛋中维生素 B_2 沉积量不足，而且商品品系的个别种鸡也有这种遗传因子。

给白色来航鸡饲喂维生素 B_{12} 含量为 3.45～3.60μg/kg 的日粮时，孵化率最高。维生素 B_{12} 过量会导致蛋黄中核黄素沉积量减少，维生素 B_{12} 缺乏可引起白色来航鸡产蛋量中等程度的下降，洛岛红鸡产蛋量的下降程度更为严重，在日粮中添加维生素 B_{12} 大约 4 周后才能恢复。维生素 B_{12} 缺乏的日粮对白色来航鸡的种蛋孵化率没有多大影响，但可使洛岛红鸡的种蛋孵化率降至大约 20%，这表明维生素 B_{12} 缺乏的影响因品种而异。在维生素 B_{12} 缺乏症初期，孵化第一周出现胚胎死亡，随后在孵化第二周也出现死亡，最后在孵化第三周也有死亡。这一结果与烟酸缺乏时连续发生胚胎死亡的情形相似，但与核黄素缺乏时胚胎死亡的情况相反。维生素 B_{12} 缺乏引起的异常现象包括周水肿、腿部肌肉发育不良、出血、矮小、短喙及头部置于两腿之间。

缺乏泛酸的日粮会使孵化率降低、雏鸡肌肉运动失调、飞节肿大及羽毛生长不良。据报道，胚胎死亡高峰发生在孵化 18 天以后、头 4 天期间及 13 天以后或出现早期及晚期死亡高峰。

家禽日粮中常用的谷物富含硫胺素(维生素 B_1)，因此种鸡不会缺乏，除非用了非常规饲料原料。硫胺素缺乏症可导致多发性神经炎和胚胎死亡。重型种鸡在其种蛋中沉积硫胺素的效率较差。

家禽对烟酸缺乏的敏感性和烟酸缺乏对孵化率的影响程度存在着品种差异。白来航鸡出现烟酸缺乏时，在孵化后期胚胎死亡；而洛岛红鸡出现烟酸缺乏时，在孵化早期便发生胚胎死亡，并且随着烟酸持续缺乏，在孵化后期也发生死亡。烟酸过量也可造成胚胎死亡，使孵化率下降。

叶酸缺乏造成的胚胎畸形包括胫骨跗骨弯曲、骨短、鸡喙缺陷及连趾畸形。许多胚胎看起来正常，但在啄入气室之后便死亡。叶酸缺乏对种鸡性能的影响存在着品种差异。在日粮中添加叶酸可提高蛋重，从而增加雏鸡质量。延长种蛋储存时间可能导致胚胎缺乏叶酸，但未见其他维生素缺乏。

吡哆醇(维生素 B_6)：种鸡缺乏吡哆醇会立即出现食欲减退，接着孵化率下降，产蛋停止。

维生素 K：胚胎或胚胎膜出血被认为是维生素 K 缺乏的初始症状。缺乏维生素 K 的胚胎，血液凝固时间延长，骨中 γ-羧基谷氨酸含量降低，然而胚胎的骨骼发育正常。

维生素 D 缺乏会造成孵化后期胚胎死亡，死亡胚胎大多是孵化 18 天和 19 天的鸡胚。全部死亡胚胎的 10%左右与上喙较短有关。维生素 D_3 缺乏的种鸡摄食一种恢复日粮 10 天，孵化率就恢复至正常水平。维生素 D_3 缺乏除可造成孵化后期胚胎死亡外，还可导致喙畸形和骨骼发育不良。维生素 D 过量也会使孵化率下降。

在维生素 E 排空的第一周内，在胚胎发育的第一周和第三周内胚胎死亡率的上升幅度大致相同；然而，此后的胚胎死亡主要发生在第一周。胚胎死亡的分布没有明确规律，而且胚胎畸形及异位的类型也没有明确规律。维生素 E 缺乏的胚胎呈现出的一些症状有眼睛出现浑浊点、视觉缺失、血管系统异常(造成渗出性素质和出血)和生长发育迟缓。据报道，在种鸡日粮中添加维生素 E 可以增强雏鸡的免疫应答(抗体效价)。如硒、抗氧化剂和脂肪类型之类的其他因子，都可与维生素 E 发生相互作用，从而使人们难以清楚维生素 E 在胚胎发育中的作用。现已证实，洛岛红鸡对维生素 E 缺乏的敏感性高于白色来航鸡。

维生素 C：种鸡产蛋后期所产种蛋的清蛋白品质迅速下降，日粮中添加维生素 C 可有所改善，所以添加维生素 C 可提高孵化率。

(4) *维生素的添加*

商品种鸡产蛋的分析结果表明，维生素 A 和维生素 B_2 的含量可满足种蛋孵化需要，而某些种鸡群所产蛋中维生素 B_{12} 处于临界缺乏状态。往种鸡日粮中添加维生素可以使种蛋中大多数维生素的含量得到提高。提高种鸡日粮中核黄素、维生素 D_3、生物素、维生素 B_{12}、泛酸和叶酸的含量可很快在种蛋中见效，而种蛋对种鸡日粮中添加维生素 A 的反应比较缓慢。就维生素从日粮向种蛋中转移的效率而言，维生素 A 的转移效率极高，核黄素、泛酸、生物素和维生素 E 的转移效率较高，维生素 D_3 和维生素 E 的转移效率居中，维生素 K、维生素 B_1 和叶酸的转移效率较低。

(5) *矿物质*

日粮中的硒可与维生素 E 相互作用，在某些情况下还可节约维生素 E，当饲喂缺硒日粮时，孵化率下降。孵出的雏鸡较弱，其肌胃患有肌病，许多雏鸡伏卧在地上，双腿后伸且向上弯曲。硒过量会产生毒性作用，降低种蛋的硒含量可使孵化率升高。硒过量引起的畸形包括矮小、下啄太短或缺失及腿骨和翅骨过短。在某些地区种植的谷物可能含有中毒水平的硒。

碘缺乏可造成孵化率下降，但天然碘缺乏很少发生。日粮中碘过量也会造成孵化问题，导致胚胎死亡、雏鸡啄壳但不能出壳及孵化期延长。

锰缺乏可导致孵化率下降和胚胎畸形，此种胚胎畸形与生物素缺乏时，或遗传性软骨营养障碍时所见情况基本一样；然而，显微镜检查可见骨的结构存在差别。据报道，胚胎缺乏锰时会发生表现为角弓反张型强直性痉挛的运动失调，这一运动失调明显与通常称为“观星者”的病症有许多相似之处。种鸡可忍受日粮中不添加锰达数周之久，而孵化率不受任何影响。

种鸡日粮中的钙水平主要是通过影响蛋壳质量来影响胚胎发育。种鸡日粮缺钙或其他原因造成的蛋壳质量下降，可导致种蛋在孵化过程中失重过多，并伴随孵化第一周内死亡率升高、污染增多，以及胚胎生长发育迟缓、骨骼发育不良和孵化期末死亡率升高。

磷是保持正常胚胎骨骼发育和维持正常孵化率所必需的。笼养蛋鸡日粮需要 0.4%的磷才能维持正常孵化率，而 Wilson 等(1980)发现在地板上铺垫料饲养的肉用种鸡需要 0.31%的磷就可维持正常孵化率，看来鸡可通过食粪重新利用相当数量的磷。植酸磷不能维持正常孵化率，但可预防佝偻病发生。Waldroup 等(1967)报道，笼养蛋鸡喂无机磷含量为 0.19%的日粮，便可使孵化率达到最高水平

(Leeson and Summers，2008)。通过日粮和粪便摄入过量的磷会降低蛋壳质量，从而间接降低孵化率。

当种鸡摄食缺镁日粮时，孵化率下降幅度较大。日粮缺镁时会在孵化后期(19天和 20 天)出现胚胎死亡，且许多雏鸡不健康，会发生痉挛或昏迷，并于出壳后 2 天内死亡。

种鸡日粮含有较低水平的锌，即可获得正常水平的孵化率。种鸡日粮缺锌可使孵化率降低，胚胎死亡率升高，以及骨骼和羽毛发育受阻。种蛋缺锌会导致胚胎畸形。高水平日粮钙会加剧锌缺乏症。在玉米-大豆日粮中不必补充锌便可获得正常水平的孵化率；然而添加锌会增强雏鸡免疫力。在实用种鸡日粮中锌添加量高达 2000mg/kg 对孵化率没有多大影响。

当垫料用含硼消毒剂处理时，在这种垫料上饲养的种鸡会摄入过量的硼。给肉用种鸡饲喂高水平硼(硼酸或硼酸钠)会使孵化率降低，但不会影响产蛋率。给公鸡饲喂高水平硼会增加畸形精子数量，但受精率和胚胎存活率仍处于正常水平。

肉用种鸡的日粮氯摄取量不足(限量采食的玉米-大豆日粮)会使孵化率降低。

蛋黄和白蛋白中各种矿物质含量的测定结果表明，不同蛋鸡之间矿物质含量有相当大的变异，同一只蛋鸡的不同产量之间矿物质含量有中等程度的重复性。白蛋白中钾含量较低或蛋黄中铁含量较高时，种蛋的孵化率也较低。

日粮添加铝 0.3%不提高种蛋铝含量，孵化率也不受影响。

(6) 其他饲料成分

饲料添加剂(如药品)会影响孵化率。据报道，种鸡摄入某些日粮霉菌毒素会在一定程度上破坏雏鸡的免疫系统。

9.4 种母鸡的饲料配方设计

种母鸡饲料配方设计时的饲养标准可参考高峰蛋鸡，只是要增加维生素和微量元素，以增加种蛋中的维生素和微量元素储备。据笔者经验，一般可用市售的有信誉的添加剂品牌，按其使用说明的 3～5 倍量添加，效果较好。

在原料选择上，一般不要用棉籽饼粕、菜籽饼粕和亚麻(胡麻)饼等有毒原料；用 1/3 石粉和 2/3 贝壳以保证蛋壳质量。

种蛋大小对孵化率影响不显著，但对雏鸡的出壳体重和 6 周龄体重有正的相关性。

种鸡使用年限不同于商品鸡，常在 72 周龄换羽后继续使用。据报道，伊莎褐蛋鸡第二生产周期期间日粮含有 0.56%的赖氨酸和 0.56%的蛋氨酸+胱氨酸可促进蛋重增加(Domingues et al.，2012)。

10 夏季饲料配方设计

家禽同其他恒温动物一样，存在一个等热区(一定的温度范围)，在这个温度范围内，通过物理调节来维持正常体温。当温度超出这个范围上限时，家禽由于没有汗腺，主要通过呼吸蒸发散热来维持正常体温。当环境温度高于32℃时，家禽常表现为难以维持正常体温，当环境温度高于37℃时，其生理功能趋于紊乱，这都属于热应激反应。通常热应激研究环境温度高于32℃时，家禽产生的非特异性防御应答的生理反应。蛋鸡高效生产的理想温度是18～21℃，在此温度下，产蛋率最高。如果环境温度长期高于24℃，鸡对能量饲料的采食量降低，使其他营养物质的摄取量也相应减少，导致产蛋性能下降，这就需要用含较高营养浓度的日粮予以补偿。

10.1 鸡的夏季营养

夏季天热，环境温度昼夜温差较大，白天高温常达到35℃，导致热应激，鸡群产蛋性能下降(表10-1)。蛋鸡对夏季高温可以逐渐适应，在35℃温度下保持较好产蛋效率。

表10-1 褐壳蛋鸡对于高温环境的反应

项目	采食量/[g/(只·天)]	产蛋率/%	蛋重/g	蛋壳占全蛋的百分比/%	
				40周龄	60周龄
18℃	131	91.2	60.9	9.5	9.1
30℃	108	83.6	57.2	9.0	8.6

数据来源：McNad and Boorman，2002

10.1.1 热应激机制

热应激是应激综合征中常见的一种，当环境温度超过27℃时，即可引起家禽发生热应激。应激的发病机制是：应激源刺激家禽的末梢感受器，传入神经中枢，由下丘脑作为应答反应的起点；下丘脑兴奋后引起脑垂体促肾上腺皮质激素分泌增加，通过血液到达肾上腺，引起肾上腺内分泌增加，糖皮质类固醇、醛固醇、去甲肾上腺素、肾上腺素等激素分泌量增加。这些激素进入血液到达各器官的靶细胞内，作用于细胞核的信使核糖核酸，从而调节酶和蛋白质的产量，形成体内复杂的防卫反应和损害变化。在24～30℃内，家禽可通过行为学变化适应环境温度的改变；高于这一温度范围，体温无法继续保持平衡而开始上升；恰在此时，机体的生理生化反应开始起作用。

在高温情况下，鸡的排卵数降低且卵在输卵管中的转运时间延长，从而降低了产蛋率。有研究认为，肉鸡为抗应激而产生一种自我保护的生脂反应，使净能更少用于产热，更多用于脂肪储存，从而增加了体内脂肪含量。

空气湿度可以加强高温的应激作用，空气流动速度可以减轻热应激作用(表 10-2)。

表 10-2　在 30℃环境中空气流速对鸡群采食量的影响

空气流速/(m/s)	制冷效果/℃	采食量增加/[g/(只·天)]
0.5	1	低于 1
0.75	2	1～2
1.0	3	2～3
1.25	4	3～4
1.50	5	4～5
1.75	6	5～6

数据来源：Leeson and Summers，2008

10.1.2　热应激时的生理变化

(1) 呼吸和血液生化指标

家禽在热应激时，为维持正常体温，通过喘气加强呼吸作用来散发热量。喘气会导致体内 CO_2 丧失而使血液中碳酸氢盐含量降低，引起呼吸性碱中毒而使血液中 pH 增高，严重时可增高 0.1 个单位。血液酸碱平衡打破后，引起钙的流失，细胞内 pH 上升，机体为重新分布钙就要多消耗能量，增加机体产热。糖原耗竭速度加快及酸碱平衡的破坏可使肌肉质量下降。家禽为加快体内热量散发，其血液循环加快，加速了体内代谢物的排出，从而血液中 K^+、Na^+浓度下降；饮水量增加，会排出大量稀粪而可能导致钠和钾的大量丢失。热应激也引起血浆蛋白质、非酯化脂肪酸、甘油三酯、血清总蛋白和清蛋白浓度下降。急性热应激时还可引起血清中碱性磷酸酶、谷丙转氨酶活力下降而肌酸磷酸激活酶活力增加。不同生长时期的高温对肉仔鸡的生产性能和血清生化指标有不同影响。

(2) 内分泌和免疫机能

应激导致应激激素儿茶酚胺和类胡萝卜素的产生，这些应激激素不利于动物生长，可破坏家禽免疫系统，使它们易感染疾病。禽类应激的一个重要生理反应是血浆皮质酮水平升高，促进蛋白质分解，加强糖异生，使代谢向降解蛋白质、提高糖原合成和脂肪沉积方向进行，导致血糖升高。同时刺激肾上腺活动加强，从而增加了对胆固醇的需要，周边组织胆固醇的合成和动员导致血清胆固醇浓度升高。高温可能因使采食量降低而致血清中甘油三酯含量降低，极显著降低肉仔鸡的血清胰岛素。随着应激时间的延长，高温显著妨碍免疫器官发育，降低胸腺、法氏囊和脾脏相对体重的质量。由于高温不同程度地降低了机体细胞免疫和体液免疫的能力，家禽对疾病抵抗力下降。

(3) *矿物质代谢*

随着饮水量和泌尿量增加，细胞膜的通透性增加，导致钾、磷、镁和蛋白质等细胞内容物丧失。在应激条件下，动物体内的某些激素、酶类及离子平衡发生变化而影响矿物质代谢。高温应激时，鸡血清离子浓度发生改变。长期处于高温环境中的肉鸡，其体内钙、铜、钾、镁、锰、钠、锌和磷的存留较少；急性短期热应激明显降低肉鸡血浆中钾、钙、钠、镁、铜、铁、锰、锌和铬的浓度，并增加尿中锌、铁、锰的排出量，减少铬的排出量。火鸡在热应激期间，对钙、钾和磷的吸收明显下降。

10.1.3 蛋鸡在热应激时的营养生理

高温时调整蛋鸡日粮组成水平，保证供给足够营养，不仅可保持蛋鸡生产水平，还可缓解热应激对鸡的危害。当外界温度升高时，体热平衡(产热与散热)转向产热，体温开始上升。热应激可引起家禽行为、生理生化方面的综合反应。常见行为变化有：喘气(过度换气)、伸展翅羽、蹲伏冷凉地面、打湿鸡冠和肉髯。适应性反应有：降低进食饲料和摄入养分，减少机体活动，增加饮水，以降低体温。采食量下降导致鸡蛋变小、蛋壳变薄、产蛋量下降、饲料利用率降低。影响青年母鸡性成熟，开产日龄延迟；降低公禽精液品质和射精量。

产蛋鸡在不同温度下的能量需要量[kJ/(只·日)]可按下式估计：

$$\mathrm{ME}=544W^{0.75}(1.015)\Delta T+23\Delta W+8.66\mathrm{We} \tag{10-1}$$

或

$$\mathrm{ME}=W^{0.75}(724-8.2\mathrm{Ta})+23\Delta W+8.66\mathrm{We} \tag{10-2}$$

式中，Ta 为环境温度；ΔT 为环境温度与 25℃之差；W 为鸡的体重(kg)；ΔW 为体重变化(g)；We 为蛋重(g)。

在 15～30℃环境中，产蛋鸡的能量采食量[MJ/(只·日)]与温度(T)的关系为

$$\text{白来航鸡}=1606-35.283T+1.6469T^2-0.0362T^3 \tag{10-3}$$

$$\text{褐壳蛋鸡}=3597-294.47T+13.589T^2-0.2183T^3 \tag{10-4}$$

温度超过 27℃时采食量大幅下降。在热应激环境中，鸡要维持正常生理和

生产就需要有足够的营养补充。为解决这一矛盾，必须根据鸡采食量相应增加饲料营养浓度，以弥补热应激时能量、粗蛋白质、矿物质和多种维生素摄入量的不足。

一般认为随着日粮能量水平增加鸡的采食量下降，以保持能量采食量不变。然而，该机制是不精确的，能量水平增加后采食量下降不到位，导致“过度消费”能源。随着环境温度升高，该机制似乎更不完善，所以，提高饲料中的能量水平可以提高热应激下鸡的有效能采食量。Payne(1967)用棕色蛋鸡试验(McNab and Boorman，2002)，在18℃或30℃的环境中喂11.97～14.43MJ/kg的日粮(表10-3)，结果表明，在18℃时日能量采食量调整得相当好，鸡的采食量随着日粮能量水平的增加逐渐减少，能量摄入量保持不变。在30℃高温下，鸡群调整采食量的功能不完全，发生过度消费能源。这表明，极端高的日粮能量浓度可用于商业目的，在高温气候中设计蛋鸡日粮为高密度养分，以促进鸡群的能量摄入。为提高日粮能量水平，可考虑使用脂肪。脂肪的优点是提高适口性，也减少了热增耗。

表 10-3　日粮能量浓度对鸡群代谢能采食量的影响

日粮能量浓度/(MJ ME/kg)	18℃		30℃	
	采食量/ g	能量采食量/ MJ	采食量/ g	能量采食量/ MJ
11.97	127	1.50	107	1.28
12.80	118	1.51	104	1.34
14.43	112	1.52	102	1.38
14.43	106	1.53	101	1.46

数据来源：Payne，1967

10.1.4　热应激时的采食量与日粮能量水平

家禽能量需要随温度升高而减少，但采食量也降低，这是热应激期间鸡生产性能下降的原因之一(图 10-1)。据报道，在 21～30℃内，环境温度每升高1℃采食量下降 1%；在 31～38℃温度内，环境温度每升高 1℃，采食量下降 4.6%，采食量的下降可能导致营养摄入不足。在 24～30℃内，温度每升高 1℃，蛋鸡产蛋率降低 1.5 个百分点，蛋重降低 0.1g 以上；在 30～35℃内，温度每升高1℃，蛋重降低 0.3g 以上。所以适当提高饲料营养浓度，可使鸡不因采食量下降而营养不足。

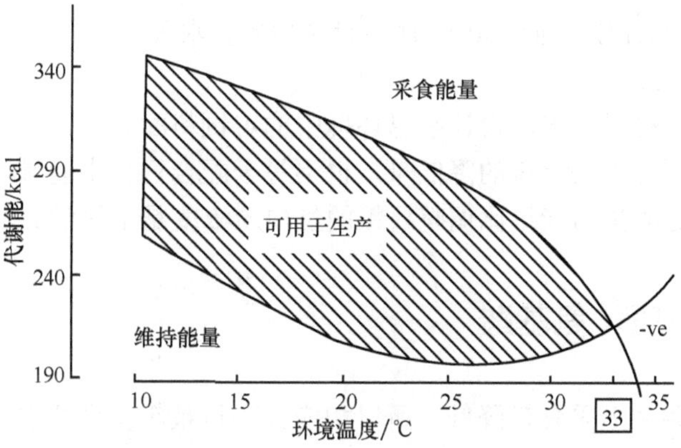

图 10-1 体重 1.5kg 蛋鸡对环境温度的反应：能量平衡(Leeson and Summers，2008)

一枚 60g 的鸡蛋含有大约 80kcal 能量，这需要采食日粮代谢能约 100kcal(假定采食的代谢能利用率为 80%)。如果这只鸡的产蛋率在 95%，那么就需要有 0.4MJ/天的代谢能采食量以维持高峰产蛋量。青年母鸡还会需要 0.063～0.105MJ 代谢能以满足生长需要，总共需要约 0.481MJ/天。在适中的环境温度下，如能随意采食足够的饲料，就不会缺乏能量，因为每只鸡每天平均采食 1.13～1.15MJ 代谢能，过量采食的能量用于储存为体脂肪。然而，随着饲料摄入量下降，可用于生产的能量会下降。虽然在较高温度下维持需要量下降，却依然会出现能量缺乏问题。在能量采食量不足时，鸡体可以动员体储存以维持产蛋，这在钙和脂肪的表现很明显，例如，钙不足时鸡体过量动员髓骨中的钙，可导致瘫痪。但是鸡体动员体储存是有低限的，当采食量持续不足时，鸡体优先满足维持需要量，所以产蛋率下降。

与蛋白质和碳水化合物相比，脂类物质可降低体增热，因此可在家禽日粮中添加油脂。另外，添加油脂有助于降低饲料在胃肠道的流动速度，从而提高饲料利用率，以使动物适应热应激状态。油脂的添加比例以 1%～3%为宜，以必需脂肪酸含量高的油脂为佳。但日粮能量水平过高，超过家禽对能量摄入的调节能力，也会引起机体的生理变化，甚至造成所谓的“能量应激”。提高日粮能量浓度时，还要注意其他养分以满足需要量。

【例 1】褐壳蛋鸡的能量需要量可按经验公式(10-4)计算，常温(18～21℃，按照 20℃计算)时褐壳蛋鸡的能量需要量为每只每天 1.4MJ 代谢能。若日粮中能量浓度设计为 11.9MJ/kg(NRC，1994)，则日采食量为 117.14g。仍按公式(10-4)计算，30℃时每只每天需要代谢能 1.10MJ，假定 30℃时鸡的采食量降低为 100g，则鸡日粮能量水平应为 1.10÷100×1000=10.99MJ/kg。

由上述数据进一步分析：30℃时鸡每天每只的能量需要量是 20℃时的 78.571%(11÷14)，30℃时鸡每天每只的饲料采食量是 20℃时的

85.368%(100÷117.14)；而 30℃时日粮的能量水平是 20℃时的 92.1563%(10.989 18÷11.9245)。

从上述分析可以看出，设计高温环境中的鸡饲料配方时，一定要注意能量需要量的降低量不等于采食量的降低量，也不等于配合饲料中能量浓度的降低量。所以，按照固定的蛋白能量比调整日粮的蛋白质浓度是不科学的。

10.1.5 蛋白质、氨基酸

在热应激条件下采食量降低，所以相应提高日粮粗蛋白质水平似乎是个好策略，以维持每天的粗蛋白质摄入量在 19g/(只·天)。现已明确这样的调整可能是有害的，任何养分在体内的代谢过程都不是 100%有效，都会产生一些热量，不幸的是，蛋白质是效率最低的养分，其代谢产热量高于脂肪和碳水化合物，因此，在热应激时尝试保持蛋白质摄入量不变可能是有害的。这个问题的解决办法是不增加粗蛋白质，而增加必需氨基酸的含量。喂合成氨基酸，鸡体就不需要分解过多的粗蛋白质(氮)。

在热应激条件下，由于日粮能量浓度提高，应相应提高日粮中可消化氨基酸水平。通常在较低水平的粗蛋白质日粮中添加合成氨基酸来满足家禽对氨基酸的需要，以便降低机体的热增耗。另有研究表明，D-蛋氨酸的吸收可以降低仔鸡对热应激的敏感性。高温状态下，理想饲料转化率时对蛋氨酸的需要为 0.29g/MJ 代谢能，添加蛋氨酸羟基类似物比添加 DL-蛋氨酸更有效；蛋氨酸、赖氨酸和苏氨酸应保持每天采食量约 420mg、820mg 和 660mg。

10.1.6 矿物质

热应激降低钙、磷吸收，增加体内钙流失，所以必须调整日粮中的钙、磷(有效磷)含量以保持其平衡。有研究认为，热应激蛋鸡日粮中钙和有效磷的适宜含量分别为 4.0%～4.5%和 0.4%～0.5%。并且以较粗颗粒的牡蛎粉或粗砂石形式供给钙源更有益于提高蛋重和蛋壳品质。

实际上，产蛋率 90%，蛋重 60g 时，每天需要采食 4.2g 钙，热应激时采食量下降，就需要增加日粮中钙、磷和相关维生素如维生素 D_3 的浓度以满足这些养分的采食量不降低(表 10-4)。鸡舍温度超过 28℃时日粮中维生素 A、维生素 E、维生素 C 和维生素 D_3 的浓度增加都有利于减轻热应激，维生素 C 和维生素 E 的添加量为 250mg/kg。需要强调，热应激时增加日粮钙、磷浓度，同时还要考虑日粮的离子平衡，很多报道使用碳酸氢钠有较好效果。

表 10-4 热应激时采食量变化但要保持相关养分采食量不变

采食量/(g/天)	有效磷/(g/天)	Ca/(g/天)	维生素 D_3/(IU/kg)
80	0.52	5.3	4125
90	0.47	4.7	3660
100	0.42	4.2	3300
110	0.38	3.8	3000

关于添加微量元素缓解家禽热应激的研究还较少，有些研究认为在热应激蛋鸡日粮中应补加一些相对缺乏的元素，适宜添加量为：硒 0.33mg/kg、铜 33.3mg/kg、锌 100mg/kg（苗军，2000）。

铬是动物的必需微量元素，其主要生理功能是作为葡萄糖耐受因子(GTF)的活性成分，GTF 具有强化胰岛素的活力，控制血液中葡萄糖水平的作用。补铬可显著提高肉仔鸡在高温应激时的体重，并有改善饲料报酬的趋势。对高温引起的血糖升高有降低作用，可能是增加了组织的葡萄糖利用或降低应激而致的糖异生作用。高温条件下补铬对血清甲状腺素水平有提高趋势，对胸腺和法氏囊的萎缩有缓和趋势，改善因高温引起的体液免疫反应降低，但对胰岛素影响不明显。铬还可能抑制高温引起的蛋白质分解从而缓解高温应激。

10.1.7 热应激时的维生素需要量

热应激广泛影响矿物质元素和维生素的吸收、利用和合成，从而导致产蛋鸡对这些养分的需要发生改变。热应激时家禽对维生素的需要量增加，尤其是维生素 C、维生素 E、维生素 K、维生素 B_{12}、维生素 B_2、维生素 B_6、维生素 A、维生素 B_1 和生物素等，如不及时添加易造成缺乏症，严重影响其生产性能。在饲料中增加维生素用量，可起到缓解热应激、提高采食量、提高生长速度的作用(表 10-5)。

表 10-5 鸡在逆境条件下需要增加的维生素

逆境因素	需增加的维生素	逆境因素	需增加的维生素
入雏至 2 周龄	维生素 A、维生素 D、维生素 E、维生素 C 及 B 族维生素	密集饲养	复合多维
		球虫病	维生素 A、维生素 K、维生素 C
产蛋高峰前后	维生素 A、维生素 D、维生素 C	呼吸道病	维生素 A、维生素 E、维生素 C
强制换羽	复合多维	脂肪肝	维生素 H
强化蛋壳	维生素 C、维生素 D	其他疾病	复合多维
接种疫苗	维生素 A、维生素 D、维生素 E、维生素 C	高温	维生素 C
		寒冷	复合多维

有关增加维生素量的报道很多，研究报道，热应激不影响维生素 A 的绝对摄入量，而维生素 E、维生素 C 和 B 族维生素的变化较大，添加量可调整为正常量的 2～3 倍。

由于热应激机制的许多问题至今未搞清楚，所以还不能从根本上彻底消除热应激，而只能对症下药，以缓解热应激症状。这些添加剂一般应在热应激发生之前开始采用。

维生素 C 是家禽合成应激素-皮质醇的原料，正常情况下，家禽能合成足够的维生素 C 供机体利用。在热应激条件下，鸡肝脏中有关的酶活性明显降低，维生素 C 合成能力减弱，皮质醇的分泌增加更加剧了维生素 C 的不足。因此，有必要在日粮中添加维生素 C 来满足家禽需要。在热应激肉鸡日粮中添加 200mg/kg 维生素 C 后，血浆中维生素 C 含量明显上升，肝脏维生素 C 含量也有升高趋势，可降低热应激鸡血浆中的皮质酮含量，有提高生产性能的趋势，但不明显。在热应激蛋鸡日粮中添加 200mg/kg 维生素 C，可明显提高产蛋率，同时降低硬壳蛋比例和料蛋比。有研究认为，维生素 C 的抗热应激能力受温度限制，当环境温度高于 34℃时，维生素 C 不起作用。维生素 C 可以作为抗氧化剂使用，热应激时日粮添加 300mg/kg 可以起到抗应激作用，提高热应激下的生长性能和产蛋性能。

维生素 E 可调节机体内的皮质醇、甲状腺激素水平，进而调节机体电解质及酸碱平衡，高水平的维生素 E 可降低细胞膜的通透性，减少应激时肌肉细胞肌酸激酶的释放，防止过多的 Ca^{2+}内流而造成对正常细胞代谢的干扰，从而缓解热应激对家禽的影响，保证其正常新陈代谢。针对高温（27℃）、高湿（80%～90%）环境，可在肉鸡日粮中添加 200～300mg/kg 维生素 E。据报道，在热应激状态下，蛋鸡日粮中维生素 E 从 10IU 提高到 3550IU，产蛋率提高了 1.5%～0.5%。

维生素 B_{12} 和生物素：据报道，在热应激蛋鸡日粮中添加 36μg/kg 的维生素 B_{12} 可使产蛋量提高 6.76%，蛋壳破损率下降。热应激时蛋鸡血液中的生物素含量明显增加，蛋黄中的含量明显较高，认为母鸡排出较多的生物素，需特别添加，并建议在日粮中的添加比例为 100μg/kg。另有研究表明，在家禽日粮中添加复合维生素 B 族及维生素 A、维生素 D 可提高肉禽和蛋禽的免疫反应，减轻热应激，提高生产性能。

10.2 夏季鸡日粮的酸碱平衡

10.2.1 热应激下的日粮酸碱平衡

高温应激时，血液中碳酸氢根离子 HCO_3^- 减少，导致 pH 上升。加上醛固酮的分泌增加，加强了保钠排钾作用，使机体内钾的水平下降，影响蛋白质代谢。所以在饲料中添加碳酸氢钠、氯化钾及氯化铵等电解质可减缓热应激造成的危害。

热应激期间，钾、钠、锌和钼随尿排出量的增加，粪中钙、锰、硒和铜的排出量也增加，而镁、磷的储存量减少。在环境温度高于 20℃时，每升高 1℃，饲料中的钙、磷、钠、钾和氯的实际含量应比在 20℃时的需要量增加 1.5%，才能满足机体需要。

在炎热气候中，酸碱平衡的日粮有利于抗热应激。有研究认为把 dEB 值设计为 200～250meq/kg 时最佳。

10.2.2 电解质与日粮酸碱平衡

1) 氯化钾具有维持细胞内渗透压和机体酸碱平衡的作用。热应激时，鸡的肾上腺皮质分泌醛固酮增加，加强了保钠排钾作用，使机体内 K^+水平下降，易出现低血钾。因此，在热应激的蛋鸡日粮或饮水中可添加氯化钾 (KCl) 以补充 K^+。

饲料中含钾量较高，常温下不需补充，但热应激时血钾降低，要在日粮或饮水中补钾。据报道，夏季蛋鸡饮用 0.05%～0.26%的氯化钾水，可降低热应激蛋鸡的冠温、体温和呼吸频率，增加采食量，明显提高产蛋量和蛋重，还有良好的后期效应。当环境温度从 24℃上升到 35℃时，肉仔鸡对钾的需要量会增加 63.3%。为维持热应激时肉鸡血钾与血钙浓度，抑制体温升高，当温度为 26～38℃时，饲料中添加 0.4%～1.0%氯化钾，或在饮水中添加 0.2%～0.4%氯化钾效果较理想。但理论上说，日粮中应该添加某种电解质的量，不是固定不变的，而是随饲料配方而变化的，所以应以日粮酸碱平衡为标准确定电解质的添加量，下面介绍的几种电解质的添加量也存在同样问题。

2) 氯化铵能降低家禽热应激时血液的 pH，减轻呼吸性碱中毒的危害，所以可视为酸化剂。使用酸化剂应对产蛋鸡的热应激，有降低蛋壳质量的风险。对于未成熟的青年鸡，日粮中增加电解质往往有益于抵抗热应激，添加 0.3%以下的氯化铵可以提高热应激青年鸡生长速度，虽然还不清楚这种影响是通过电解质平衡/血液 pH 或刺激了饮水量。在商业条件下，在青年鸡饮水中加入食盐，可以减轻热应激的危害，刺激生长。

据报道，肉仔鸡日粮中补充氯化铵 0.3%或 1.0%，血液 pH 可下降到 7.194，而日增重分别提高 9.5%和 25.0%。氯化铵应用于急性热应激有很好的效果，在慢性热应激下却不适用。在慢性热应激肉鸡日粮中添加 1%NH_4Cl+0.5%$NaHCO_3$ 的效果不如只添加 0.5%$NaHCO_3$ 的效果。

在温度为 32℃、相对湿度为 74%的热应激条件下，在肉鸡饲料中添加 1%氯化氨，增重提高 25%，若同时加入 0.5%氯化钾，增重效果提高 9%。将 5 周龄肉鸡置于 37℃、相对湿度 70%的条件下饲养，在饮水中加 0.2%氯化氨，可使热喘息鸡的血液 pH 恢复正常，若同时在饮水中添加 0.15%氯化钾，肉鸡日增重提高 44.9%。

在日粮中添加 0.5%$NaHCO_3$+1%NH_4Cl，可显著提高蛋鸡产蛋率或肉鸡增重，对蛋壳重也有显著影响，而对采食量无显著影响。也可在配合饲料中加 0.2%氯化钾(KCl)。0.2%的氯化钾再加 0.2%的氯化铵饮水也可提高热应激下肉鸡的成活率和生产性能。有报道，蛋鸡日粮中氯化物和碳酸氢盐的适宜比例为 35∶38。

3) 小苏打是最常用的抗热应激添加剂。家禽没汗腺，高温时只有通过增加呼吸道的水分蒸发来散热。当环境湿度过高时，家禽呼吸频率升高，肺通气量加大，从而增加呼吸道蒸发散发以保持体温恒定。但这样却排出了大量 CO_2，使血中 CO_2 结合量减少，pH 升高。这样家禽就发生呼吸性碱中毒，而 $NaHCO_3$ 能增加血液中 H^+浓度，可作为血液和组织中主要的缓冲物质，减缓呼吸性碱中毒，提高抗热应激能力。

碳酸氢钠作用机制为：①能中和胃酸，溶解黏液，降低消化液的黏度，并加强胃肠收缩，起到健胃、抑酸和增进食欲的作用。②饲料中添加碳酸氢钠，能补充家禽因热喘息(呼出 CO_2 过多)而造成的血液中碳酸盐减少，从而改善机体的钙代谢。③饲料中添加碳酸氢钠能提高磷在蛋禽体内的移动性。为了形成良好的蛋壳，必须使血中维持适宜的磷浓度，碳酸氢钠可使蛋禽血液磷的浓度维持在形成蛋壳所必需的最适水平。④碳酸氢钠在消化道中可分解放出 CO_2，由此带走大量热量，有利于炎热时维持机体热平衡。⑤饲料中添加碳酸氢钠，可提供钠源，使血液保持适宜的钠浓度。

蛋鸡使用效果：蛋鸡饲料中钠在 0.14%～0.28%内、氯在 0.20%～0.24%内，钠、氯比例适宜，产蛋率、蛋重、蛋壳形成和饲料效率等指标都较好。最适肉用鸡饲料矿物质水平，钠为 0.15%～0.20%，钾为 0.80%，氯为 0.12%～0.15%。而使用氯化钠很难使饲料中的钠和氯平衡在上述范围，氯化胆碱用量的提高，更加剧了钠、氯的不平衡。夏季每只蛋鸡每天可在基础日粮(含食盐 0.2%)中添加 0.1～1.0g 碳酸氢钠。气温高于 30℃时可以添加 0.1%～0.5%，注意加后立即喂鸡，同时降低食盐用量。夏季蛋鸡日粮中添加适量碳酸氢钠还可提高饲料中磷的活性，并可提高日粮蛋白质的利用率。

4) 食盐。热应激时应适量增加日粮中食盐的含量。但使用了小苏打后就不必增加食盐量了，相反还要适当减少。具体使用多少食盐要依据日粮的酸碱平衡而定。

10.2.3　有机酸与日粮酸碱平衡

有机酸在家禽体内可氧化成 CO_2 和 HCO_3^-，从而可能缓解呼吸性碱中毒，缓解高温应激对家禽的危害。机体内参与三羧酸循环的延胡索酸、苹果酸、琥珀酸、氨基酸等称为促适应剂，主要用来提高家禽防御能力，使处于应激状态的鸡较好地恢复正常生理状态和维持正常生产水平。目前这类物质的研究报道较少。

1) 柠檬酸在抗家禽热应激上有良好效果。因为柠檬酸在家禽体内被氧化成 CO_2 和碳酸氢盐，它们可作为血液中的缓冲剂，有助于维持血液中 pH 的稳定。高温时在家禽饲料中添加一定量的柠檬酸可防止呼吸性碱中毒的危害，减轻热应激影响。孙小琴等(2000)在高温条件下给蛋鸡日粮添加 0.1%、0.2%、0.3%、0.4%、0.5%的柠檬酸，减缓了蛋鸡热应激，提高了产蛋率和饲料报酬。

2) 琥珀酸盐(又称为丁酸二酯)是一种用法简单、价格便宜、效果良好的抗应激制剂。按 0.1%～0.2%浓度拌料，能使处于应激状态的家禽较快恢复到正常生理状态和维持正常产蛋水平；添加 1%～3%的琥珀酸盐添加剂(含 0.55%～0.65%的琥珀酸盐，以细麦麸作稀释剂)+100mg/kg 的维生素 C，也可获得好的效果。

3) 延胡索酸也是近年来广泛用于集约化养禽业中的一种应激保护剂，它可提高雏鸡成活率和生长速度，增强免疫反应。延胡索酸是一种酸化剂，它可调节鸡体酸碱平衡，防止热应激导致的血液 pH 升高。延胡索酸还有镇静作用，它能抑制中枢神经，减少机体活动，从而减少产热。可在雏鸡或肉鸡日粮中按 0.2%拌料饲喂，或料中加 0.1%的延胡索酸，饮水中加 0.63%的氯化铵。

10.3 抗热应激的添加剂

目前市场上抗应激药物众多，它们的组成大多为电解质、镇静剂、抗生素、维生素、中草药等，作用机制一般为调节热应激导致机体的酸碱平衡紊乱、营养代谢障碍，改善生产性能，降低机体对应激的敏感性。

(1) 酶添加剂

高温环境会影响家禽消化道内各种酶的活性，应用饲料酶制剂可提高能量和营养物质的消化率，并减少排泄物中有机物、氮和磷的排放量，从而提高家禽生产性能。

(2) 糖类

葡萄糖：热应激会增加血液黏度，降低血液渗透压，使家禽体内热的散发受到影响。而在饮水中添加葡萄糖则可缓解热应激对血液性状的影响，改善散热，并能减少血液中的有毒代谢产物。据报道，高温环境中饮用葡萄糖水的肉鸡肛温都要低于自由饮水的肉鸡，并且死亡率显著降低，增重提高。目前一般应用 4%的葡萄糖水为宜。

低聚糖：是目前研究较多的一类绿色添加剂。它们能促进动物生长，增强免疫力，保证动物健康。深入研究表明，低聚糖对于改善热应激情况下家禽的健康状况和生产水平有一定作用。有报道，在热应激期肉鸡日粮中添加低聚糖能显著改善饲料利用率，增加日增重和采食量。

海藻多糖铁：有报道，给饲养于高温环境（35℃）中的肉鸡补充海藻多糖铁，出栏率提高 12%。

（3）抗应激药物

在饲料中添加适量抗生素，如土霉素、环丙沙星、诺氟沙星等，可增强机体对疾病的抵抗力。长途运输后需在饮水中添加抗生素。蛋鸡一定要避免使用以下药物：磺胺类、金霉素、四环素、氨茶碱、疫苗、氨基糖苷粝、雄激素、雌激素等药物，这些药物直接影响产蛋率和种蛋质量。

杆菌肽锌：能抑制病原菌细胞壁的形成，影响致病菌蛋白质合成，并影响某些细胞膜的功能，最终抑制或杀死病菌。它还能改善肠壁结构，使肠壁变薄，从而增加对养分的吸收。此外，杆菌肽锌能增加一些酶的活性，调节机体代谢。杆菌肽锌是目前应用效果良好的抗热应激缓解剂，它的优点在于维持较高采食量。

蛋鸡使用效果：在 34℃环境下的母鸡日粮中添加 100mg/kg 杆菌肽锌可使热应激蛋鸡的体增重、日采食量、饲料利用率、产蛋数和总蛋重提高，死亡率降低，并且能提高蛋壳质量，降低产热量。杆菌肽锌的抗高温作用机制目前还不很清楚。

肉鸡使用效果：有试验表明，在肉鸡日粮中添加 50～150mg/kg 杆菌肽锌可提高热应激肉鸡的生产性能，缓解热应激的不良影响，并以 50mg/kg 剂量添加时作用效果最好。

黄霉素：在家禽日粮中添加黄霉素除能促进生长、增进营养成分吸收、提高饲料转化率之外，还有抗热应激的作用，其作用机制与杆菌肽锌类似。高温时，饲料中添加黄霉素可提高饲料转化率，增加营养物质吸收，从而降低由于高温而使家禽采食量下降的不利影响，防止免疫机能下降，增强抗热应激能力。据报道，高温时向肉仔鸡日粮中添加 5mg/kg 黄霉素，能降低肉鸡死亡率，对提高夏季肉用仔鸡体重和饲料效率有一定作用。

维吉尼亚霉素：添加 15～22mg/kg 速大肥（维吉尼亚霉素）能提高热应激下蛋鸡或肉鸡的生产性能。这是因为促生长剂既改善了机体的免疫应答，又降低了代谢热。

阿散酸：有显著促生长作用，并能提高家禽产蛋率和色素沉积，增强抗病力。研究发现，炎热夏季日粮中添加阿散酸对缓解家禽热应激有一定作用，尤其能提高热应激下蛋鸡和肉鸡的生产性能，添加量为 60mg/kg。但阿散酸有一定毒性，添加时在肉和蛋中有残留。

阿司匹林：有助于鸡体散热，在日粮中加 0.05%～0.15%的阿司匹林可有效地提高产蛋量。

金霉素：夏季在蛋鸡日粮中添加 50g/t 金霉素，可提高产蛋率，并降低破蛋率、软蛋率和料蛋比。

镇静剂：使用镇静剂可降低中枢神经机能紧张度，减缓热应激反应。据报道，在肉鸡日粮中添加 0.1%氯丙嗪与碳酸氢钠及维生素 C，其效果优于只添加碳酸氢钠和维生素 C。利血平(日粮添加 1.6mg/kg)能消耗交感-肾上腺髓质系统的储备，降低儿茶酚胺，从而使体液 pH 稳定和改变二氧化碳分压。安定则有镇静、催眠、缓解焦虑的作用。在饲料中加入安乃近也可减少热应激反应。但国家已不准在蛋鸡饲料中使用镇静剂。

皮质激素：国外还有一种抗应激强效剂，其主要成分是皮质激素，有的还配伍抗生素以防止皮质激素的不良反应。

夏季慎用尼卡巴嗪：尼卡巴嗪又名球虫净、球净，为高效抗球虫药。按 0.0125%的比例添加于日粮中，对鸡和火鸡的柔嫩、堆型、巨型、毒害、布氏等艾美耳球虫有较多的预防作用。但该药的缺点较多，除排泄缓慢，肉中、蛋中残留的时间较长不宜用于肉鸡催肥末期和产蛋鸡的产蛋期外，由于在炎热的夏季可加重鸡的热应激反应而导致大批死亡，故在夏季应谨慎使用。

(4) 天然添加剂

抗热应激除杆菌肽锌允许在常规饲料中使用外，其他抗生素药物应限制使用。饲料添加剂如维生素 C、碳酸氢钠、氯化钾及复合酶制剂等均允许使用，但饲料成本大幅增加。而合理选择天然饲料不会增加饲料生产成本，且不会有药物残留问题。

天然大蒜精油含有丙基二硫化丙烯(约 60%)、二硫化二丙烯(23%～39%)、三硫化二丙烯(13%～19%)及甲基二硫化丙烯等 100 多种挥发性含硫化合物，总含硫量为 35%～45%。研究表明，大蒜素(精油)对多种球菌、痢疾杆菌、大肠杆菌、伤寒杆菌、真菌、病毒、阿米巴原虫球虫和蛲虫均有抑制或杀灭作用，特别是对于菌痢和肠炎有较好的疗效，并有促进采食、助消化、促进产蛋、改善产品风味和防止饲料发霉的作用。另外，大蒜素可与维生素 B_1 结合，防止后者遭破坏，故可增加有效维生素 B_1 的吸收。大蒜素还对动物免疫系统有激活作用。天然大蒜可直接(带皮)在产蛋鸡饲料中按 1%～2%添加，但人工合成大蒜素应经改性(如碘化大蒜素)或包被后使用，才能发挥预期效能。

生石膏研成细末，按饲料总量的 0.1%～1%混饲，有解热清胃火之效。生石膏主要成分为含水硫酸钙，还有微量的铁离子及镁离子，生石膏含硫量约为 18.6%。而煅石膏、熟石膏主要成分为无水硫酸钙，后两者无解热去暑作用，千万不可替代前者使用。试验证明，本品吸收入血后，可抑制神经应激反应，降低血管通透性，故有消炎解热作用。生石膏还可以增加血清中钙离子的浓度，降低骨骼肌的兴奋性，缓解肌肉痉挛，对动物暑热症及热应激症颇为适用。

稀土：在肉仔鸡的日粮中添加 50～150g/t 的稀土，可增强肉鸡体质，提高抗性，饲料报酬明显提高，肉仔鸡日增重可提高 15%以上。

沸石具有吸附、催化及离子交换等作用，还有防止拉稀和发生呼吸道疾病的作用。在 21 日龄后的肉鸡饲料中添加 3%的沸石粉，可使肉鸡增重 11.7%；在蛋鸡日粮中添加 3%的沸石粉，蛋鸡的产蛋率可提高 10%，并可节省饲料。

10.4 热应激的饲料调控

在高温环境下鸡群对能量的需求较低，采食量相应降低，这是生产性能下降的主要原因，所以，调整饲养标准和日粮配方，以保证鸡每日营养摄取量，是极其重要和有效的技术。

10.4.1 调整饲养标准

(1)高温与采食量的关系

环境温度为 18～32℃时，温度每升高 1℃，鸡群采食量降低 1.72%，环境温度上升到 32～38℃时，鸡群采食量下降更快(5%/℃)。高温时将提高日粮碳水化合物含量、增加能量浓度作为采食量减少的补充，对维持蛋鸡高产能力无益，因为加喂碳水化合物反而使产热增加。一种较为理想的方法是用脂肪来代替碳水化合物，因为脂肪热增耗较低，日粮中添加油脂不仅可提高日粮的代谢能值，而且可以改善适口性，促进鸡采食，减少鸡体增热，降低饲料在胃肠道的流通速度，促进营养物质吸收，提高饲料利用效率。日粮中的能量浓度调整应以使热增耗的产生降至最低限度为原则(表 10-6)。

表 10-6 热应激改变日粮对蛋鸡生产性能的影响

时期	日粮类型	21 周龄			33 周龄		
		产蛋率/%	采食量/g	蛋壳厚/μm	产蛋率/%	采食量/g	蛋壳厚/μm
试验前 7 天(18℃)	对照	82	86	21	92	101	24
应激 3 天(35℃)	对照	92	64a	22b	71	50a	35b
	高 CP	90	36c	24a	56	20b	41ab
	高能	94	40c	23ab	60	27b	46a
	高浓度	96	53b	24a	67	28b	37b
应激后 4 天(18℃)	对照	84a	76a	26c	77a	84a	30b
	高 CP	39c	24b	35ab	45b	61bc	41a
	高能	56b	33b	41a	64a	57c	42a
	高浓度	69ab	76a	31bc	67a	73ab	29b

注：不同字母表示差异显著($P<0.05$)

数据来源：Leeson and Summers，2008

(2)增加配合饲料的营养浓度

增加配合饲料的营养浓度是减少暑热时节蛋鸡生产力下降的有效手段。要确保蛋鸡每日最基本营养需要(如 18g 粗蛋白质，275kcal 的能量，360mg 蛋氨酸，720mg 赖氨酸，3.5g 的钙，0.4g 有效磷及必需的维生素、矿物质等)，才可补偿高温应激引起的养分缺乏，在一定程度上缓解热应激的危害。

(3)提高日粮蛋白质水平

由于鸡群对蛋白质和氨基酸的需求与环境温度无关，在热应激时鸡的蛋白质需求不会改变。然而环境温度上升时鸡的采食量下降，所以应提高饲料中的蛋白质水平。而在更高温度下，热应激会直接影响鸡群产蛋率，即使提高蛋白质水平也无法改善，但是高蛋白日粮对维持高温(30～33℃)下的产蛋量有良好作用，能改善鸡蛋品质，并对高温的不良影响有一定缓冲作用。轻度热应激下，提高饲粮蛋白质和钙不能缓解热应激对生产性能的影响，但可增加蛋重。商品饲料的蛋白质水平一般可以从 16.5%调整为 17.5%。

(4)调整日粮的蛋白质和能量比

在热应激时，是否应提高鸡日粮的蛋白质和能量比以保持粗蛋白质的供给量不变？因为高蛋白日粮的特殊动力作用(SDA)十分有害，所以观念不一。有效的做法是不提高日粮蛋白质水平，而提高必需氨基酸的浓度。据报道，蛋氨酸能降低鸡对热应激的敏感性。以玉米–豆粕为基础的日粮需要添加蛋氨酸才能获得较好性能。

(5)提高日粮氨基酸水平

由于代谢蛋白质产生的热增耗远高于碳水化合物和脂肪，提高日粮蛋白质可增加机体内的代谢产热积累。所以添加蛋白质不仅增加饲养成本，在一定程度还加剧了热应激。日粮氨基酸不必通过肠道内蛋白酶的分解就可直接吸收进入机体，可减轻热应激受损肠道的负担，也能迅速补充机体所需。因而多数学者主张用低蛋白日粮同时适当补加必需氨基酸，以保证必需氨基酸添加量，减少蛋白质利用过程中产生的热增耗，保持必需氨基酸的添加水平能够改善肉鸡的生长速度和存活率及舍内氨浓度。

(6)注意日粮氨基酸平衡

日粮氨基酸平衡也受环境温度影响。在适宜温度下，精氨酸/赖氨酸为 1.10 时最佳，而在高温环境中，比例应上调至 1.27～1.37。以可利用氨基酸为标准配制日粮，有利于减轻热增耗的负担。对热应激中氨基酸添加的研究还刚刚起步，缺少成熟的添加方案，有研究发现蛋氨酸、赖氨酸可以缓解热应激，是两种必须添加的基础氨基酸，它们的添加量一般为每天蛋氨酸 360mg、赖氨酸 720mg。

(7)注意日粮的钙、磷平衡

热应激能影响蛋壳质量(蛋壳变薄、变脆)，其原因除蛋鸡子宫碳酸苷酶和维生素 D 活性降低外，蛋鸡血钙降低也是一个重要原因。为保证鸡每天至少摄入 3.5g 钙，可将饲料中钙含量提高到 4%，但要保持钙、磷比例。尽管有报道提高饲粮有效磷可缓解蛋鸡热应激导致的生产性能下降，但是过多的磷会限制骨钙的释放，并抑制含钙碳酸盐的形成，所以过高的磷比低磷日粮更影响蛋壳质量，也影响蛋重。因此要避免日粮中磷过高。例如，热应激(30℃)时蛋鸡采食量是 20℃时的 92%，所以要保持每日钙和有效磷的采食量，应当把它们的浓度提高到 100/92=108.7%，把日粮中钙与有效磷的比例调整到(4.0%～4.5%)：(0.40%～0.45%)较好。

10.4.2 注意饲料原料的使用

调整日粮组成的具体策略如下。

(1)使用油脂作能量原料

脂肪是具有最低热增耗的营养物质，适当调整饲料中必需脂肪酸的比例，采用脂肪替代部分碳水化合物，以增加饲料的能量浓度，提高热应激期间鸡的适应性，可明显改善热应激家禽的生产性能。但在高温时要注意防止脂肪氧化。例如，在热应激鸡群的饲料中，加入 5%的脂肪，采食量便可升高 17%，并且脂肪还可提高营养成分的利用率。一般可减少常规能量饲料用量，适当添加油脂可提高能量摄入量和利用率，加乙氧喹类抗氧化剂可防止脂肪氧化。以必需脂肪酸含量高的油脂为佳。

饲料中多用油脂和氨基酸，组成容易消化利用的高能高氨基酸配合饲料，可减少鸡体热的产生。油脂在鸡日粮中的添加量可达 1%～9%。一般是向饲料中添加 1%～3%的动植物油脂。

(2)注意蛋白质、氨基酸原料

植物源比动物源的蛋白质原料好。热应激时不同蛋白质源的饲喂效果不同，在热应激期间使用植物蛋白质源比使用动物蛋白质源效果好。可以增加日粮中豆粕比例 2%～3%或鱼粉比例 1%～2%，对有异味的肉骨粉、血粉及肠羽粉要慎用或不用。

适当添加氨基酸，尤其是蛋氨酸和赖氨酸。蛋氨基的吸收可降低鸡对热应激的敏感性。玉米□豆粕型日粮需要添加蛋氨酸才能获得较佳的性能。在高温下添加蛋氨酸可使产蛋率和蛋重显著增加，理想饲料转化率时对蛋氨酸的需要量为 0.29g/MJ 代谢能，添加蛋氨酸羟基类似物比添加 DL-蛋氨酸更有效。

注意影响日粮稳定性的物质。高温、水分、腐败的脂肪、微量元素和胆碱等会加速饲料中蛋白质的破坏。要保持饲料中蛋白质的活性，可以使用抗氧化剂和维生素胶囊，或以合适的储存条件储存饲料，或者将胆碱和微量元素单独添加。

(3)注意钙、磷原料

热应激可以抑制钙的摄入及维生素 D_3 的转化。因此在高温环境下，产蛋鸡的钙需求便会升高。所以在夏天，在注意满足鸡群正常情况钙需求(每天每只鸡 3.75g)的同时，应该给鸡群提供牡蛎壳粒或石灰石粒(每天每只鸡 1g)。然而，饲料中过高的钙水平会降低饲料的可口性，从而导致鸡群采食量降低。所以一般是随预期采食量的改变而适当提高日粮钙浓度，保持日进食量钙 3.5g 和有效磷 0.4g；或者将钙单独饲喂，在下午将钙料提供给鸡群，为了提高钙料在肌胃中的保留量，钙粒的尺寸应大于 1mm，且总钙中有 50%以上为颗粒钙源。以较粗颗粒的贝壳粉或粗砂石形式供给钙源，更有益于提高蛋重和蛋壳品质。但是在生产中，增加钙就会影响饲料的适口性，所以高温应激时常采用低钙日粮。另外，在下午 5 时左右单独补喂大颗粒贝壳砂一次，一般每千只鸡每天喂 3～4kg 贝壳砂即可，以提高钙摄入量。

未脱脂脱胶的骨粉含有蛋白质等易滋生病源微生物的养分，夏季温度和湿度常为这些病源微生物的滋生提供方便。

(4)注意离子平衡

热应激期间，尿中钾、钠、锌和钼的排出量增加，粪中钙、锰、硒和铜的排出量也增加，镁、磷的储存量亦减少。在环境温度高于 20℃时，每升高 1℃，饲料中的钙、磷、钠、钾和氯的实际含量应比在 20℃时的需要量增加 1.5%，才能满足机体需要。所以热应激时必须注意日粮的离子平衡。

热应激引起蛋鸡醛固酮释放增加，醛固酮有保钠排钾功能，因此血钾降低，可通过添加氯化钾提高机体钾离子浓度，一般氯化钾的添加浓度为 0.15%～0.30%。另外，热应激或者影响 Mn、S、Se、Co、Mg 等离子的吸收，或者对它们的需要量增加，都应按照日粮摄入量的减少幅度相应提高在饲料中的含量。

(5)少用不含蛋白质和能量的原料

例如，沸石粉、麦饭石粉要少用，添加量不宜超过 3%。

10.4.3 增加维生素供应

热应激时应当提高鸡日粮维生素浓度，有两个理由：一是热应激时鸡的采食量减少，二是热应激时鸡的维生素需要量增加。

在高温时鸡对维生素 A 的吸收也会下降，所以在饲养雏鸡时，人们发现将日粮中维生素 A 的含量升高 3 倍可以有效补充维生素 A。有试验报道，在 32℃高温下在日粮中添加维生素 A 3000IU/kg 和 9000IU/kg，后者采食量、产蛋率和血糖水平显著高于前者，证实高温下提高维生素 A 添加量有助于改善蛋鸡生产性能，维持正常生理状态。

在 32℃以上时，鸡群对维生素 B_1 的需求为 21℃时的两倍。增加维生素 B_6、维生素 B_{12} 等 B 族维生素的添加量，可促进鸡对钙、磷的吸收。有试验报道，在热应激蛋鸡日粮中添加 36μg/kg 的维生素 B_{12} 可使产蛋量提高 6.76%，蛋壳破损率下降。

维生素 C 参与体内多种代谢，是热应激中最为重要的一种维生素，其可以抑制家禽体温上升，增加采食量，还可促进受损组织细胞的复愈，增加骨骼中 Ca 的动员，加强肠道对钙的吸收利用，有利于热应激条件下保持生产，并保证受精率和孵化率不致大幅降低。也有研究认为，维生素 C 抗热应激的能力受温度限制，当环境温度高于 34℃时维生素 C 不起作用。

家禽肾脏可合成维生素 C，正常情况下合成量可满足家禽正常生长发育和生产需要，而高温应激时合成能力降低，必须在饲料中添加。在夏季蛋鸡日粮中分别补充 100～600mg/kg，可提高产蛋量、饲料利用率，明显提高蛋壳厚度，减少破壳蛋、薄壳蛋，改善蛋壳颜色，提高鸡的存活能力。

在急性热应激期间往饲料中添加维生素 C，可确保鸡体稳定地产生皮质酮，从而提供更多为散热所需的能量。热应激时补充维生素 C 能明显抑制体温上升，增加采食量和减轻热应激对代谢的不良影响。由于维生素 C 易被氧化，最好使用外层有保护膜的颗粒制剂。同时添加维生素 C＋微量元素效果更好，但温度超过 34℃时要添加维生素 C 500mg/kg 以上才有效。也可通过饮水补充，每升饮水添加 1g，并不间断供水。

维生素 E 可缓解热应激。维生素 E 抗热应激作用的关键在于它能升高细胞内钙浓度。一般商品肉仔鸡日粮中维生素 E 含量为 20～50mg/kg，而热应激期间，商品鸡饲料中添加 180mg/kg 可显著提高增重和饲料转化率；最大限度维持肉种鸡产蛋量的添加量可达 200～300mg/kg，这一剂量恰好处在改进禽肉品质和加强免疫功能的添加范围之内。在日粮中添加 100～300mg/kg 的维生素 E 能改善家禽热应激的临床症状。给遭受慢性热应激的蛋鸡日粮中添加 500mg/kg，持续 1 周，可明显抑制热应激期间产蛋量的下降，并使应激后的产蛋尽快恢复正常。另据报道，在日粮中添加维生素 E，可以明显降低由大肠杆菌导致的死亡。

在家禽日粮中添加维生素 D 可提高肉禽和蛋禽的免疫反应，减轻热应激，提高生产性能。在日粮中生物素的添加量为 100μg/kg。添加维生素 A、维生素 D_3 可改善机体对钙的吸收。

研究发现，甜菜碱能促进体内高半胱氨酸向蛋氨酸的转化，降低体内高半胱氨酸的含量，减轻其对谷氨酸脱羧酶(GAD)活性的抑制，最终使中枢抑制作用加强，使家畜在应激情况下保持安静，减少产热，缓解应激危害。此外，甜菜碱还能保护肠道营养吸收功能，提高恶劣环境下的饲料转化率。国外研究发现，14～

21 日龄的肉鸡在热应激并且受到球虫攻击的情况下，饲喂含甜菜碱的日粮能显著增加肉鸡的体重，降低体温。

10.4.4 调整微量元素供应

(1)一般微量元素

在热应激蛋鸡日粮中应补加一些相对缺乏的元素，适宜添加量为：硒 0.33mg/kg，铜 33.3mg/kg，锌 100mg/kg。也有报道，热应激时在日粮中补充阿司匹林、锗、碘。

研究发现，使用抗氧化微养分(维生素 C 1000mg/kg、Se 0.3mg/kg、Cu 40mg/kg、Zn 85mg/kg)起到抗氧化保护作用，可有效地缓解热应激，提高产蛋率和饲料报酬，改善蛋壳品质。

(2)有机铬

铬与烟酸、甘氨酸、谷氨酸、半胱氨酸等一起组成了葡萄糖耐受因子(GTF)，GTF 是一种具有类似胰岛素生物活性的有机螯合物，它对调节三大营养物质代谢有重要作用。

铬对缓解应激危害有重要作用。应激导致动物糖代谢、矿物质代谢紊乱及糖原降解和异生作用加强，而葡萄糖利用的加强会导致组织铬动员加强，并最终通过尿排出体外，因此补充铬会提高动物的抗应激能力。热应激情况下补饲铬可加强葡萄糖的利用，有利于缓解高温应激所致的免疫系统的不良反应，缓解胸腺和法氏囊因高温所致的萎缩。此外，铬还可改善应激动物免疫功能并抑制皮质激素分泌，防止高温导致的皮质激素分泌增加。

三价铬可改善热应激产蛋鸡蛋黄颜色和蛋壳质量，降低血清甘油三酯含量，提高热应激产蛋鸡的细胞免疫功能和血清碱性磷酸酶(AKP)活性。热应激产蛋获得最佳蛋壳品质及细胞免疫功能时的饲粮铬添加水平至少为 10.0mg/kg，而获得最佳蛋黄颜色、最大血清 AKP 活性和血清甘油三酯降至最低时需添加的铬水平为 2.0mg/kg。给饲养于高温环境中的鸡补充吡啶羧酸铬，可提高鸡日增重 5%，降低因高温引起的死亡率 50%以上。

呙于明 (2011)报道，在日粮中添加 0.4mg/kg 酵母铬可以在一定程度上提高肉仔鸡的生产性能并加强其免疫力。

(3)硒

补饲微量元素硒可收到与维生素 E 相似的抗应激效果。硒抗热应激作用的机制是：高温时，家禽在热应激刺激下，产生自由基(包括大量的能损害细胞膜的氧自由基)，而谷胱甘肽过氧化物酶(GSH-PX)存在于细胞液中，能中和穿过细胞膜进入细胞液的自由基，防止有害自由基对不饱和脂肪酸的氧化。细胞膜上的自由基则由位于膜上的维生素 E 来清除。

10.4.5 控制电解质/缓冲因子

(1) 日粮中添加碳酸氢钠

用碳酸氢钠(小苏打)代替日粮中的部分食盐，有利于鸡体内热的散发和促进鸡体增重。在日粮中添加 0.5%的碳酸氢钠或 0.3%～0.5%的氯化钾(或沸石钠)，可以减轻由热应激引起的碱中毒。在高温环境下，碳酸氢钠可以提高饲料和水的摄入量。当温度从 25℃上升到 38℃时，钾的需求量也会上升。在较热的环境条件下，每只鸡每天需要的钾为 1.8～2.3g。

(2) 日粮中添加稀土

夏季在鸡日粮中添加 50～150mg/kg 的稀土，可增强鸡的体质，提高抗性，饲料报酬明显提高。

(3) 增加日粮中的电解质

本章介绍的各种调整日粮电解质平衡的技术都可使用，而且很有效。添加办法是：当温度超过 20℃时，每升高 1℃时，日粮中的电解质(钠、钾和氯化物)可增加 1.5%。要注意，过多的氯化物会降低血液中碳酸氢盐的浓度。在发生热应激时，鸡群会通过水分的代谢来保持体温，这样就导致水需求升高。所以将电解质(和维生素 C 一起)加于鸡群饮用的冷水中最好。

(4) 使用抗热应激添加剂

夏季在鸡日粮中使用本章介绍的抗热应激添加剂是非常有效的手段。例如，在饲料中添加延胡索酸 0.1%或维生素 B_{12} 和维生素 C 0.05%，杆菌肽锌 50～100mg/kg 和氯化铵 0.15%，小苏打 0.2%，能抑制中枢神经活动，明显提高鸡抗热应激能力。

10.4.6 热应激下营养调控技术要点

日粮改变对鸡有很大影响。配方师通过操纵鸡的日粮以缓解热应激，需要考虑到日粮变化本身在一定条件下可能是有害的。热应激下改变鸡的日粮可能是另一种应激，可强化任何代谢失衡的效应。例如，据报道，增加日粮脂肪 4 天引起体温上升可能导致死亡。为此，Leeson 和 Summers(2008)建议在 36～40℃的极端热应激条件下，不改变日粮，以避免变换日粮可能导致的热衰竭死亡。作者认为，热应激的到来是可以预见的，所以可以提前考虑，在炎夏到来时逐渐改变日粮，以避免日粮突变带来的应激。

1) 不养体重过轻的小母鸡。它们采食量低、体脂肪储备少，不能满足整个产蛋高峰期间的能量负平衡需要。

2) 日粮能量水平最低为 2850kcal/kg，最好掺入油脂，限制粗纤维水平。

3) 降低粗蛋白质水平（CP 最高 17%），保持每日 420mg 蛋氨酸、820mg 赖氨酸和 660mg 苏氨酸。

4) 根据饲料摄入量的预期变化增加维生素和矿物质的浓度。保持每日钙摄入量 4.2g 和有效磷 400mg。

5) 为提高蛋壳质量，考虑使用碳酸氢钠。注意总钠的摄入，确保日粮离子平衡。

6) 使用补充维生素 C 和维生素 E 各 250mg/kg。

7) 增加每天的喂料次数，尝试给予冷水。

8) 饲料粉碎颗粒粗些。

11 鸡蛋质量的营养调控

现代集约化养鸡，蛋壳品质已成为鸡场经营者密切关注的热点问题。如何评价鸡蛋的品质好坏，最直观的就是看蛋壳，蛋壳好坏直接影响鸡蛋价格、储存、运输，甚至会影响到种蛋孵化率。

市场上高附加值的药物鸡蛋不断增多，上市品种有 70 多个，其中高碘蛋已成为国内外食品卫生部门的特许产品，市场前景看好。目前的产品可分两大类，一是强化营养蛋，这是在饲料中添加了特定的高养分后转化的蛋，具有独特营养功能；二是调节机能蛋，它在生产上与强化营养蛋的方法基本类同。

本章主要介绍设计普通蛋鸡饲料配方时需要考虑的影响鸡蛋质量的一些营养问题。

11.1 蛋的形成与鸡蛋品质

鸡蛋是在母鸡生殖器官中形成的，蛋的形成过程大约需要 25h。蛋鸡体内的多个器官和组织共同将饲料转化成为鸡蛋中所含的各种物质。

(1) 卵巢

母鸡生殖器官由卵巢与输卵管组成。与大多数动物不同，母鸡只有一个功能卵巢(在左侧)，位置在靠近脊柱的体腔内。刚孵化出时，雌雏体内已有 4000 个小的卵细胞(生殖细胞)，其中一部分将在母鸡成熟时发育为完整的卵黄。每一个卵黄(卵细胞)都包裹在一层薄薄的囊里，也称为滤泡，连接在卵巢上。滤泡上有丰富的供血。

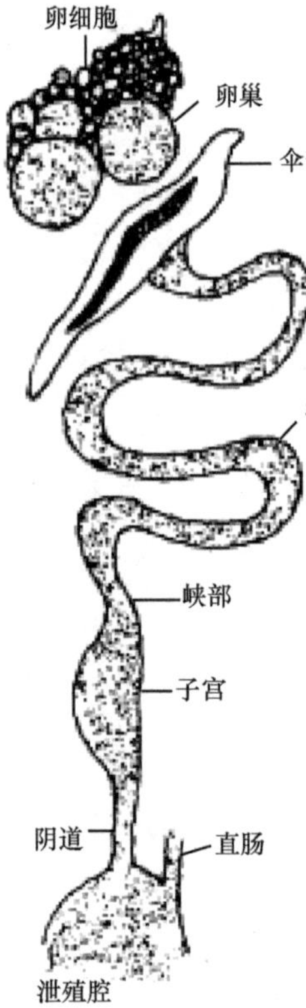

图 11-1 蛋鸡生殖系统

鸡蛋中有 1 个很小的卵细胞，大小与哺乳动物卵细胞相当。鸡蛋中的卵细胞被蛋黄、蛋白、壳膜、蛋壳和油质层所包围，除卵黄在卵巢中形成外，其余部分都是在输卵管中形成的。母鸡本来左右两侧都有卵巢和输卵管，但在胚胎发育过程中右侧退化，仅左侧得到充分发育并具有功能(图 11-1)。在左侧卵巢中有许多发育阶段不同、大小不等的卵泡，分别为初级卵泡、生长卵泡和成熟卵泡，即通常说的蛋黄。卵泡外面有一层卵黄囊，当卵泡发育成熟后，卵黄囊破裂，卵泡掉入输卵管的漏斗部，这个现象称为排卵。成熟卵泡破裂，排卵一般发生在产蛋后 15～75min。这里有两点要加以说明，卵泡与卵细胞是两个概念，卵细胞很小，属于卵泡中的一部分。排卵与产蛋是两个概念，排卵仅指卵泡落入输卵管，产蛋则是整个完整蛋的产出。

(2)输卵管

输卵管是 1 个长而弯曲的管道，蛋黄(卵泡)从中通过，蛋的其余部分皆由输卵管分泌。输卵管主要包括漏斗部(伞部)、膨大部(壶腹部)、峡部、子宫部和阴道部。当滤泡破裂时，成熟的卵黄落入左侧输卵管的伞部漏斗状口(右侧输卵管无功能)。左输卵管呈盘绕褶皱状，约 80cm 长，共分为 5 个不同的部分，各有特定功能，其功能如表 11-1 所示。

表 11-1　母鸡输卵管各部分的功能

输卵管部分	鸡卵细胞停留大约时长	该输卵管部分功能
伞部	接受约需 15min，通过约需 20min	接收从卵巢落出的卵黄。如果有活精细胞，则在此处完成受精(商品鸡蛋不受精)
壶腹部	3h	分泌蛋白并包裹在卵黄外面
峡部	60～75min	添加内外壳膜及一些水和矿物质盐类
子宫(卵壳腺)	21h	先吸收水分，使外部蛋白变稀。然后再加上蛋壳矿物质(主要为碳酸钙)，形成蛋壳外胶膜，同时还可能分泌色素使蛋壳呈褐色
阴道(泄殖腔)	1min	蛋产出时经过该部，在蛋形成方面无其他已知功能

漏斗部：因其形状而得名，也有人称喇叭管。性成熟的母鸡漏斗部长度约为 9cm，漏斗部接受排出的卵约需 13min，蛋黄在此停留仅 15min，然后由于输卵管的蠕动而下行，通过漏斗部约需 20min。正常的漏斗部应能接收所有落入体腔的蛋黄，但有个别鸡的漏斗部功能失调或在排卵时受到惊吓，蛋黄没有接入输卵管而留在体腔。这种鸡称为“内产鸡”，常有一种类似企鹅行走的直挺挺姿势。遗落在体腔内的蛋黄可被机体几天内吸收干净，也有部分鸡吸收不干净形成腹膜炎。

膨大部：膨大部是输卵管中分泌蛋白质的部分。一般母鸡该部长 33cm 左右，形成的蛋通过该部约需 3h。鸡蛋中蛋白可分为 4 个部分，它们分别是：①系带，占蛋中蛋白质总量的 2.7%，它从蛋黄相对两端伸出，穿过蛋白部，由于两个系带扭曲方向相反，故可使蛋黄保持在中央位置；②内稀蛋白，占蛋中蛋白质总量的 17.3%；③浓蛋白，占蛋中蛋白质总量的 57%；④外稀蛋白，占蛋中蛋白质总量的 23%。这 4 个部分都在膨大部产生，但外稀蛋白要在蛋达到子宫部吸收水分后才最终形成。

峡部：峡部顾名思义是个相对较窄的部分，通常母鸡该部长 100mm，蛋通过这部分的时间是 60～75min。内、外壳膜就在此形成，这时蛋有了初步的外形，由于内、外壳膜的分离形成气室，气室大小可作为蛋新鲜程度的标志。内、外壳膜还有屏障作用，防止外界微生物侵入和蛋内部分水分过快蒸发。

子宫：鸡的子宫实质是个蛋壳腺，蛋壳最终在此形成。一般产蛋鸡子宫长 100～120mm。依光照程序不同，形成的蛋在此停留 18～21h。蛋壳的最外层有一层油质，也是子宫分泌的，它在蛋产出时起润滑剂作用，产出后可封锁住蛋壳上的大部分气孔，防止水分与空气交换过快，也有助于防止细菌侵入。

阴道：产蛋母鸡阴道长约 120mm。对于蛋形成不起作用。

泄殖腔：蛋在产出前的停放处，通常很快可产出，但某些情况下可存放几小时。

鸡蛋在产出前要反转方向，即由原来的小头朝前转为大头朝前，最后大头先产出。鸡蛋产出前在子宫内大小头翻转符合流体力学原理，大头在前便于产出，读者想想天上鸟的体型，水中鱼的体型即可明白。

1 个成熟的卵子从开始排卵到形成 1 个完整的鸡蛋产出，一般需要 24～25h，每个蛋的产出时间会逐日延迟，最后因突破正常节律而跳过 1 天再次排卵，形成 1 天的休产日。

(3) 蛋的质量指标

蛋的质量指标包括外部质量和内部质量两方面，受日粮、环境、遗传和健康的影响。我国鲜蛋分级标准是根据蛋壳、质量、气室、蛋白、蛋黄和胚胎状况等质量指标来分级。具体可见国家《鲜蛋卫生标准》(GB 2748—2003) 和《无公害食品鲜禽蛋》NY5039—2005。

生产者与消费者对鸡蛋质量的判断以蛋黄颜色为最重要的蛋质性状。鸡蛋与肉鸡的感观指标如蛋黄色泽、肉鸡脚胫与皮肤颜色在很大程度上会影响消费者的购买。学界常用的鸡蛋质量指标主要包括以下三个方面：一般质量指标即蛋形指数、蛋重、蛋的比重；蛋壳质量指标即蛋壳状况、蛋壳相对重、蛋壳颜色和厚度、蛋壳强度；内部质量指标即气室高度、蛋黄指数、哈夫单位、血斑和肉斑率、蛋黄色泽、内容物的气味和滋味、营养物质的含量等。

11.2 饲料营养对蛋壳品质的影响

营养因素导致蛋壳颜色变浅或强度不足往往不仅是因为配方营养含量不够，还因为采食量不足。由于饲料原料涨价，饲料厂家激烈竞争，按正常饲养标准配制的蛋鸡料已无赢利，为保持每吨料的利润，配方营养水平已低到极限。气温较低时，蛋鸡可通过调整采食量来满足其营养需求，但在气温很高的夏季，这种调节机制就不可发挥作用，导致每天蛋鸡采食的养分不能满足需要。所以，普遍性的蛋壳变白或强度不足常发生在气温炎热的夏季，冬季很少发生。

维生素、钙、磷、锰等微量元素不足或过量或突然变换不同厂家饲料及饲料发霉变质等均可引起蛋壳质量下降，产软皮蛋、沙皮蛋、畸形蛋等。

(1)钙对蛋壳质量的影响

饲粮钙、磷含量，钙、磷比例和利用率，钙、磷来源和颗粒大小，维生素D等都可影响蛋壳质量，特别是蛋壳厚度、强度和光洁度。所以一切影响钙和磷的供给、消化吸收和代谢的因素都可影响蛋壳质量。遗传、环境温度和母鸡年龄等，以及新城疫、支气管炎和减蛋综合征等疾病都可改变蛋壳质量，这些因素都不是饲料原因。因此仅仅依靠提供高水平的钙、磷不一定能改善蛋壳质量。

钙决定蛋壳厚度和强度。重58～62g的鸡蛋，蛋壳重7～7.63g，其中碳酸钙约占94%，所以该蛋壳含碳酸钙6.58～7.17g，碳酸钙含钙36%左右，由此可得该蛋壳含钙2.3～2.58g。这期间，食入钙转化为蛋壳钙的效率约为58%。因此，加上维持需要、蛋内容物含钙等，成年母鸡每产一枚蛋需要食入4.4g钙或每天采食3.96g钙。蛋鸡如果不能从饲料中摄取足够蛋壳形成所需的钙，往往需动员骨组织中的钙。当产蛋鸡饲料中的钙为3.6%时，蛋壳中80%的钙由饲料提供，20%的钙由骨组织提供，这时蛋壳质量较好。

我国蛋鸡饲养标准中钙的用量按产蛋率的高低而有所变化，产蛋率在 65%以下时，饲料中钙的含量为 3.0%，产蛋率在 65%～80%时为 3.25%，产蛋率高于 80%时为 3.50%。

饲料配方的钙水平一般在3.2%～3.5%，高温或产蛋高峰(产蛋率达85%以上)时，钙水平可提高到3.6%～3.8%，40月龄后可取高值；产蛋量小于60%时需要钙量为3.0%。饲喂低钙日粮(含钙1.5%～2.0%)2天内蛋壳质量下降，蛋壳厚度和强度均降低，蛋壳变薄，产软壳蛋、砂壳蛋甚至无壳蛋，且产蛋率下降，鸡啄食并吃掉蛋壳。高钙日粮(含钙>4%)可以在短期内改善蛋壳质量，但其适口性差，鸡采食量下降，干扰磷、锌、铁、锰等元素吸收，造成母鸡大量脱肛，还可因适口性差而降低采食量，影响产蛋性能，而且很可能导致鸡内脏型痛风病，影响蛋壳质量和产蛋率。

蛋壳质量出现问题时通常考虑的第一个养分就是日粮钙浓度或颗粒大小是否合适。如果蛋鸡不能得到足够数量的钙，蛋壳质量会立即下降，如果严重不足，往往停止产蛋。钙的边际缺乏，通常是持续排卵，这时鸡体分解髓骨存储的钙。全髓骨钙储量是有限的，所以在轻微钙缺乏下生产 3～4 个蛋后，会导致鸡瘫痪。

日粮中钙含量减少，蛋鸡会在 1～2 天内增加采食量，随后采食量下降，同时合成鸡蛋的能量和蛋白质需要量也下降。高水平的氯离子(0.4%～0.5%)可加剧钙缺乏的效果，这时喂碳酸氢钠效果更好。如果鸡群喂以缺钙日粮后改换钙浓度合适的日粮，产蛋鸡和蛋壳钙恢复正常需要 6～8 天，瘫痪的母鸡腿部骨骼完全恢复需要 3 周。蛋鸡缺钙时肾上腺增大，这在传统意义上就是应激。

据报道，饮用含盐量高的水时，蛋壳厚度下降达 10%，饮水含盐 250mg/L 时发病率增加一倍。如果母鸡每天消耗 100g 饲料和 200mL 水，那么，250mg/L 的含盐浓度仅提供 50mg 的盐，而通过饲料采食的盐约 400mg。从咸水摄入的盐相对于总摄入量好像很少，但是仍然会导致蛋壳质量问题。看来，盐水会限制碳酸氢根离子供应到壳腺，作用途径是降低了在壳腺黏膜的碳酸酐酶的酶活性。然而，目前还不清楚为什么盐水有此效果，尽管绝大多数盐是饲料提供的。目前还没有发现有效的方法来纠正这种蛋壳质量的损失，虽然新鸡群可以通过在饮水中添加 1g 维生素 C/L 最小化这种不利影响。

母鸡一年产近 300 枚蛋，必须向蛋壳中沉积超过骨骼 24 倍以上的钙。在 20h 蛋壳形成过程中，母鸡每 15min 必须沉积 25mg 钙到蛋壳表面。

蛋壳含的钙主要来自饲料，其中一部分是来自髓骨。蛋壳形成的最活跃时期通常是光周期的暗期，这时鸡不采食。在产蛋周期 24h 的第一个 6h，几乎没有蛋壳沉积。这是蛋白和壳膜分泌的时间，以及髓质骨沉积钙的时间。6～12h 约有 600mg 的钙沉积，而最活跃的时期是 12～18h 期间，有 800mg 左右钙沉积。其次是在最后的 6h 约 600mg 的钙沉积，总共约沉积 2g 钙(这取决于蛋大小)。

蛋壳钙化主要是在晚上，所需要的钙一部分来自髓骨储量。总骨髓钙储量可能小于1g，提供给每个蛋壳的不到0.1g(假定蛋壳含2g的钙)，但几乎每天在蛋壳形成过程中都有髓骨中释放的钙，这个过程在现代蛋鸡中必不可少。髓骨由磷酸钙组成，所以髓骨释放的用于合成蛋壳的钙与类似释放的磷相关。

钙来源不同，其利用率也不同，来自海产动物壳是鸡蛋壳沉积最好的钙源，无机来源文石最好，其次是普通石粉。贝壳粉与石粉两种钙质饲料对维持蛋壳品质效果基本相同，前者略优于后者。白云石作钙源时，因含镁太高，降低蛋壳强度。磷酸钙中含氟和矾等杂质时不宜用于蛋鸡饲料，使用骨粉时则应注意脱氟。使用钙源时还应注意镁及重金属的污染问题。尤其是使用石粉时，颜色浅的石粉比颜色深的好。

产蛋鸡日粮中除含足量钙之外，钙源的颗粒度和溶解度对蛋壳质量也有影响。钙在母鸡消化系统中的溶解速度变异很大。细粒状牡蛎壳具有良好的酸溶解度(77%)，比重略大于玉米-豆粕型日粮，是配合饲料优良的钙源，但是牡蛎壳的成本远高于石灰石粉。大颗粒性石灰石不仅酸溶解度低，而且密度比饲料大很多，日粮中不宜添加，80 目的石灰石粉酸溶解度为 88%，同时比重低，与牡蛎壳的实用性接近。当石灰石颗粒大于或等于 1mm 时，就会停留在消化道上部很难溶解。

对于高产蛋鸡，如果日粮中钙不足，可在傍晚单独补饲小颗粒钙。这些钙被吸收到血液中直接用于形成蛋壳，不必先沉积于骨髓中，因此利用率高，有利于改善蛋壳质量。

利用颗粒石灰石(灰岩)或牡蛎壳使得鸡能够在一定程度上选择营养。在钙需求的高峰期恰逢蛋壳钙化，一般是在傍晚开始。如果给母鸡选择的机会，母鸡会自主采食更多的钙。事实上，蛋鸡一般在傍晚大量采食，最可能的原因就是为了大量采食钙源。

蛋壳质量在很大程度上依赖于鸡的骨骼状况。患软骨病的鸡的蛋壳总是很薄。

钙源粒度、溶解度、供给方式影响蛋壳质量。饲料中钙源一般选用石粉与贝壳粉，钙源粒度过细，通过消化道时间快，钙在消化道内存留量较少，不能满足夜间蛋壳形成所需的钙，一定量的大颗粒钙源则可满足蛋壳形成所需钙质。据报道，粒度大小以混合使用时(即 75%的 68 目、12.5%的 10～12 目与 12.5%的 50 目石粉)破蛋率最低，蛋壳强度最大，且以石粉与贝壳比例为(1～2)︰3，在下午 4 时后补给效果更好，因为此时补充的饲料钙经小肠吸收后直接进蛋壳腺形成蛋壳，蛋壳沉积最多，而不必沉积于骨中后再动用。据笔者经验，蛋鸡日粮中添加大理石钙源的颗粒为 1～3mm 时，蛋壳质量和生产性能都很好。

大颗粒的牡蛎壳粉和石灰石预计会比较难溶，所以能够在消化道内保持较久，有望在鸡群不进食的黑暗时期提供合成蛋壳的钙源(表 11-2)。大颗粒的石灰石饲喂后 12h，鸡砂囊(胃)中存留的钙比小颗粒的多 1 倍，牡蛎壳粉与大颗粒石灰石溶解度相同。饲喂大颗粒石灰石可能有助于增加髓骨内钙的数量和活性，大颗粒石灰石的唯一缺点是饲料加工中机械磨损严重。

表 11-2　不同钙源的溶解度

描述	颗粒大小/mm	相对溶解度/%
细粉	＜0.2	100
中等颗粒	0.2～0.5	85
粗颗粒	0.6～1.2	70
较大颗粒	1.3～2.0	55
母鸡用大颗粒	2.0～5.0	30
牡蛎壳粉	2.0～8.0	30

数据来源：Leeson and Summers，2008

天然植物性饲料原料中的钙利用率很低。钙质石灰石、石膏、牡蛎壳粉、脱脂奶粉、霞石和大理石粉中的钙利用率很高，但是白云石灰岩中的钙利用率仅 50%～75%。0.5mm 以下颗粒大小好像影响钙利用率。

(2) 磷对蛋壳质量的影响

蛋壳中含磷 0.11%左右，约 20mg，主要决定蛋壳弹性和韧性。蛋黄中含磷 130～140mg。日粮中有效磷含量应维持在 0.35%～0.4%。虽然蛋壳中磷的含量不高，磷也并不为蛋壳形成直接所需，但却是为补充骨髓中钙所必需，对于减少蛋的破碎率有重要作用。

产蛋鸡对磷的需要很敏感，高水平的磷会阻碍骨钙的重吸收作用，干扰钙从骨骼中脱出进入血液，影响蛋壳形成，比磷缺乏的后果更严重。尤其在产蛋后期，磷水平应该下调，因为产蛋后期，磷的需要量降低(40 周龄以后机体组织生长基本完成)，同时老龄鸡自身对植酸磷的利用率也有所增加。当日粮中磷含量超过生理需要量(0.45%)时，蛋壳质量下降。

低磷对蛋壳品质有利，磷过低则降低产蛋性能，日粮含磷量低时，一般在几周内对产蛋量及蛋壳质量影响不显著，但长期缺乏会导致蛋壳质量下降，引起笼养鸡疲劳症，产蛋量下降。一般蛋鸡日粮含总磷 0.5%～0.65%、有效磷 0.3%～0.45%时蛋壳强度较好，有效磷为 0.3%～0.35%时对产蛋率和蛋壳质量效果最佳。通过添加植酸酶来降低日粮磷水平时必须注意确保精确添加植酸酶。有效磷可减少 20%，如 0.5%磷的植酸磷，0.4%可以被植酸酶利用。

最大限度地降低日粮磷的含量有利于维护蛋壳质量，特别是在热应激条件下。由于磷是非常昂贵的养分，因此不经常遇到因为日粮磷浓度过高而导致的问题。周期性发生的蛋壳质量问题可能是日粮营养出了问题。例如，钒污染的磷矿会导致蛋壳结构异常；某些杂草种子，如山黧豆属物种，可导致蛋壳腺功能紊乱。

据报道，日粮中非植酸磷为0.15%时，增加死亡率和降低产蛋率；日粮中非植酸磷降低至0.20%(288mg NPP)，对产蛋率、蛋磷、幼雏质量无不良影响；当非植酸磷低于0.25%(NRC，1994)时，种鸡骨骼质量会受影响；磷的排泄和日粮的磷含量呈线性关系；日粮含磷低至0.15%时，20～40周龄期间死亡率增加、产蛋率降低。尿中磷和钙占矿物质总排泄物的18%和9%，磷的存留受种鸡年龄(骨骼状态)、非植酸磷水平和石粉颗粒大小影响。

精确给予标准总肠道可消化(the standardized total tract digestible，STTD)磷需要量可降低鸡群磷排泄量(表 11-3)。

表 11-3　日粮有效磷对青年蛋鸡发育和粪便磷排放的影响

有效磷/%			体重/g		饲料采食量/ kg	胫骨灰分/%	粪便 P/(g/kg)
育雏期	生长期	成熟期	6 周龄	18 周龄			
0.40	0.35	0.30	345	1210	5.94	50.7	28
0.30	0.25	0.20	340	1260	5.98	49.3	24
0.20	0.15	0.10	330	1200	5.85	48.8	18

数据来源：Blai Keshavarz，2000

磷在天然饲料原料中的存在形式可影响其利用率。在一般谷物、谷物副产品和油料籽实的饼粕中，60%～75%的磷是有机结合状态的植酸磷(phytate 或 phytin-p)，鸡的利用率很低。谷物中磷的利用率变化范围很大，玉米中磷的利用率不足 15%，小麦中的磷大约在 50%。小麦和小麦副产品中磷利用率较高的原因是，小麦中存在天然植酸酶。高湿的玉米或高粱中的磷利用率更高，低植酸玉米中的磷利用率相对较高(77%)，其他低植酸谷物中的磷也可能利用率较高。

油籽饼粕中的磷利用率很低，而动物性蛋白质原料中的磷是无机磷，这些磷的利用率较高，包括奶和血液副产品中的磷。骨粉和肉粉中的磷利用率变化较大。有报道，蒸汽制粒能提高磷利用率，也有报道不能。

在高植酸谷物-油籽饼粕日粮中添加微生物植酸酶可巨大地改进植酸磷利用率，所以能降低日粮磷水平，由此可降低磷排泄 30%～60%。日粮中添加微生物植酸酶的效果受日粮中可利用磷含量、总磷含量、植酸酶添加量、钙磷比(或钙含量)和维生素 D 水平的影响。微生物植酸酶还可改进钙、铁和锌的利用率，还有报道其可改进日粮蛋白质消化率。植酸酶把植酸复合物中的锌释放出来，使得矿物质如铜的需要量增加。日粮制粒可降低或破坏植酸酶活性，因为制粒是高温过程。当制粒温度超过 60℃时植酸酶活性受损失，由此降低钙、磷消化率。

无机状态的磷其利用率不同。磷铵、磷酸钙和磷酸钠中的磷高度可用，蒸制骨粉中的磷利用率低于单磷酸二钙中的磷，脱氟磷酸石中的磷利用率一般低于磷酸二氢钙和磷酸钠中的磷，但受来源和加工影响。磷酸钙中的磷因氢化程度和形式而异。高氟磷酸盐石、软质磷矿石、胶质黏土中的磷利用率很低。

(3)微量元素对蛋壳质量的影响

生产者和消费者最关注的鸡蛋品质是蛋重、蛋壳品质、蛋黄颜色和功能特性。

缺锌和缺锰都会使蛋壳发白，植酸或钙含量过高时锌的吸收明显受到抑制，继而影响到蛋壳质量。鸡对锌的需要量随日粮中钙的增加而增加，同时日粮中的植酸加剧了锌的消耗，植酸往往与锌螯合成为难以利用的螯合物。在玉米-豆粕日粮中，满足锌需要的浓度为 40～60mg/kg。氧化锌和硫酸锌是最常见的两种锌源，但氧化锌在青年鸡中的利用率只有硫酸锌的 40%，有机锌更有利于提高碳酸酐酶活性和蛋壳质量。

据报道，饲喂蛋氨酸锌可克服饮用盐水对蛋壳质量的不良影响。有研究表明，高温下每千克日粮添加 500mg 蛋氨酸锌可显著改善蛋壳强度，达 1000mg/kg 时还可显著提高蛋壳重。高剂量锌降低家禽食欲，可用于老龄鸡的强制换羽和产蛋停止。

锌只有和锰同时添加到蛋鸡日粮中才有效。在高钙饲料中添加有机锌和锰，其生物利用率高，可显著改善蛋壳质量，在夜间饲喂可保证消化道持续释放钙，从而提高蛋壳质量。在炎热季节，夜间饲喂可防止蛋壳质量下降。缺锌母鸡所产的蛋孵化率低，鸡胚发育受阻，死亡率高。高锰抑制锌的吸收。钙与无机锌拮抗，高钙干扰锌的吸收。

日粮含锰降低到 7mg/kg，不论饲料中钙磷含量多少，都会引起蛋壳质量下降。低锰对蛋重无影响，但使蛋壳单位面积重下降、产有瘢痕的蛋、裂缝蛋比例上升、蛋破损率提高。锰对蛋壳和蛋黄品质都有影响。锰不足则产蛋量和孵化率降低。一旦缺锰，会长时间影响蛋壳强度，即使在日粮中连续 8 周补充至少 100mg/kg 的锰，也不能改善蛋壳强度。对小母鸡提供锰量的多少可直接影响到将来的蛋壳质量，但如果缺锰日粮不是持续至开产前，蛋壳形成就不会受影响。据报道，当日粮中锰添加 55～60mg/kg 时，蛋壳质量最佳。

锰和锌在体内代谢关系密切，用高锰(100mg/kg)日粮喂鸡可防止蛋破裂，但是过高的锰抑制锌吸收，也影响蛋壳质量。家禽对锰的需要量比哺乳动物高，这是由于家禽对锰的利用率较低，且在体内的沉积率较低(随胆汁排出)。锰的需求量与锰的天然拮抗物如植酸、纤维、钙有关。一般玉米-豆粕型日粮中锌和锰的水平为 50mg/kg 和 25mg/kg 时蛋壳质量较好，蛋壳厚度虽不增加，但蛋破碎率低，便于储存运输。

高锰对蛋壳质量的影响争议较大。一些研究者认为饲料中含锰过高会影响钙吸收和代谢，对蛋壳形成产生不利影响，当饲料中添加 180mg/kg 的锰时，则破蛋率和软壳蛋率增加。高钙高磷日粮可在肠道内形成磷酸钙沉淀，吸附锰并随粪便一起排出，从而影响蛋壳质量，使蛋壳变薄发白。

有机微量元素既可以通过促进蛋壳碳酸钙晶体的沉积来促进蛋壳钙化，从而调控蛋壳品质；又可以通过促进蛋壳基质蛋白的合成来调节蛋壳质量(许甲平和赵菲，2014)。

(4)维生素对蛋壳质量的影响

提高饲料营养水平，适量增加维生素 A、维生素 D、维生素 E 等的含量，对改善蛋壳颜色有明显效果。夏季注意饲料电解质平衡很重要，有助于减少浅色蛋发生。实践中常发生脂溶性维生素不足。

蛋壳颜色取决于附着其上的嘌呤色素，这种色素由子宫壁上的蛋壳腺分泌，附在蛋壳外层的壳胶膜上，维生素 A、β-胡萝卜素、维生素 E 与生殖道黏膜上皮的发育和完整有关，影响嘌呤色素吸收和沉积。如果长期缺乏维生素 A、β-胡萝卜素、维生素 E，可能引起输卵管正常黏膜上皮被分层的鳞状角质化上皮所取代，使蛋壳色素的分泌失常，造成蛋壳颜色变浅。为保证蛋壳颜色，笔者在饲料中添加维生素 A、维生素 D 为 NRC 推荐量的 3～5 倍。

日粮中维生素 D_3 含量过高和过低均影响蛋壳质量。有报道，日粮中维生素 D_3 和碳酸氢钠水平对蛋壳质量有显著互作效应。日食中含维生素 D_3 2500～2700IU/kg 和碳酸氢钠 0.27%～0.73%，可使蛋壳厚度高于 0.37mm，蛋壳相对重在

11%～12%时，破蛋率、软蛋率在3%以下。

维生素C可促进骨中矿物质代谢，增加血浆钙浓度，因而可在一定程度上改善蛋壳品质，在饲粮中钙水平较低时这种作用更明显。特别是在高温下，能减缓热应激的不良影响。维生素C在健康鸡的肾脏能自行合成，但在各种应激条件下将导致合成量不满足需要，所以需要通过饲料或饮水补充维生素C。

青年母鸡和老年母鸡饲料中添加维生素C(150～250mg/kg)有助于提高蛋壳质量，但过高维生素C(500mg/kg)则影响蛋壳质量。2000IU维生素D_3+100mg/kg维生素C可显著提高产蛋性能和蛋壳强度。对40周龄以上的鸡补充维生素C可改善蛋壳品质，减少破蛋数量。

热应激时，在日粮中添加维生素C 100～400mg/kg可防止体温随环境温度上升而提高。当母鸡体温上升超过正常时，蛋壳厚度降低；只有在维生素C防止体温升高的情况下才可防止蛋壳厚度的降低。

当鸡被感染其肾功能受到严重损害时，抗坏血酸生物合成也会受到影响，这些感染包括传染性支气管炎及传染性法氏囊病毒。真菌毒素也会导致肾脏发生病变，因而阻碍了抗坏血酸的生物合成，在这种情况下，补充抗坏血酸则可将经济损失降至最低。

维生素B_6、维生素B_{12}、叶酸、烟酸、维生素K_3和维生素E对蛋壳颜色影响较大，在饲料中添加量可比NRC标准增加2～3倍。一般而言，影响蛋壳颜色的主要因子在于脂溶性维生素的含量及其比例，其他维生素有影响但不是很大。

(5)氨基酸和油脂对蛋壳品质的影响

饲料中蛋白质水平影响蛋壳质量。产蛋后期，如果日粮蛋白质水平偏高，则会使蛋重增加，蛋变大，单位表面积的壳重相对减少，蛋壳厚度降低。

日粮中氨基酸尤其是蛋氨酸、赖氨酸和氨基乙酸有强化蛋壳的作用，不仅可以强化蛋壳膜，而且可使蛋壳厚度均匀。Jaokson等试验表明，蛋氨酸从0.22%增至0.383%，蛋壳质量明显提高。苏氨酸及生物素可改善肠道黏膜能量代谢，有利于色素吸收和沉积。

日粮中其他营养成分比较平衡时，脂肪可与钙反应形成皂类，所以脂肪含量过量会增加钙的排出，降低存留，同时也影响磷、镁、锌和铜等元素的利用，在日粮添加脂肪高时要注意。

(6)日粮酸碱平衡是影响蛋壳品质的重要因素

血液中氢离子浓度过高不利于蛋壳腺中碳酸钙的沉积，会影响蛋壳质量。日粮中钠离子、氯离子影响血清磷的含量，钠离子、氯离子过量或两者比例不适当，都会破坏机体酸碱平衡。日粮中添加一定量的碳酸氢钠替代部分普通食盐，可以降低血清磷的含量，改善蛋壳质量。

蛋壳的形成过程对酸碱平衡很敏感，这是由于在蛋壳形成过程中，产蛋鸡血液pH发生变化，二氧化碳在钙化中由蛋壳腺释放，二氧化碳转化成碳酸，碳酸形成碳酸氢根和氢离子，导致血液pH 下降；在蛋壳形成中干扰碳酸钙的形成，降低蛋壳品质和产蛋量。据报道，饲粮DEB值在137～245mmol/kg内不影响产蛋性能；但当饲粮DEB值过低(68mmol/kg)或过高(296mmol/kg)时，蛋壳变薄，也有人观察到饲粮DEB值过低(8mmol/kg和33mmol/kg)或过高(319mmol/kg和418mmol/kg)均会降低蛋鸡的采食量和产蛋水平。

11.3 蛋壳颜色

蛋壳颜色不影响鸡蛋的营养价值，但是消费者常将其作为一种质量指标，所以蛋壳颜色的深浅与蛋的销路密切相关。蛋的基本颜色(褐或白色)由遗传决定，但褐壳蛋的着色程度下降与鸡的年龄(表层厚度)或疾病有关。患有减蛋综合征的鸡会产苍白的蛋，这是蛋壳腺组织萎缩造成的。因此养殖户对蛋壳颜色非常关注。

青壳蛋鸡的青壳蛋性状受一个基因位点控制，青壳蛋对非青壳蛋为显性。利用纯合青壳公鸡和产白壳蛋的母鸡杂交，生产的后代全部产青壳蛋。所以对青壳蛋基因进行选育，可培育出纯合且能稳定遗传的青壳蛋系。

本节所讲的蛋壳颜色是指褐壳蛋与白壳蛋。

(1)蛋壳颜色的形成

蛋壳颜色取决于附着其上的嘌呤色素(主要是原卟啉IX，称为棕色素)。这种色素由子宫壁上的蛋壳腺分泌，附在蛋壳外层的壳胶膜上。蛋壳颜色是蛋壳外面釉质层的构成成分之一，在蛋产出前4～5h形成。带有颜色(羽毛或皮肤)的鸡种有合成原卟啉的能力，但这种能力会随着母鸡的生产周期延长、疾病与应激、用药不当、营养不平衡等内外因素而发生显著变化，这种变化直接影响蛋壳腺对色素和有机基质(蛋白胶原、黏多糖)的分泌水平及壳上膜的沉积率。

当卵通过子宫部黏膜时，管腔扩大，由于子宫壁平滑肌的收缩，使卵转动，其上皮黏膜的分泌物均匀涂布在卵的表面。子宫黏膜为假复层柱状上皮，由具有纤毛的顶细胞和分泌细胞组成，顶细胞与钙的分泌有关，分泌细胞与分泌蛋壳釉质层有关，固有膜内分布有管状腺，直接开口于管腔。

蛋壳色素的生物合成途径和机制很复杂，其化学成分为棕色素，主要是原卟啉IX，来源于衰老、受损和形态异常的血红蛋白的分解物。当红细胞在肝、脾和其他部分的网状内皮系统中被吞噬破坏后，释放出血红蛋白，很快被分解为珠蛋白、胆绿素和铁。其中珠蛋白和铁可重新参加体内代谢，唯有胆绿素被还原为胆红素，经血液转运至肝脏后结合生成葡萄糖醛酸胆红素，随胆汁排入十二指肠，大部分作为废物随粪便排出，有小部分被肠道重新吸收，经血液入肝或转送至输卵管等部位，作为合成蛋壳色素的原料。由于红细胞衰老破坏连续不断进行，这种色素原料不会缺乏，而能够源源不断地由上述分解物满足，而后，再经子宫腺体细胞内多个分解合成酶的作用，形成褐色蛋壳色素。

(2)遗传对蛋壳颜色的影响

蛋壳颜色是最直观的品种特性。正常蛋鸡的蛋壳颜色主要有白色与褐色两种，只有少量青色或蓝色品种。目前大群饲养的有色蛋鸡品种多为从国外引进的褐壳蛋鸡。白色与褐色是多因子遗传，蛋壳颜色遗传力为 0.58～0.76，褐色基因依个体遗传结构的差异，表现出由棕色到浅褐不完全显性，色泽差异悬殊。例如，半同胞分析壳色性状的遗传力变动为 0.30～0.90。所以通过选种可以加深蛋壳颜色，而不能通过改变饲料来改变蛋壳颜色。一般来说，凡经过长期选育的鸡种，壳色深浅相对固定，但现代商用褐壳蛋鸡则因壳色存在着遗传变异，在壳色一致性上还不理想，主要是品系间杂交所造成的。

褐色基因依个体遗传结构的差异，表现为由棕色到浅粉色之间的不同颜色。白壳蛋鸡与褐壳蛋鸡杂交子代产的蛋壳颜色为两者的中间颜色，即浅褐色或粉色蛋，但若用白来航公鸡与有色羽母鸡杂交，蛋壳颜色较浅，反交时则较深。现代鸡种皆为品系间杂交而成。因各育种公司选用育种素材的差异，或种鸡场未按要求的系间杂交制种，结果出现一些蛋鸡群壳色参差不齐。例如，对某鸡场褐壳蛋鸡进行抽查，随机抽取 100 个蛋，依深褐、褐、浅褐和浅粉 4 种色泽分类，分别占 33%、39%、16%和 12%，虽然符合标准色的占 70%以上，但有 12%色素过浅的蛋，这种现象不能说与鸡种的质量无关。

合成原卟啉的能力是由遗传因素决定的，而且仅限于带颜色羽毛或皮肤的鸡种。对一只母鸡来说，蛋壳颜色深浅是比较固定的。天然食物或商品饲料中获得的色素，并不能被沉积到蛋壳中，如核黄素和 β-胡萝卜素只能影响蛋黄的颜色。合成原卟啉的能力受遗传影响，因个体不同而有差异，商品鸡群是有一个主要遗传品系以上的杂交品种。因此在原卟啉的合成能力上，个体之间存在着细微的遗传差别，即使相同品种的鸡蛋壳颜色也有一定差别。所以在实践生产中，可以偶尔会看到一只产白壳蛋的褐壳蛋鸡。

因此，蛋壳颜色若不符合该品种标准，要考虑品种、疾病、鸡群整齐度、饲养管理与营养等问题。蛋壳颜色遗传力很高，加强蛋壳颜色的选育是改善蛋壳颜色色泽的根本途径。另据报道，对于同品种褐壳蛋鸡，其蛋壳颜色与产蛋率、孵化率正相关。

年龄影响蛋壳质量。子宫中沉积色素的多少会影响蛋壳颜色。一般在产蛋初期，母鸡刚进入性成熟期，卵泡发育正常，对色素的吸收率较高，所以蛋壳颜色越来越深。母鸡壳上膜的分泌量并不因年龄的变化而有所提高，当母鸡随年龄增长而蛋重亦增大时，有限的壳上膜就会分布到扩大的蛋壳上，蛋壳颜色变浅，一般40周龄以后蛋壳颜色开始变浅。

(3) 营养对蛋壳颜色的影响

日粮养分影响鸡蛋质量。例如，提高饲料能量水平，蛋壳颜色和光泽度好些。但是，由于影响蛋壳颜色的其他因素一般要比饲料因素大得多，所以蛋壳颜色变浅不能作为营养缺乏症的主要依据。

饲料含钙过多会导致蛋壳和壳上膜内沉积过多的钙，使蛋壳钙化过度而掩盖正常的色泽，蛋色变淡、色调变差。缺铁或缺铜都使鸡发生营养性贫血而降低蛋壳颜色；并且铁和铜的代谢相互拮抗，高铜会影响铁的吸收而使蛋色变淡。维生素B可影响红细胞的发育、色素原卟啉合成，从而影响蛋壳颜色。维生素E和维生素C可以有效缓解家禽应激而对蛋壳颜色有改善作用。长期缺乏维生素A可能会使输卵管正常黏膜上皮被分层的鳞状角质化上皮所取代，使蛋壳色素的分泌失常，蛋壳颜色变浅。此外，饲料中磷、锰、维生素D都会影响蛋壳颜色。

喂给现行商业添加水平的维生素 D，并受到紫外线照射的蛋鸡会产苍白色蛋壳颜色的鸡蛋。喂给现行商业添加水平的维生素 D 但不受到紫外线照射的蛋鸡产出蛋壳颜色正常的鸡蛋。关掉紫外线灯，会使蛋壳颜色恢复至正常的褐色。蛋鸡肝脏中维生素 D 的毒性可能是褐色蛋鸡产苍白色蛋壳的原因。

机体在外界应激影响或处于亚健康状态或疾病发生时，一方面由于对养分的吸收减少，造成某些养分缺乏；另一方面，由于季节变化、应激影响，鸡群采食量降低，也会间接造成养分缺乏，从而影响蛋壳颜色。

当饲料中含有一定脂肪时，会改善蛋壳颜色，可在饲料中添加 1%～2%的优质鱼粉或肉粉。

(4) 疾病对蛋壳颜色的影响

据调查，绝大多数褐壳蛋残粉壳蛋的蛋壳颜色变浅都与鸡群发生输卵管病变有关。许多疾病可以诱发临床或亚临床症状的免疫应激反应，导致蛋壳腺萎缩，影响蛋壳色泽。病原体侵蚀鸡体后，可直接发生或继发引起不同程度的生殖道病理变化，输卵管出现水肿、充血或出血，黏膜上皮脱落，使蛋壳腺体合成和分泌钙及色素机能部分丧失或完全丧失，造成蛋壳颜色变浅、变白等较为典型的临床症状。危害最严重的疾病有鸡新城疫、巴氏杆菌病、减蛋综合征、肾型传支、鸡白痢、禽流感等。这些疾病严重侵害生殖系统，不仅蛋壳颜色褪色，由红壳蛋变为白壳蛋，而且软皮蛋和破壳蛋也大为增加。同时因鸡群患病，引起消化功能紊乱而造成营养缺乏。另有资料报道，与呼吸系统有关的疾病都可影响褐壳蛋颜色和蛋壳强度。

沙门氏菌和大肠杆菌轻度感染引起的输卵管炎、肠炎也会影响蛋壳腺分泌，出现所谓的沙皮蛋。许多小型饲料厂在产蛋鸡浓缩料中也添加少量抗生素，有助于蛋壳质量的改善。不明原因蛋壳颜色变浅发生后，应该观察鸡群有无呼吸道症状，必要时可进行新城疫、传染性支气管炎检查并加强免疫。

据对无病鸡群所产蛋的抽查，也有蛋壳色变浅或带有褐色斑点的蛋。多数颜色变浅的蛋，大头着色重而小头着色浅，还伴有蛋壳变薄的特征，蛋面粗糙，呈小片状透亮。

(5) 药物对蛋壳颜色的影响

许多药物影响蛋鸡的产蛋和蛋壳颜色。最明显的如在饲料中添加少量的尼卡巴津(商品名，也译为尼卡巴嗪，抗球虫药物)，抑制碳酸酐酶的活性及正常蛋壳色素的形成，导致正常产褐壳蛋品种鸡产白壳蛋。在实际生产中，因尼卡巴津常作为抗球虫药添加于饲料中，机械设备的残留都会导致这种现象的发生。

在饲料中添加尼卡巴津可干扰这些色素的合成，导致正常情况下产褐壳蛋的品种产出白壳蛋，但这不是营养现象。饲料中添加过量的金霉素可导致这种抗生素的沉积，产出黄壳蛋，这也不能认为是营养现象，因为金霉素添加目的是抗病。有实验报道，在蛋鸡饲粮中添加0.2%的土霉素，第2天壳色开始上升，褐壳与深褐壳蛋比例增加了20%～22%，但其添加量已达到了治疗剂量，不宜长期饲喂。在饲粮中添加0.1%的土霉素钙，褐壳与深褐壳蛋比例上升了36%～48%。

养鸡生产中离不开药物，但过多、过滥的药物使用，不仅使机体内耐药菌株增加，而且严重损害了内脏器官的功能。例如，预防治疗常发病或混合感染时投服的药物如磺胺类、呋喃类、喹乙醇、抗球虫药或驱虫药等，由于使用时间或用量不当，均会降低鸡体色素沉积能力，会导致蛋壳变白。过量饲喂高水平的一些药物也可导致这些抗生素的沉积，产生黄色蛋壳，如饲料中添加过量的金霉素。

为了降低饲料成本，往往在配方中使用 1%～4%的药渣，有土霉素、四环素和链霉素等，有的废渣药物残留很高，药物的气味非常浓重，在使用中往往出现蛋壳颜色变异。

有人在饲料中加入一些抗生素后蛋壳颜色暂时变深，这可能是消除了子宫炎症所致。例如，维吉尼霉素改善蛋壳颜色的作用，是在配合饲料中添加 10mg/kg。

11.4 饲料对鸡蛋大小的影响

蛋重受许多因素影响，包括遗传、开产日龄、开产体重、开产季节、年龄、气温、某些药物和饲料等。所以在一定范围内，可以增大或减小蛋的大小来适应特殊市场的需求。通过营养方法控制蛋大小主要涉及粗蛋白质采食量，特殊氨基酸如蛋氨酸，胱氨酸，能量，粗脂肪及必需脂肪酸如亚油酸。这些养分的日粮浓度可以提高早期蛋大小，只是对于产蛋后期蛋大小的控制逐渐变弱。

(1)开产体重对鸡蛋大小的影响

开产时的蛋鸡体型大小(体重)影响蛋黄大小，进而影响蛋重。因此，改善后备鸡饲喂和管理制度，可以增加产蛋时体重，进而提高整个产蛋期蛋重，反之亦然(表11-4)。需要指出，提高鸡的体型大小是在青年鸡完成的，而不能等到开产前期才突然想到增加鸡群的体重。

表 11-4 性成熟体重对蛋大小的影响

18 周龄体重/g	1100	1200	1280	1380
产第一个蛋体重/g	1360	1440	1500	1590
产第一个蛋日龄	153	150	149	148
第一个蛋重/g	40.7	42.0	43.7	42.5
早期蛋重/g	46.9	48.4	48.8	49.7

数据来源：Leeson and Summers，2008

推迟开产可增加开产体重，从而增加开产蛋重。一般鸡越早产蛋，它的蛋就越小。光照程序可以控制性成熟，在 8～10 周龄后减少光照可以延迟性成熟，提高开产体重，因此提高蛋大小。为获得大蛋，不要在体重达到 1270～1360g 前给予光照刺激。

对于体重和体况达标的青年鸡，在17周龄或18周龄增加光照不影响产蛋性能，所以控制光照可以调控开产日龄达1周(表11-5)。

表 11-5 光照对蛋大小和产蛋率的影响

光照刺激	产蛋率/%		蛋大小(大蛋%)	
开始周龄	18～20 周龄	35 周龄前平均数	30 周龄	63 周龄
15	32	92	17	44
18	12	92	21	65
21	0	91	37	69

数据来源：Leeson and Summers，2008

(2)日粮能量对鸡蛋大小的影响

如果日粮养分浓度与日粮能量水平成比例，那么很显然，采食能量越多，蛋重越大；蛋鸡可以根据日粮能量浓度调节采食量，或者说，成年鸡能够大概维持稳定的有效能采食量，所以，日粮的能量浓度本身应该对蛋大小的影响不大。本节要讨论的是每种养分对蛋大小的边际效应，已知影响蛋重最重要的营养因素是日粮蛋白质、氨基酸、日粮能量含量、脂肪含量及必需脂肪酸(亚油酸)等的摄入量。

在蛋鸡日粮营养平衡的基础上，日粮蛋白质与能量采食量对蛋大小有重要影响(图 11-2)。在日粮能量采食量不变的前提下，蛋白质采食量越高，蛋重越大；在蛋白质采食量低于 15g/天时，日粮能量采食量越大，蛋重越小。

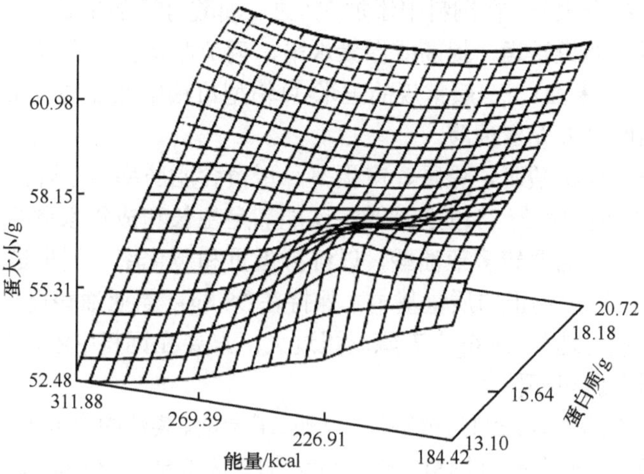

图 11-2　日粮能量和蛋白质浓度对蛋大小的影响(Leeson and Summers，2008)

实际上，日粮能量对蛋重影响较大。研究显示，蛋鸡产蛋早期，增加日粮能量水平能够增加早期蛋重，原因主要是增加了蛋黄质量，而且研究显示能量增加到一定水平后，蛋重不再随能量增加而增加。在一些应激条件下，增加蛋鸡日粮能量水平能够增加蛋重。研究表明，在热应激条件下，提高蛋鸡日粮代谢能水平能显著增加蛋重。

日粮能量水平主要通过影响饲料和蛋白质采食量而影响蛋大小。能量摄入不足会降低产蛋率和蛋重。产蛋母鸡饲料进食量因能量浓度而异。采食量低，能量采食量不足，均导致产蛋下降。

日粮能量首先影响产蛋率，其次是蛋重，所以要改变蛋重时应保证日粮能量水平。日粮能量浓度高于 12.13MJME/kg 时蛋黄大于能量浓度低于 10.8784MJME/kg 时。在蛋鸡日粮能量严重不足时，增加日粮能量首先是增加产蛋数，而蛋重还有可能会下降；在满足产蛋数需要的能量后，鸡体才会把多出的能量用于增加蛋重。能量不足，开始会导致蛋变小，长期能量不足会导致产蛋量下降，饥饿会造成停产。在产蛋期，当代谢能水平恒定时，提高日粮蛋白质水平或添加脂肪均可增加蛋重。

(3) 日粮油脂含量对鸡蛋大小的影响

日粮中添加 3%～5%脂肪(其中动、植物脂肪各半)，可使产蛋量和饲料转化率分别提高 10%～12%和 7%～8%。蛋鸡日粮中油脂含量及种类不仅影响蛋重，而且影响鸡蛋内部品质。

高温季节采食量下降，日粮中添加脂肪可有效维持蛋的形成；蛋的脂肪酸组成与日粮脂肪酸组成有很大相关，蛋鸡对脂肪酸的需要实际上是对亚油酸的需要。亚油酸可促进鸡蛋生长，在饲料中添加3%的亚油酸可增加蛋重。亚油酸影响蛋重的机制是脂质向卵巢转运，提高雌激素水平，调节脂蛋白的合成。油脂以植物源的较好(豆油、玉米油)。一般常规的玉米-豆粕型日粮中亚油酸含量已足够，不需要额外添加油脂来补充亚油酸。

日粮中缺乏亚油酸时，蛋重、产蛋率、蛋黄含脂肪率都下降，胚胎早期死亡率增加；只要日粮中维持1%的亚油酸，就能满足生长和成年家禽的必需脂肪酸需要。产蛋鸡和种鸡需要较多亚油酸，以维持蛋重和孵化率。据报道，日粮中亚油酸在0.68%时，每个鸡蛋的质量基本上保持在58.8g；当亚油酸提高到2.83%时，每个鸡蛋的质量可达到59.6g。若嫌鸡蛋过大，只要在饲料中添加牛黄酸0.5%，每个鸡蛋的质量就可下降1g。

饲料亚油酸的主要来源是植物油。豆油、玉米油、菜油中含亚油酸40%～60%，是最佳油脂源，一般在配合饲料中的实际添加量为0.5%～3.0%。黄玉米是大多数日粮中亚油酸的主要来源，以小麦、大麦为主谷物来源的日粮，其亚油酸含量可能低于最适水平。在不降低产蛋率的前提下，添加亚油酸是控制蛋重的有效方法。在产蛋初期，添加亚油酸多的油脂可增加蛋重，亚油酸摄入量每只鸡每天1.68g和2.75g时蛋重相差0.4g。

很难把油脂或亚油酸与能量对蛋大小的影响分开，因为这类研究一般都是通过添加脂肪来实现的。假定日粮的能量水平不变，那么添加油脂或亚油酸对蛋大小的影响很小(表11-6)。

表11-6　亚油酸对蛋重的影响

蛋鸡周龄	日粮亚油酸水平/%			
	0.79	1.03	2.23	2.73
20～24	60.5	61.3	61.4	61.4
25～28	60.8	61.7	62.0	62.0
29～32	62.8	63.7	63.1	63.4

数据来源：Blair，2008

(4) 日粮蛋白质和氨基酸对鸡蛋大小的影响

日粮粗蛋白质及氨基酸对蛋鸡影响的研究主要集中在对蛋鸡生产性能的影响，对蛋品质影响的研究相对较少。已有研究表明，日粮蛋白质水平在一定程度上影响鸡蛋品质。研究显示，增加日粮蛋白质和氨基酸含量可降低鸡蛋蛋白质量；而耿爱莲等(2011)研究显示，随日粮中粗蛋白质水平增加，鸡蛋蛋白重相对增加，蛋黄重相对降低。上述结果表明，增加日粮蛋白质水平虽然增加了蛋白相对重，但是降低了蛋白质量，可能与蛋白中水分增加有关。另外一些研究表明，日粮氨基酸含量和组成对鸡蛋蛋白品质和蛋壳品质也有一定影响，尤其是第一和第二限制性氨基酸的蛋氨酸和赖氨酸。研究显示，蛋氨酸可显著提高蛋鸡产蛋率、蛋壳厚度及蛋黄指数，同时降低蛋黄中的胆固醇含量。研究显示，增加日粮中赖氨酸含量可改善鸡蛋蛋白质量。余东游等(2010)对42周龄罗曼蛋鸡研究结果显示，随日粮添加色氨酸水平的提高鸡蛋蛋白高度及哈氏单位显著提高，而蛋重则无显著差异。据报道，20～43周龄、44～63周龄蛋鸡日粮中含硫氨基酸与赖氨酸比值分别为0.97和0.92时可显著改善蛋壳质量。

提高饲粮蛋白质，特别是动物性蛋白质水平，可提高蛋重。饲粮中氨基酸或蛋白质过量导致其他养分需要增加，同时尿酸生成增多，能量利用率降低。据报道，日粮蛋白质水平为12%～17%，蛋重随蛋白质水平(特别是动物性蛋白质水平)的升高而增加，超过这一范围，蛋重增加不明显。

饲粮蛋白质、氨基酸长期缺乏，导致产蛋量下降，蛋重减轻，严重缺乏时产蛋停止。改变饲料中维生素含量也能引起蛋重变化。在产蛋鸡饲料营养平衡，尤其是氨基酸平衡时，增加蛋白质或脂肪浓度均会增加蛋重，二者有可加性。

通过降低日粮蛋白质浓度来降低蛋大小的做法不可取。因为日粮蛋白质浓度低于15%时蛋大小才开始下降，低于13%时才明显降低蛋大小(表11-7)，而这时的产蛋率已经由于日粮蛋白质浓度不足而明显下降。

表11-7 日粮蛋白质浓度对蛋大小的影响(ME=11.72MJ/kg)

蛋白质浓度/%	产蛋率/%	采食量/g	蛋重/g	每日产蛋量/g	蛋白质采食量/g
17	78.8	114	64.8	51.0	19.4
15	77.5	109	64.3	49.7	16.4
13	78.3	107	62.2	49.1	13.9
11	72.7	108	61.7	45.1	11.9
9	54.3	99	58.2	36.1	8.9

数据来源：Leeson and Summers，2008

只要缺乏某种限制性氨基酸，蛋重就会降低；当这种限制性氨基酸在日粮中的含量很低时，不仅降低蛋重，还降低产蛋率，甚至造成产蛋停止。事实上，蛋白质对蛋大小的影响很可能就是由于氨基酸对蛋大小的影响。

在营养平衡时，青年鸡日粮含硫氨基酸水平在0.65%～0.81%时，含硫氨基酸每提高0.05个百分点，蛋重增加0.7g（表11-8），在日粮含胱氨酸0.2%时，蛋氨酸使蛋重增加的幅度随着产蛋周龄增大而减少，这可以从表11-9看出，日粮蛋氨酸浓度从0.23%提高到0.38%，25～32周龄期间蛋重增加5.6%，38～44周龄期间蛋重增加7.3%，51～58周龄期间蛋重增加6.8%，64～71周龄期间蛋重增加6.0%。

表 11-8　日粮含硫氨基酸对青年蛋鸡蛋重的影响　（单位：g）

周龄	日粮含硫氨基酸浓度/%				
	0.65	0.69	0.72	0.76	0.81
25	49.3	49.1	50.2	50.2	51.6
29	53.8	53.5	53.9	54.4	54.7
33	55.3	55.1	56.0	56.0	56.3

数据来源：Roland et al.，1998

表 11-9　蛋氨酸对蛋重的影响随年龄增加而下降　（单位：g）

蛋鸡周龄	胱氨酸 0.2%时蛋氨酸的浓度/%					
	0.23	0.26	0.29	0.33	0.35	0.38
25 ～ 32	49.8	51.0	51.9	52.1	52.0	52.6
38 ～ 44	53.2	55.0	56.4	56.3	56.3	57.1
51 ～ 58	56.2	57.9	59.6	59.2	59.2	60.0
64 ～ 71	56.8	59.4	59.5	59.5	59.5	60.2

数据来源：Waldroup et al.，1995

Waldroup等(1995)研究表明，老母鸡对蛋氨酸和胱氨酸的需要量，维持产蛋率需要的含硫氨基酸浓度大于维持蛋大小需要的含硫氨基酸浓度(表11-10)，但是在高峰产蛋量的38～45周龄期间，维持蛋大小需要的蛋氨酸浓度大于为维持产蛋率所需要的浓度。这再次表明，蛋鸡分阶段饲养有利于降低饲料成本。

表 11-10　蛋氨酸和蛋氨酸+胱氨酸的需要量　（单位：mg/天）

氨基酸	周龄	产蛋数	蛋重	产蛋量
蛋氨酸	25～32	364b	356b	369b
	38～45	362b	380a	373b
	51～58	384a	364a	402a
	64～71	374ab	357b	378b
蛋氨酸+胱氨酸	25～32	608b	610ab	617b
	38～45	619b	636a	627b
	51～58	680a	621ab	691a
	64～71	690a	601b	676a

注：同一列数字后标注不同字母者表示差异显著。

数据来源：Waldroup et al.，1995

产蛋早期蛋重对日粮蛋氨酸水平的反应较蛋白质水平敏感，但对刚开产的蛋鸡供给高水平的蛋氨酸是不合适的，由于此时蛋重小，因此蛋氨酸需要量也低。正确的供给方法应以1g蛋所需蛋氨酸的量来表示。以海兰蛋鸡为例，如果产蛋高峰期蛋重60g，每日蛋氨酸进食量480mg，那么产蛋前期蛋重达50g时，蛋氨酸每日进食量不低于400mg已足。试验表明，在产蛋后期60周时日粮蛋氨酸水平达到0.43%，与对照组0.3%比，北京白鸡生产性能没有明显改善，但破蛋率增加(杜淑清等，1998)。

要通过调整日粮氨基酸来改变蛋重时，不应只调整蛋氨酸，而是在调整蛋氨酸的同时也要改变其他氨基酸。在添加 2%～4%的脂肪同时添加含硫氨基酸好像使得蛋黄变大。

蛋氨酸采食量可以影响产蛋末期的蛋大小(表 11-11)，但是降低蛋氨酸浓度可导致产蛋率下降，所以通过降低日粮蛋氨酸浓度来降低蛋大小是不可行的。

表 11-11　蛋氨酸浓度对产蛋后期蛋大小(g)的影响没实用价值

蛋氨酸采食量/(mg/天)	试验 1 (38～62 周龄)	试验 2 (38～70 周龄)	试验 3 (78～102 周龄)
300	60.1a	63.7a	66.3a
285	60.3a	63.1b	65.5b
270	59.1ab	62.0c	64.0c
255	58.5b	62.0c	63.9c
产蛋率/%	86	80	75

(5) 日粮钙、磷对鸡蛋大小的影响

钙、磷对蛋鸡的营养尤为重要，相关研究报道也较多。研究表明，日粮钙、磷水平、比例及来源对鸡蛋蛋壳品质及某些内部品质具有较为显著的影响。蛋鸡产蛋后期及不良饲养环境能够降低蛋鸡肠道吸收钙的能力，进而影响蛋壳品质，因而老龄蛋鸡及不良饲养环境下的蛋鸡成为钙、磷营养研究的重要对象。有人以58～73周龄蛋鸡为研究对象，研究了摄入不同水平钙对蛋壳品质的影响，结果显示，蛋鸡每日摄入钙由4.08g上升至4.64g能显著提高蛋壳比重、蛋壳厚度及蛋壳密度，降低鸡蛋破损率。研究表明，日粮高钙水平(3.5%)比低钙水平(2.5%)能够显著提高58周龄蛋鸡的蛋壳相对重、蛋壳强度及厚度，上述结果提示在产蛋后期可以适当提高日粮钙水平以改善蛋壳质量。

关于日粮磷水平对鸡蛋品质的影响，研究显示，日粮磷水平应该与钙水平保持一定比例，过高可能因为抑制血液钙水平而降低蛋重和蛋壳品质，同时也不宜过低，过低则显著降低蛋重及蛋壳质量。

蛋壳质量占总蛋重的 10%左右，足量的、吸收良好的钙质饲料形成的蛋壳质量比选择不当的钙质饲料要重 0.1～0.5g，同样对蛋重也有一定影响。在含钙量正常的情况下，日粮中钙的浓度每提高 1%，蛋重约减少 0.4g。4%的贝壳粉与 3.5%的细小石灰石并用，能获得最佳蛋壳质量。

(6) 微量元素对鸡蛋大小的影响

研究应用于改善蛋壳品质较多的矿物质元素主要有铬、锌、铜等。

研究显示，在热应激条件下，日粮添加铬能够增加蛋重、蛋壳厚度、鸡蛋比重和鸡蛋哈氏单位，改善鸡蛋品质，显著增加了鸡蛋中矿物质的含量，减少了鸡蛋中脂肪的沉积，提高了鸡蛋的哈氏单位，表明铬对改善热应激条件下的鸡蛋品质具有显著作用。

锌对鸡蛋品质具有一定改善作用，尤其对蛋壳品质有改善作用。Sahin 和 Kucuk (2003) 研究显示，日粮添加锌能够增加蛋重、蛋壳重、蛋壳厚度和哈氏单位。研究发现，日粮补锌对蛋鸡产蛋率、蛋壳质量及蛋黄锌含量有提高作用。

此外，也有研究显示，日粮添加铜能降低鸡蛋蛋黄胆固醇含量，日粮添加锰可改善鸡蛋蛋壳质量。

(7) 维生素对鸡蛋大小的影响

维生素、矿物质参与机体各种代谢过程，对产蛋的影响非常复杂。常用于改善蛋品质的维生素有维生素 E 和维生素 A。研究显示，在热应激条件下，在日粮添加维生素 E 能改善蛋黄膜强度、蛋清和蛋黄干物质含量、蛋清蛋白起泡稳定性。有人研究了天然维生素 E 对鸡蛋品质的影响，结果显示，天然维生素 E 能改善鸡蛋蛋黄颜色、哈氏单位和蛋壳厚度等品质。

维生素A对鸡蛋品质的影响没有一致结论，尤其是对蛋重的影响。研究结果显示，日粮添加维生素A对蛋重无显著影响；也有研究表明，日粮添加维生素A能显著增加蛋重。维生素A与维生素E及叶黄素同为脂溶性，因此有研究显示维生素A与维生素E及叶黄素形成竞争，进而降低蛋黄中维生素E和叶黄素含量，并导致蛋黄颜色变浅。此外，有研究显示，日粮添加高剂量烟酸能增加蛋壳强度和厚度，同时能改善鸡蛋蛋白指数、哈氏单位和蛋黄颜色等内部品质。

由于胆碱与蛋氨酸都可提供甲基，常见比较添加胆碱与蛋氨酸对鸡蛋大小的影响。在日粮中蛋氨酸浓度不足时适量添加氯化胆碱能增加蛋重（表 11-12），一直添加比间隔添加的效果好。

表 11-12　蛋氨酸与胆碱对蛋大小的影响比较（23～35 周龄）

日粮蛋白质浓度	添加量	产蛋率/%	蛋重/g
16%	不添加	82.8	53.2
	0.1%蛋氨酸	84.0	56.6
	0.1%胆碱	82.4	54.0

续表

日粮蛋白质浓度	添加量	产蛋率/%	蛋重/g
14%	不添加	72.8	52.5
	0.1%蛋氨酸	84.5	54.9
	0.1%胆碱	78.9	51.9

(8)饮水对鸡蛋大小的影响

足量的饮水对维持鸡的大量产蛋和蛋的正常大小很重要，鸡蛋含水分为65%左右，每生产一个蛋，需要340mL水，饮水量的微小变化对蛋的质量将产生很大影响。特别是产蛋高峰及环境温度较高时，更不能断水。水不足能引起产蛋量和蛋重下降，断水应激需要很长恢复期。

(9)降低鸡蛋大小的技术措施

如果想避免蛋重过大，那么在产蛋早期就开始进行营养方面的调控非常关键(也就是说，在达到理想蛋重前2～3周)。一旦超过理想蛋重，要想在不降低产蛋量的前提下降低蛋重是非常困难的，虽然不是不可能。

降低(控制)蛋重的措施包括：①降低采食量，在保证空气质量的前提下，提高鸡舍内温度，控制每天的饲喂次数。②减少氨基酸采食量(注意：平衡的蛋白质)。③减少脂肪或油的采食量，可以通过使用外源饲料酶制剂达到目的，并且不影响日粮能量浓度；产蛋高峰前，减少日粮脂肪或油的含量也是有益的，但前提是蛋鸡能采食到足够能量。④减少亚油酸 (C18：2n-3)摄入量，与亚油酸相比，似乎其他脂肪或油(不特指某个具体的脂肪酸)对蛋重的影响更大(亚油酸每天采食量应不低于 1g/天)。⑤产蛋期，减少体重(整个产蛋周期，同时要避免体重增加超过标准)。⑥抗生素对蛋重影响很小或无影响；药物尼卡巴津可使蛋黄变小，从而使鸡蛋变小。⑦棉酚使蛋重迅速变小直至母鸡产蛋停止。⑧镇静剂利血平降低蛋重。⑨牛磺酸能抑制鸡蛋生长，在饲料中添加 0.5%牛磺酸，鸡蛋质量可下降 1g。

11.5 饲料养分对蛋黄颜色的影响

蛋黄颜色是由脂溶性色素在卵形成期间沉积到蛋黄中形成的，蛋黄的形成是自蛋黄外层逐层增厚的过程。从蛋黄表面看，蛋黄颜色稳定沉积只需 10 天即可，但是蛋黄颜色由内到外稳定沉积则需 18～20 天。

(1)日粮叶黄素含量对蛋黄颜色的影响

鸡饲料中的天然色素如叶黄素、胡萝卜素、玉米黄素等一切呈黄色的色素都可进入蛋黄，严重影响蛋黄颜色，所以实践中通常是增加日粮中黄玉米及其产品以改善蛋黄颜色；绿色苜蓿、三叶草等绿色牧草除含有赋予它们绿色的叶绿素外，还含有黄色和红色两种色素，合称叶黄素(胡萝卜醇)，叶黄素可使蛋黄几乎呈橙红色，深受消费者欢迎(图 11-3)。

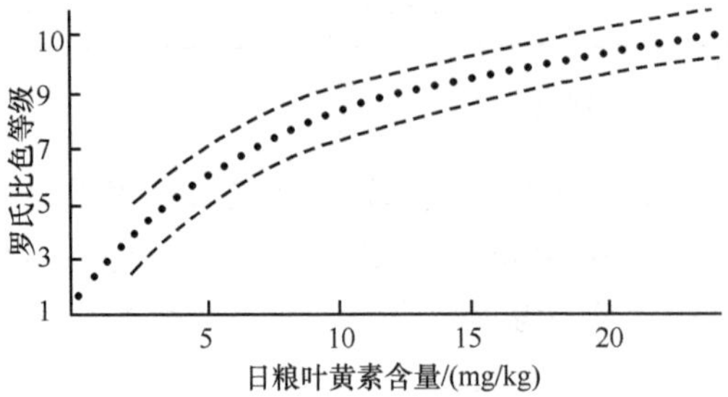

图 11-3　蛋黄的罗氏比色等级与日粮叶黄素含量的关系：带状区域内约含 35%的观测值 (Summers and Leeson，2008)

一些饲料原料叶黄素含量较低(如小麦、大麦、稻米或它们的副产品)，如果在蛋鸡日粮中这些原料的使用比例较高，蛋黄颜色就较差。许多类胡萝卜素具有维生素 A 原的活性，如果缺乏维生素 A，它们可在体内转化为维生素 A 以满足蛋鸡营养要求，从而降低蛋的色素沉积程度。饲料中维生素 A 含量低于 600IU/kg 时会促进部分色素在体内转化，而含量高于 2500IU/kg 时，开始抑制色素吸收。有报道，饲料中维生素 A 含量在 10 000～15 000IU/kg 时鸡蛋含维生素 A 原较高。天然着色剂的增色速度比人工合成的色素约慢 1 周，且天然叶黄素的着色效果不如人工合成的叶黄素，大约 1g 合成的玉米黄色素可替代 2g 的天然复合叶黄素。

(2) 日粮叶黄素质量对蛋黄颜色的影响

蛋黄颜色不仅受饲料色素含量影响，而且受色素性质影响。玉米面筋中的色素对蛋黄着色效果比苜蓿草粉和干藻粉的效果好，原因是玉米所含色素中玉米黄素的相对比例较高。人工合成色素对蛋黄着色效果较好。饲料原料中叶黄素含量的变化会不同程度地影响鸡皮肤的着色效果。玉米因品种、产地、收获季节、储存时间不同，叶黄素含量差异很大，玉米蛋白粉加工方式不同，叶黄素含量变化很大，大豆和苜蓿中含有的脂肪氧合酶极易破坏叶黄素，此类因素都影响着色效果。玉米蛋白粉颗粒小，与空气接触面大，其叶黄素易氧化，随储存时间增加叶黄素含量逐步降低，在玉米蛋白粉和去壳谷粒比例较高的谷物中尤为明显。

(3) 日粮营养水平对蛋黄颜色的影响

日粮营养不平衡会影响叶黄素在肠道的吸收，从而导致皮肤苍白综合征，并且蛋黄颜色也会变浅。饲料中维生素 E、蛋氨酸、胆碱、微量元素、能量水平不当都会造成着色不良。另外，饲料中盐分过高、硝酸盐过高也会影响着色效果。

(4)维生素和未知影响因子对蛋黄颜色的影响

据报道，维生素A和钙过量均使蛋黄颜色下降，有些饲料含某些影响蛋黄颜色的未知因子，例如，细稻糠和大麦的添加量达到一定水平时(稻糠20%，大麦50%)就会明显降低蛋黄颜色。日粮中类脂化合物氧化产生的大量过氧化物能使蛋黄颜色减退，所以日粮中添加抗氧化剂和维生素E有助于改善蛋黄颜色。

(5)钙和脂肪水平对蛋黄颜色的影响

日粮中钙和叶黄素在肠道吸收时存在竞争，钙水平太高可使着色效果变差。叶黄素溶解于脂类，其在肠道中的吸收可能与脂类的吸收相伴随。所以，在饲粮中添加油脂可提高蛋黄颜色，特别是在饲粮色素含量低时，效果明显。色素被氧化后就失去着色能力，因而饲粮中加入抗氧化剂可防止色素氧化，提高色素对蛋黄的着色作用。维生素E和乙氧喹在这方面都有效，尤其在饲料中加入不饱和脂肪酸时，效果更佳。

(6)矿物质元素锌、硒、碘是影响蛋黄着色的重要因素

试验用锌、硒、碘分别2倍于对照组(对照组中Zn为50mg/kg，Se为0.1mg/kg，I为0.3mg/kg)的各试验组，蛋黄颜色均达到8级或8级以上，符合国际上规定的出口鲜蛋蛋黄颜色要达到8级或8级以上的要求。同时鸡蛋中可食部分各种矿物质元素沉积量与对照组均无显著差异，2倍量硒、碘组硒、碘的沉积量有增加趋势，为保健食品的开发提供了可靠依据。

(7)霉菌毒素对蛋黄颜色的影响

霉菌毒素是饲料中影响鸡皮肤和蛋黄着色度的重要因素。黄曲霉毒素可使蛋黄色泽明显降低，还能引起肉鸡皮肤苍白综合征。肉鸡采食发霉饲料，皮肤色泽会逐渐褪去。

(8)饲料加工工艺对蛋黄颜色的影响

饲料产品加工制粒时蒸气温度越高、加工时间越长，叶黄素损失量越大，使皮脂和蛋黄着色度降低。

11.6 饲料原料对蛋黄颜色的影响

禽蛋内容异色主要发生在蛋黄中，可引起蛋黄发生异色变化的主要有以下几种原因。

(1)基础日粮的组成影响蛋黄颜色的深浅

基础日粮中主要是日粮的色素含量的影响(表 11-13)。试验中 1/3 小麦替代玉米组，蛋黄颜色降到 5 级；1/3 大米替代玉米组，蛋黄颜色降到 4 级；1/2 小麦替代玉米组，蛋黄颜色降到 3 级；1/2 大米替代玉米组，蛋黄颜色降到 2 级。其中 2 级、3 级的鸡蛋非但不能出口，而且按照国际标准是不能食用的。

表 11-13　饲料原料与蛋黄颜色

饲料原料	日粮含量/%	罗氏评分等级
玉米	0	2
	20	6
	40	8
	60	9
玉米面筋粉	2	6
	6	9
	8	14
苜蓿草粉	2	4
	6	7
	8	9

数据来源：Leeson and Summers，2008

(2)某些天然着色剂对蛋黄有明显着色作用

添加 0.3%天然辣椒粉，2%的风干牛粪粉，4%的苜蓿草粉，可使蛋黄颜色提高到 9 级水平，比对照组 6 级高出 3 级。其中苜蓿草粉组不但可促进蛋黄着色，还可使蛋黄中维生素 A 含量显著增加，胆固醇含量明显降低。添加 0.6%天然辣椒粉和 2%风干牛粪粉试验组，由于适口性差，影响鸡的采食量。

(3)棉籽饼对蛋黄颜色的影响

饲料含棉籽饼多时蛋储藏期短，存放时间过长时蛋黄中的蛋白变红，蛋黄膨胀。棉酚可使蛋黄变成多种怪异颜色，如粉红色、红色、绿色、黄绿色、黑绿色、橄榄绿色、褐色等；煮熟后，坚韧如橡皮，故名“橡皮蛋”。变色机制是，棉籽饼含两种有毒物质，一为棉酚，是引起变色的主要物质，它与蛋黄中的铁、脑磷脂相互作用，引起变色反应；二为环丙烯类脂肪酸，起加重棉酚变色反应的作用。NRC(1994)推荐蛋鸡饲料中棉籽饼不要超过 4%。

(4) 大麦对蛋黄颜色的影响

大麦籽实含抗营养因子β-葡聚糖，其水解液黏性较大，在鸡肠道内易堵塞细胞膜孔，影响营养成分的传递与吸收和蛋黄色素沉积，使蛋黄变为淡黄白色。在维生素A缺乏时也可引起此种变化。

(5) 饲料受霉菌毒素污染会降低蛋黄着色

因为毒素影响鸡的代谢和吸收途径。某些饲料原料(棉籽)或药品(尼卡巴津)可致蛋黄杂色或变色。其他因素如饲料在加工过程中的温度高低、时间长短及储存条件会影响着色。

(6) 使用药物添加剂要严格遵照国家规定

设计配方时一定要严格遵守《无公害食品 肉鸡饲养饲料使用准则》、《无公害食品 肉鸡饲养兽药使用准则》、《无公害食品 蛋鸡饲养饲料使用准则》、《无公害食品 蛋鸡饲养兽药使用准则》。在使用促生长添加剂前，首先要细心研读使用说明。有停药期的添加剂，一定要标志在饲料外包装袋上："上市或送屠宰前5日停止使用；请勿供产蛋鸡使用"等告示，以防残留于鸡蛋或鸡肉组织中。

参考资料

博礼敦. 2001. 生产者与消费者对鸡蛋与肉鸡质量的判断. 中国家禽，23(11)：38-42.

卜柱. 2006. 青壳蛋鸡壳色遗传规律及其蛋品质相关性研究. 硕士学位论文，扬州大学，指导教师：王志跃，陈宽维

蔡辉益，刘世杰，刘国华，等. 2007. 家禽营养需要模型及其应用技术研究进展. 家禽营养与饲料科技进展//呙于明，齐广海. 第二届全国家禽营养与饲料科技研讨会论文集. 北京：21-25.

陈代文. 2003. 饲料添加剂学(动物科学专业用). 北京：中国农业出版社：198-208.

陈冬梅. 2001. 植酸酶和纤维素复合酶对蛋鸡产蛋性能及蛋壳质量的影响. 硕士学位论文，四川农业大学，指导教师：张克英.

程玉冰，夏伦志，张新，等. 2013. 饲用有机微量元素在饲料中的应用及前景展望. 当代畜牧，2013年1月中旬刊：48-49.

崔国强. 2012. 富硒饲料对种鸡繁殖性能及鸡蛋品质的影响. 硕士学位论文，河北工程大学，指导教师：王继华

邓继辉，杨琼，石凌霄. 2012. 有机微量元素在家畜体内的吸收机制研究. 家畜业，275：38-41.

邓兴照，齐广海，刘福柱，等. 2006. 日粮多不饱和脂肪酸类型对蛋鸡生产性能和蛋黄脂肪酸富集的影响. 中国畜牧杂志，42(3)：31-35.

董晓慧，韩友文，周桂莲，等. 2004. 不同锌源生物学效价的研究. 动物营养学报，16(3)：20-25.

符林升，熊本海. 2009. 猪营养需要量动态预测系统的开发. 农业网络信息，(7)：9-12.

高玉时，葛庆联，唐修君，等. 2001. 不同蛋鸡品种常规蛋品质及矿物质元素含量的比较研究. 第十五次全国家禽学术讨论会论文集，642-646.

葛庆联，高玉时，蒲俊华，等. 2012. 不同品种鸡蛋矿物元素含量的比较研究. 第三届中国黄羽肉鸡行业发展大会会刊，229-233.

呙于明. 2003. 鸡的营养与饲料配制，北京：中国农业大学出版社：164-181.

呙于明. 2011. 动物免疫营养. 北京：科学出版社：34-218. 武书庚，张海军，齐广海. 2010. 蛋鸡养殖过程中营养调控技术危害分析及其控制. 中国畜牧杂志，46(24)：61-63.

海兰公司. 2015. 海兰W-36商品代饲养手册：海兰网(2015-6-3).

贺强，袁超，李俊明，等. 2014. 色氨酸在家禽营养中的研究进展. 饲料工业. 动物营养，(增刊)：7-10.

洪平，蒋守群，周桂莲，等. 2013. 43～63日龄黄羽肉鸡钙需要量研究. 动物营养学报，25(2)：299-309.

洪奇华，宋娟，胡彩虹，等. 2014. 纤维寡糖和益生菌对热应激肉鸡肠屏障功能的影响. 动物营养学报，26(8)：2240-2245.

侯玉洁，徐俊，吴春华，等. 2013. 微量元素氨基酸螯合物的生理学功能及其在家畜生产中的应用. 饲料博览，(9)：16-20.

胡长斌. 2013. 正确认识有机砷制剂的作用及影响. 北方牧业，(20)：30-31.

胡迪先，王立常，夏先林，等. 1987. 配合饲料配方计算手册. 成都：四川科学技术出版社：25-66.

计成，许万根. 1997. 动物营养研究与应用. 北京：中国农业科技出版社：99-144.

蒋复春，徐奇友，高会江. 2010. 4种回归模型估计鱼营养物质需要量. 饲料工业，水产动物营养与饲料，(增刊)：116-119.

金灵. 2009. 棕榈仁粕对肉鸡生长性能及健康的影响. 饲料广角，（21)：34-37.

康萍，刘福柱，侯水生. 2005. 数学模型在家畜氨基酸需要量研究上的应用. 中国饲料，2005(4)：10-12.

雷乔波. 2010. 植酸酶对产蛋鸡生产性能、骨骼质量及养分利用率的影响. 硕士学位论文. 四川农业大学. 指导教

师：张克英.
李爱杰. 1996. 水产动物营养学与饲料学. 北京：中国农业出版社：89-124.
李纯华. 2004. 蛋壳颜色形成机理探讨. 四川畜牧兽医，12(31)：21-22.
李复兴. 1987. 动物饲养试验方法. 饲料研究，6：1-3.
李湘，张石蕊，戴求仲. 2006. 鸡的淀粉营养研究进展. 饲料工业，27(5)：17-19.
李勇，刘旭明，庄宏，等. 2011. 营养调控改善鸡蛋品质的研究进展. 中国饲料，(20)：9-13.
李玉清，肖海俊，王伟青，等. 2008. 影响蛋壳质量的因素及控制措施. 畜牧与饲料科学，(5)：54-56.
廖娜，谭鹤群. 2007. 不同微细化程度玉米粉的淀粉糊化度研究. 饲料工业，28(21)：27-30.
刘庚，武书庚，计峰，等. 2012. 30～38周龄产蛋鸡理想氨基酸模式的研究. 动物营养学报，24(8)：1447-1458.
刘红南，滕楠，李垚，等. 2014. 饲粮添加槲皮素对蛋鸡蛋品质和蛋组分的影响. 动物营养学报，26(8)：2246-2252.
刘少文，柏凡，郭春华，等. 2014. 霉菌毒素吸附剂与解毒剂的研究进展与评价. 饲料工业，35(14)：57-61.
刘颖，薛敏，任泽林，等. 2008. 鱼类的生长模型及其在营养需求研究中的应用. 饲料工业，29(10)：23.
毛一鹏. 2002. 山西配合饲料资源成分及营养价值表. 太原：山西人民出版社：35-38.
美国国家研究委员会. 1994. 家禽营养需要. 蔡辉益等译. 北京：中国农业科技出版社：19-26.
彭珂. 2011. 影响蛋壳颜色的原因及其调控措施//第五届中国蛋鸡行业发展大会论文集. 中国畜牧业协会禽业分会，124-128.
彭玉麟. 2007. 蛋壳质量的营养调控措施. 家禽营养与饲料科技进展——第二届全国家禽营养与饲料科技研讨会论文集，418-422.
蒲俊华. 2006. 不同铁源生物学效价及其对仔鸡组织铁铜锌锰含量影响的研究. 硕士学位论文. 扬州大学动物科学与技术学院. 指导教师：王志跃.
齐广海，武书庚，尹靖东，等. 2004. 鸡蛋产品品质的营养调控. 中国畜牧兽医学会动物营养学分会第九届学术研讨会论文集，80-90.
齐广海，张海军，武书庚，等. 2010. 蛋鸡及其产品的营养调控研究. 中国家禽，32(21)：5-9.
乔永刚. 2007. 军曹鱼微量元素锌、铁、铜营养生理的研究. 硕士学位论文. 青岛：中国海洋大学，指导教师：麦康森.
秦延年，朱承满，王星凌，等. 2002. 不同替代药物添加剂的肉鸡饲养对比试验. 山东家禽. 2002(6)：23-24.
任冰，武书庚，计峰，等. 2012. 理想氨基酸模式下低粗蛋白质饲粮对蛋鸡生产性能的影响. 动物营养学报，24(8)：1459 -1468.
汝应俊. 2006. 建立动态饲料数据库的意义及方法. 中国饲料，(8)：18-21.
尚磊. 1998. 蛋鸡5周龄体重对产蛋性能至关重要. 中国家禽，20(4)：14.
石凌霄. 2010. 复合酶制剂对蛋鸡生产性能胫骨质量及养分利用率影响的研究. 硕士学位论文. 四川农业大学. 指导教师：张克英.
孙献忠，熊本海. 2006. 用饲料化学成分预测猪饲料能值的研究进展. 中国畜牧兽医，33(11)：19-23.
孙娅静，李石强，朱珏. 2012. 微量元素生物学利用率的评价方法. 饲料研究，2012(5)：46-48.
汤莉. 2004. 不同形态锰源和铁源对肉仔鸡相对生物学利用率的研究. 硕士学位论文. 华中农业大学. 指导教师：陈喜斌.
汪加明，魏艳红，何柳青，等. 2012. 降低鸡蛋胆固醇含量的调控措施及其机制. 动物营养学报，24(4)：617-623.
王代刚. 2004. 酵母菌富集微量元素锌和酵母锌生物学效价的研究. 硕士学位论文. 雅安：四川农业大学. 指导教师：陈代文.
王继华，安永福，张伟峰，等. 2009. 动物科学研究方法. 北京：中国农业大学出版社：139-214.
王继华，崔国强. 2010. 动物饲养试验应考虑参试动物间血缘关系. 饲料工业，31(15)：24-27.
王继华，付庆民. 2005. 鸡饲料配方设计技术. 北京：中国农业大学出版社：239-262.
王继华，王茂增，李连缺. 1999. 家畜育种学导论. 北京：中国农业科技出版社：211-224.

王继华，王绥华，吴秀存，等. 2012. 仔猪饲料配方设计高级技术. 北京：中国农业大学出版社：185-238.

王金伟，姜亚，张兴，等. 2013. 氨基酸微量元素螯合物在家畜营养中的应用. 饲料博览，(2)：35-37.

王林，崔西彦. 2006. 蛋壳颜色变浅的原因及改善措施. 广东饲料，15(5)：21-22.

王明镇. 2007. 氨基酸螯合铁对断奶仔猪生产性能及血液理化指标影响的研究. 硕士学位论文. 兰州：甘肃农业大学. 指导教师：刘孟周.

王茹茗，刘勖. 1998. 医学论文中错误应用 x^2 检验的实例分析. 临床荟萃，13(8)：380-383.

王骁. 2009. 回归法测定维持净能及蛋白饲料沉积净能测定中适宜替代比例的研究. 硕士学位论文. 四川农业大学. 指导教师：王康宁.

王秀艳，王安. 2004. 家禽日粮阴阳离子平衡的研究进展. 饲料博览，(9)：31-32.

王中秋. 2010. 霉菌与霉菌毒素的危害. http：//www. jbzyw. com/cms/html/4/huanjing/20101119/115438. html

肖俊峰，武书庚，张海军，等. 2012. 四种壳基质蛋白研究进展. 中国家禽，34(9)：44-47.

熊本海，孙献忠，庞之洪. 2005. 影响饲料科技基础数据质量的成因探讨. 饲料工业，26(1)：1-4.

许甲平，赵菲. 2014. 有机微量元素对蛋鸡蛋壳质量影响的作用机制研究进展. 饲料工业，35(16)：55-58.

杨斌，蔡辉益，刘国华. 2014. 斜率比法评定肉仔鸡对氨基酸螯合锰的相对生物学利用率. 动物营养学报，26(8)：2110-2117.

杨露，熊本海. 2011. 肉鸡能量需要量预测模型的研究进展. 中国饲料，(13)：9-11.

杨诗兴. 1982. 饲料营养价值评定方法. 兰州：甘肃人民出版社：57-101

佚名. 2011. 新玉米作为饲料原料存在的问题及解决方法. 北方牧业，22：29.

袁缨. 2006. 动物营养学试验教程. 北京：中国农业大学出版社：79-126.

张爱平. 2010. 北京油鸡鱼腥味基因和羽速基因检测与分析. 硕士学位论文，河北工程大学农学院. 指导教师：王继华.

张凤葵，杨会文. 2011. 影响鸡蛋壳品质的因素. 畜牧兽医科技信息，(7)：105.

张宏福，赵峰. 2008. 从方法学检讨现行猪饲料氨基酸生物学效价评定理论及实践中的若干问题//王康宁主编. 动物营养研究进展. 北京：中国农业科学技术出版社：99-107.

张乃生. 2005. 畜禽营养代谢病防治. 北京：金盾出版社：168-184.

张楠，姚军虎，程妮，等. 2006. 日粮Zn、Mn、Cu、Fe 含量对产蛋鸡微量元素表观利用率和鸡蛋品质的影响. 西北农业学报，15(6)：58-62.

张平，印遇龙，李铁军，等. 2005. 几种常见饲料原料中总淀粉含量的测定. 中国饲料. 2005(11)：28-29

张淑芬，杨贵坦. 2006. 均匀度对蛋种鸡生产性能的影响. 中国禽业导刊，(20)：44.

张秀春. 2004. 浅析影响蛋壳品质的若干因素. 中国禽业导刊，21(3)：35.

章世元，周光玉，徐春燕，等. 2009. 禽类蛋壳基质蛋白的研究进展. 中国家禽，31(11)：37-40.

赵波. 2003. 氨基酸微量元素螯合物对蛋鸡生产性能和生理功能的影响研究. 硕士学位论文. 四川农业大学. 指导教师：张克英.

赵超. 2004. 不同蛋鸡品种、饲养方式、补料种类对鸡蛋品质影响的研究. 硕士学位论文. 河北农业大学. 指导教师：谷子林.

周光玉. 2010. 蛋壳颜色、成分和结构与蛋壳质量关系的研究. 硕士学位论文. 扬州大学. 指导教师：张世元.

周岩民，唐志刚. 2014. 无机抗菌剂在饲料中的应用研究进展. 饲料工业，35(14)：1-5.

朱钦龙. 1997. 高含量维生素鸡蛋的产生. 西部粮油科技，22(4)：45-47.

左建军. 2005. 非常规植物饲料钙和磷真消化率及预测模型研究. 博士学位论文. 华南农业大学. 指导教师：冯定远，汪儆.

Adrián Guillermo Quintero-Gutiérrez，Guillermina González - Rosendo，Jonathan Sánchez-Muñoz，et al. 2008. Bioavailability of Heme Iron in Biscuit Filling Using Piglets as an Animal Model for Humans. Inter J Biol Sci，4(1)：58-62.

American Soybean Association (ASA) International Marketing. 2006. Poultry Nutrition & Management. ASA.

Ammerman C B，Baker D H，Lewis A J. 1995. Bioavailability of Nutrients for Animals. New York：Academic Press：5-33.

Blair R. 2008. Nutrition And Feeding of Organic Poultry. CABI Head Office，208-248.

Bregendahl K，Roberts S A，Kerr B，et al. 2008. Ideal ratios of isoleucine，methionine，methionine plus cysteine，threonine，tryptophan，and valine relative to lysine for white leghorn-type laying hens of twentyeight to thirty-four weeks of age. Poultry Science，87：744-758.

Coutts J A，Wilson G C. 2015. Optimum Egg Quality. http：//www. thepoultrysite. com/publications/1/egg-quality-handbook[2015. 3. 21]

Daniel，J ean Marc，Gilles T. 2005. 饲料成分与营养价值表(法). 谯仕彦等译. 北京：中国农业大学出版社，5-25.

DeWayne Ashmead H. 2012. Amino Acid Chelation In Human And Animal Nutrition. CRC Press，Taylor & Francis Group，49-61.

Domingues C H de F，Sgavioli S，Praes M F F M，et al. 2012. Lysine and methionine + cystine for laying hens during the post-molting phase. Revista Brasileira de Ciência Avícola (*Print version* ISSN 1516-635X)，14(3)：Campinas July/Sept. http：//dx. doi. org/10. 1590/S1516-635X2012000300005

Elwert C，E. de Abreu Fernandes and A. Lemme. 2008. Biological Effectiveeness of Methionine Hydroxy- analogue Calcium Salt in Relation to DL-Methione in Broiler Chickens. Asian-Aust. J. Anim. Sci，21(10)：1506-1515.

Feng J，Ma W Q，Xu Z R，et al. 2007. Effects of iron glycine chelate on growth，haematological and immunological characteristics in weanling pigs. Animal Feed Science and Technology，134：261–272.

Fisinin V I，PAPAZYAN T T，SURAI P F. 2008. Producing specialist poultry products to meet human nutrition requirements：Selenium enriched eggs. World's Poultry Science Journal，64：85-99.

Gibson R S. 2007. The role of diet- and host-related factors in nutrient bioavailability and thus in nutrient-based dietary requirement estimates. Food and Nutrition Bulletin，28(1)(supplement)：S77-S100.

Glahn P. A gut issue：Measuring iron bioavailabili -ty. [Internet] http：//www. nps. ars. usda. gov/programs/appvs. htm. 1999. 11. 1.

Huang Y L，Lu L，Li S F，et al. 2009. Relative bioavailabilities of organic zinc sources with different chelation strengths for broilers fed a conventional corn－soybean meal diet. J Anim Sci，87：2038－2046.

Huang Y L，Lu L，Xie J J，et al. 2013. Relative bioavailabilities of organic zinc sources with different chelation strengths for broilers fed diets with low or high phytate content. Animal Feed Science and Technology，179：144－148.

Hy-Line Egg Cel. 2014. Hy-Line Bodyweight Uniformity Calculator www. hylinebodyweight. com，2014. 10. 10.

Hy-Line International. 2014. Hy-Line Brown management Guid. www. hyline. com，2014. 10. 10.

Hy-Line International. 2014. Hy-Line Red Book，an Online Management Guide. www. hylineredbook. com. 2014. 10. 10.

Isabel Guerrero-Legarreta. 2010. HANDBOOK OF POULTRY SCIENCE AND TECHNOLOGY. New Jersey：John Wiley & Sons，Inc.

Judy Ryan. 2007. Strong sun can mean pale shel. World Poultry，3(9)：18-19.

Lamberson W R，Firman J D. 2002. A Comparison of Quadratic Versus Segmented Regression Procedures for Estimating Nutrient Requirements. Poultry Science，81：481-484.

Leeson S，Summers J D. 2008. Commercial Poultry Nutrition (Third Edition). England：Nottingham University Press：9-121.

Lemme A. 2009. Amino acid recommendations for laying hens. Lohmann Information，44(2)：21-32.

Littell R C，Henry P R，Lewis A J，et al. 1997. Estimation of relative bioavailability of nutrients using SAS procedures. J Anim Sci，75：2672-2683.

Littell R C，Lewis A J，Henry P R. 1995. Statistical evaluation of bioavailability assays. In：Bioavailability of Nutrients for Animals：Amino acids，Minerals，and Vitamins. Academic Press，San Diego，5-35.

Matthys C，Van Veer P，Lisette de Groot，et al. 2011. Eurreca's approach for estimating micronutrient requirements. Int J Vitam Nutr Res，81 (4)：256-263.

McNab J M，Boorman K N. 2002. Poultry Feedstuffs：Supply，Composition，and Nutritive Value. CABI Publishing：CAB International：99-109.

Niewold T A. 2013. Quality Assurance and Safety of Crops and Foods，in press Tracey K J. Nature，420：853-859.

Nørgaard J V，Shrestha A，Krogh U，Sloth N M，et al. 2013. Isoleucine requirement of pigs weighing 8 to 18 kg fed blood cell-free diets. J Anim Sci，91：3759-3765.

NRC. 1994. Nutrient Requirements of Poultry (Ninth Revised Edition). Washington：National Academy Press：19-35.

Parr T M，Kerr B J，Baker D H. 2003. Isoleucine requirement of growing (25 to 45 kg) pigs. J Anim Sci，81：745–752.

Portz L，Dias C T D S，Cyrino J E P. 2000. Regressao segmentada como modelo na determinacao de exigencies nutricionais peixes. Scientia Agricola，57：601–607.

Pott E B，Henry P R，Rao P V，et al. 1999. Estimated relative bioavailability of supplemental inorganic molybdenum sources and their effect on tissue molybdenum and copper concentrations in lambs. Animal Feed Science and Technology，79：107-117.

Ramos J M，Sosa C，Ruprechter G，et al. 2012. Effect of organic trace minerals supplementation during early postpartum on milk composition，and metabolic and hormonal profiles in grazing dairy heifers. Spanish J Agricul Res，10 (3)：681-689.

Remmenga M D，Milliken G A，Kratzer D，et al. 1997. Estimating the maximum effective dose in a quantitative dose–response experiment. J Animal Sci，75：2174-2183.

Rezende D M L C，et al. 2007. Fitting response plateau models to Zn requirements in broilers. Ciênc. agrotec. ，Lavras，31 (2)：468-478.

Rezende D M L C，Muniz J A，Ferreira D F. 2000. Proposição de um modelo não linear com response plateau. In：Reunião Anual Da Região Brasileira Da Sociedade Internacional De Biometria (Rbras)，45，2000，São Carlos，SP. **Anais** São Carlos：UFSCar，96-99.

Robbins K R，Saxton A M，Southern L L. 2006. Estimation of nutrient requirements using broken-line regression analysis. J Anim Sci，84 (E Suppl)：E155–E165.

Robbins K，Norton H W，Baker D H. 1979. Estimation of Nutrient Requirements from Growth Data. J Nutr，109：1710-1714.

Sim J S，Nakai S，Guenter W. 2000. Egg Nutrition And Biotechnology. CABI Publishing：CAB International：473-480.

Strathe A B，Danfær A，Chwalibog A，et al. 2010. A multivariate nonlinear mixed effects method for analyzing energy partitioning in growing pigs. J Anim Sci，88：2361-2372.

Suttle N F. 2010. Mineral Nutrition of Livestock (4th Edition). CABI North American Office，Library of Congress Cataloging-in-Publication Data：14-54.

Van Ravenswaay R O，Henry P R，Ammerman C B. 2001. Effects of time and dietary iron on tissue iron concentration as an estimate of relative bioavailability of supplemental iron sources for ruminants. Animal Feed Sci Technol，90：185-198.

Wells J M，Rossi O，Meijerink M，et al. 2011. Ecology and Physiology of the Intestinal Trac. Proceedings of the National Acadamy of Science USA 108 (Suppl 1)：4607-4614.

Yu Y，Lua L，Xiea J J，et al. 2013. Relative bioavailabilities of organic zinc sources with different chelation strengths for broilers fed diets with low or high phytate content. Animal Feed Sci Technol，179：144-148.

Zhai H，Adeola O. 2013. True digestible phosphorus requirement for twenty- to forty-kilogram pigs. J Anim Sci，91：5307-5313.

Zhai H，Adeola O. 2013. True digestible phosphorus requirement of 10 to 20 kg pigs. J Anim Sci，91：3716-3723.

附录 1　蛋鸡饲养标准(NY/T33—2004)

【使用对象】	生长期蛋用鸡	生长期蛋用鸡	生长期蛋用鸡	产蛋鸡	产蛋鸡	蛋用种鸡
【饲养阶段】	0～8 周龄	9～18 周龄	19 周～开产	开产至高峰(>85%)	产蛋率<85%	
【代谢能/(Mcal/kg)】	2.85	2.8	2.75	2.7	2.65	2.7
【代谢能/(MJ/kg)】	11.91	11.7	11.5	11.29	10.87	11.29
【粗蛋白质/%】	19	15.5	17	16.5	15.5	18
【蛋白能量比/(g/MJ)】	15.95	13.25	14.78	14.61	14.26	15.94
【蛋白能量比/(g/Mcal)】	66.67	55.3	61.82	61.11	58.49	66.67
【赖氨酸能量比/(g/MJ)】	0.84	0.58	0.61	0.64	0.61	0.63
【赖氨酸能量比/(g/Mcal)】	3.51	2.43	2.55	2.67	2.54	2.63
【赖氨酸/%】	1	0.68	0.7	0.74	0.7	0.75
【蛋氨酸/%】	0.37	0.27	0.34	0.34	0.32	0.34
【蛋氨酸-胱氨酸/%】	0.74	0.55	0.64	0.65	0.56	0.65
【苏氨酸/%】	0.66	0.55	0.62	0.55	0.5	0.55
【色氨酸/%】	0.2	0.18	0.19	0.16	0.15	0.16
【精氨酸/%】	1.18	0.98	1.02	0.76	0.69	0.76
【亮氨酸/%】	1.27	1.01	1.07	1.02	0.98	1.02
【异亮氨酸/%】	0.71	0.59	0.6	0.72	0.66	0.72
【苯丙氨酸/%】	0.64	0.53	0.54	0.58	0.52	0.58
【苯丙氨酸-酪氨酸/%】	1.18	0.98	1	1.08	1.06	1.08
【组氨酸/%】	0.31	0.26	0.27	0.25	0.23	0.25
【脯氨酸/%】	0.5	0.34	0.44			
【缬氨酸/%】	0.73	0.6	0.62	0.59	0.54	0.59
【甘氨酸-丝氨酸/%】	0.82	0.68	0.71	0.57	0.48	0.57
【可利用赖氨酸/%】				0.66	0.6	
【可利用蛋氨酸/%】				0.32	0.3	
【钙/%】	0.9	0.8	2	3.5	3.5	3.5
【总磷/%】	0.7	0.6	0.55	0.6	0.6	0.6
【有效磷/%】	0.4	0.35	0.32	0.32	0.32	0.32
【钠/%】	0.15	0.15	0.15	0.15	0.15	0.15

续表

【使用对象】	生长期蛋用鸡	生长期蛋用鸡	生长期蛋用鸡	产蛋鸡	产蛋鸡	蛋用种鸡
【氯/%】	0.15	0.15	0.15	0.15	0.15	0.15
【铁/(mg/kg)】	80	60	60	60	60	60
【铜/(mg/kg)】	8	6	8	8	8	6
【锌/(mg/kg)】	60	40	80	80	80	60
【锰/(mg/kg)】	60	40	60	60	60	60
【碘/(mg/kg)】	0.35	0.35	0.35	0.35	0.35	0.35
【硒/(mg/kg)】	0.3	0.3	0.3	0.3	0.3	0.3
【亚油酸/%】	1	1	1	1	1	1
【维生素 A/(IU/kg)】	4000	4000	4000	8000	8000	10000
【维生素 D_3/(IU/kg)】	800	800	800	1600	1600	2000
【维生素 E/(IU/kg)】	10	8	8	5	5	10
【维生素 K_3/(mg/kg)】	0.5	0.5	0.5	0.5	0.5	1
【硫胺素/(mg/kg)】	1.8	1.3	1.3	0.8	0.8	0.8
【核黄素/(mg/kg)】	3.6	1.8	2.2	2.5	2.5	3.8
【泛酸/(mg/kg)】	10	10	10	2.2	2.2	10
【烟酸/(mg/kg)】	30	11	11	20	20	30
【吡哆醇/(mg/kg)】	3	3	3	3	3	4.5
【生物素/(mg/kg)】	0.15	0.1	0.1	0.1	0.1	0.15
【叶酸/(mg/kg)】	0.55	0.25	0.25	0.25	0.25	0.35
【维生素 B_{12}/(μg/kg)】	10	3	4	4	4	4
【胆碱/(mg/kg)】	1300	900	500	500	500	500

注：应用新版鸡饲养标准制作饲料配方的几个问题如下。①制作饲料配方时首先要考虑的是确定待配饲料的营养水平或称营养浓度。这个新《蛋鸡饲养标准》在许多方面的内涵为“营养供给量”。考虑到我国的饲料资源状况和经济发展水平，整体营养水平不必追求美国 NRC(1994)的高能高蛋白水平。②由于日粮中 Cl、K、Mg 元素鲜见缺乏，故在“需要量”中没有列出。实际生产中 Cl 离子经常过量，Na-K 比例失衡，从而影响机体总的离子平衡，值得注意。③蛋鸡营养需要是根据中型体重鸡制订的，轻型鸡可酌减 10%(NRC，1994)。开产日龄按 5%产蛋率计算。④无论蛋种鸡还是商品蛋鸡，根据它们的成年体重，均分为轻型和中型两种。轻型和中型 18 周龄体重一般分别在 1250g 和 1500g 左右；60 周龄成年体重一般分别在 1500g 左右和 2000g 以上。轻型和中型产蛋期耗料量建议为 100g/(只·天)和 115g/(只·天)

附录 2 ‘海兰白-36’蛋鸡的饲养标准

生产阶段	育雏期	生长期	发育期	产前期	高峰前期
周龄	0～6	6～9	9～16	16～产蛋率 5%	产蛋率 5%～50%
体重	达 400g	达 680g	达 1200g		
蛋白质最低值/%	20	18	16	17	17.5
ME/MJ/kg	12.2～12.6	12.4～12.9	12.4～13.0	12.3～12.9	12.2～12.4
ME/kcal/kg	2915～3025	2970～3080	2970～3124	2948～3080	2915～2970
亚油酸最低值/%	1.0	1.0	1.0	1.0	1.5
氨基酸最小值/%					
精氨酸	1.20	1.05	0.93	0.90	1.10
赖氨酸	1.15	0.96	0.85	0.85	0.88
蛋氨酸	0.48	0.43	0.39	0.42	0.48
蛋氨酸+胱氨酸	0.80	0.70	0.66	0.72	0.82
色氨酸	0.20	0.18	0.16	0.17	0.18
苏氨酸	0.73	0.67	0.61	0.65	0.68
矿物质最小值/%					
钙	1.0	1.0	1.0	2.75	3.65
有效磷	0.50	0.47	0.45	0.48	0.50
钠	0.18	0.17	0.17	0.18	0.18
氯	0.16	0.16	0.16	0.17	0.17
钾	0.50	0.50	0.50	0.50	0.50

注：①在产蛋前期日粮中或当鸡表现出性成熟时，Ca水平应该增加的到至少2.75%。②从16周开始添加的石粉颗粒大小为2.25mm的颗粒占30%。③高峰期添加的颗粒大小为2.25mm的石子占40%

附录3 ‘海兰白-36’蛋鸡的饲养标准(续)

每只鸡每天需要量	高峰期	高峰后期	普通蛋鸡	老龄蛋鸡
	产蛋率 50%至 32 周龄	32～44 周龄	44～58 周龄	58 周龄以后
蛋白质/g	16.0	15.5	15.25	15.0
蛋氨酸/mg	430	400	380	370
(蛋氨酸+胱氨酸)/mg	720	700	670	620
赖氨酸/mg	880	820	780	760
色氨酸/mg	180	170	160	155
钙/g	3.90	4.10	4.25	4.40
有效磷/g	0.48	0.46	0.42	0.38
钠/mg	170	170	170	170
氯/mg	170	170	160	160

注：①要通过增加日粮蛋氨酸+胱氨酸水平提高蛋大小时，要注意提高蛋白质浓度。②应该有不少于 65%的石子颗粒在 2.25mm

资料来源：Hy-Line International，2014

附录 4 ‘海兰褐’蛋鸡的饲养标准

生产阶段	育雏期	生长期	发育期	产前期
周龄	0～6	6～12	12～15	15～产蛋率 1%
蛋白质最低值/%	20	17.5	15.5	16.5
ME/(MJ/kg)	11.5～12.4	11.5～12.6	11.3～12.4	11.4～12.4
ME/(kcal/kg)	2750～2970	2750～3025	2700～2970	2725～2980
赖氨酸	1.10	0.9	0.66	0.80
蛋氨酸	0.48	0.41	0.32	0.48
蛋氨酸+胱氨酸	0.82	0.71	0.58	0.65
色氨酸	0.20	0.19	0.18	0.19
苏氨酸	0.73	0.55	0.52	0.55
钙	1.0	1.0	1.0	2.75
有效磷	0.45	0.43	0.42	0.40
钠	0.18	0.18	0.18	0.18
氯	0.18	0.18	0.18	0.18

注：添加石粉颗粒大小为2.25mm的颗粒占30%～65%

附录5 ‘海兰褐’蛋鸡的饲养标准(续)

每只鸡每天需要量	高峰期	高峰后期	普通蛋鸡	老龄蛋鸡
	产蛋率 50%至 32 周龄	32～44 周龄	44～58 周龄	58 周龄以后
蛋白质/g	18.0	17.5	17.0	16.0
蛋氨酸/mg	460	460	410	380
蛋氨酸+胱氨酸/mg	760	760	680	630
赖氨酸/mg	930	930	890	830
色氨酸/mg	200	200	190	170
钙/g	4.00	4.25	4.50	4.75
有效磷/g	0.44	0.40	0.36	0.35
钠/mg	180	180	180	180
氯/mg	180	180	180	180

注：应该有不少于65%的石子颗粒为2.25mm

资料来源：Hy-line. Variety BROWN. Commercial Management Guide. 2006-2008.

附录6 ‘海兰褐’商品蛋鸡的蛋重分布

周龄	平均蛋重/g	特大蛋大于73g	大蛋63～73g	中蛋53～63g	小蛋43～53g
20	47.6	0.0	0.0	12.0	88.0
22	51.4	0.0	0.8	36.2	63.1
24	56.0	0.0	8.5	63.7	27.8
26	58.5	0.3	19.5	65.2	15.0
28	59.8	0.6	26.7	62.7	10.0
30	61.1	1.1	34.6	58.3	6.0
32	61.6	1.1	37.8	56.8	4.3
34	62.2	1.4	42.1	53.5	3.0
36	62.4	1.5	43.6	52.1	2.8
38	62.6	1.6	45.0	51.3	2.1
40	62.8	1.7	46.7	49.6	2.1
42	63.0	1.9	48.1	48.0	2.0
44	63.1	2.2	48.7	47.2	2.0
46	63.2	2.3	49.4	46.5	1.9
48	63.3	2.6	49.8	45.7	1.9
50	63.4	2.7	50.5	44.9	1.9
52	63.4	2.9	50.5	44.7	1.9
54	63.5	3.1	50.8	44.2	1.9
56	63.6	3.5	51.4	43.2	1.9
58	63.7	3.7	51.7	42.8	1.8
60	63.8	4.1	51.9	42.2	1.8
62	63.9	4.3	52.4	41.5	1.8
64	64.0	4.5	53.0	40.7	1.8
66	64.2	5.2	53.6	39.5	1.7
68	64.3	5.4	54.2	38.8	1.7
70	64.4	5.9	54.2	38.2	1.7
72	64.5	6.1	54.6	37.5	1.7
74	64.6	6.4	55.1	36.9	1.7
76	64.7	6.9	55.1	36.3	1.7
78	64.8	7.2	55.0	36.1	1.7
80	65.0	8.0	55.0	35.3	1.7

资料来源：Hy-line. Variety BROWN. Commercial Management Guide. 2006-2008.

附录 7　饲料厂的饲料原料质量标准

目前农业部办公厅已经发布《饲料原料目录》，配方师应该关注这些规范性政策。饲料原料的品质标准有国家标准和企业标准。下面详细介绍一个饲料企业的原料验收标准。

1. 能量类原料

(1) 东北玉米(黑龙江、吉林、辽宁、内蒙古产地的玉米)

感官指标：颗粒均匀、饱满，色泽黄色，无异味、异臭、异物，无污染。

理化指标：水分：①5～10 月水分≤14.5%；②11 月到次年 4 月新玉米水分＜13.5%。杂质<1%。容重：①乳猪料、小猪料用玉米＞700g/L；②乳猪料、小猪料玉米＞685g/L；③其他产品用玉米≥685g/L。霉变粒＜2%。不完善粒≤8.0%(船运除外)。黄曲霉素≤50ug/kg。虫蛀粒≤2%。热损伤粒≤5%。

检验指标：必检指标有水分、容重、霉变、杂质；抽检指标有蛋白质、黄曲霉素、虫蛀。

收货范围(扣价退货标准)。扣量扣价标准：水分超出标准 0.2%不扣价，超出标准 0.21%～1.0%按超 1%扣 1.5%处理。杂质：1≤杂质≤1.5，按 20 元/t 扣价。容重：低于标准 5g/L 不扣价，低于标准 6～15g/L，每少 1g 扣 1 元。霉变：中大猪、中大鸡、中大鸭料用玉米霉变在 2%～3%按 30 元/t 扣价。退货标准。水分：①5～10 月水分超过 15.2%退货；②11 月到次年 4 月水分超过 15.5%退货。杂质＞1.5%退货处理。容重低于标准 15g/L 以上退货处理。霉变：①乳猪、小猪、小鸡、小鸭料用玉米霉变≥2%退货处理；②中大猪、中大鸡、中大鸭料用玉米霉变≥3%退货处理。热损伤粒：＞5%退货处理。不完善粒>8%退货。

检验玉米一般采用下列方法。

视觉检验：将样品放于盘内或手掌上，水分高的粮食籽粒粒形膨胀，整个籽粒光泽性强。

触觉鉴定：将样品放在盘内或手掌上，用手指触摸，通过手对粮食的籽粒捻、压、捏等来感觉软、硬，如籽粒较硬，则水分小，反之水分大。

齿碎鉴定：将样品放入口中用牙齿咬碎，根据破碎程度、牙齿感觉和发出声音高低，判断粮食水分大小。玉米水分在 14%～15%时，脐部水分收缩明显凹下，基本与胚乳相平，有皱纹，经齿碎时需硌牙并有清脆声音；用指甲掐比较费劲，大把握粮食有刺手感。水分在 16%～17%，脐部明显凹下，经齿碎不震牙，但能听到齿碎时发出的响声，用指甲掐胶部，稍费劲。水分在 18%～20%时胚部呈凹下，很易齿碎，外观有光泽，用指甲掐不费劲。水分在 21%～22%，脐部不凹下，基本与胚乳相平，牙齿极易破碎，有较强光泽，用指甲掐后能自动合拢。水分在 23%～24%时，胚部稍凸起，光泽强，水分在 25%～30%时，胚部突出明显，光泽特强，用手掐脐部有水渗出。水分超过 30%的玉米籽粒呈圆柱形，用手指压脐部有水渗出。水分超过 30%的玉米多数是由于成熟度较差，没有进入成熟期，这样的玉米，当水分降到 14%～15%以内时，就会出现呆白并有脱皮现象，胚乳组织疏松，角质胚乳很少，因此在配制浓缩料和预混料时，如果所利用玉米成熟度不好，配制时就应适当增加浓缩料等精料的用量或提高其他蛋白质的用量，以达到配制出符合家畜生长的饲料。

(2) 小麦

感官指标：籽粒整齐均匀、饱满、黄褐色，无发酵、霉变、虫蛀及异味、异臭、异物。

理化指标。水分：①5～9 月水分≤14%；②10 月到次年 4 月水分≤13.5%。容重≥730g/L。杂质＜1.5%。虫蛀：①陈小麦虫蛀＜5%；②新小麦虫蛀＜2%。

必检指标：水分、容重、杂质。抽检指标：虫蛀。

收货范围(扣价退货标准)。扣量扣价标准：水分超出标准 0.2%不扣价，超出标准 0.21%～0.7%按超 1%扣 1.5%处理。容重低于标准 5g/L，不扣价，低于标准 6～15g/L，每少 1g 扣 1 元。1.5≤杂质≤2.5，按超 1 扣 1.5 比例扣量扣价。虫蛀：①陈小麦虫蛀在 5%～6%按 30 元/t 扣价；②新小麦虫蛀在 2%～3%按 30 元/t 扣价。

退货标准。水分：①5～9月水分超过14.7%退货；②10月到次年4月水分超过14.2%退货。杂质＞2.5%退货处理。容重低于标准15g/L以上退货处理。虫蛀：①陈小麦虫蛀＞6%退货；②新小麦虫蛀＞3%退货。

(3) 次粉

感官指标：白褐色细粉状，无发酵、霉变、结块及异味、异臭。

理化指标。水分：①11月到次年3月≤13.5%；②4～10月≤13.0%。13≤粗蛋白质≤16.5。粗灰分≤3.5%。粗纤维≤4%。细度100%过60目标准筛。

检验指标：必检指标有水分、粗蛋白质、粗灰分、细度。抽检指标有细度不合格时(可能掺细麸皮)检测粗纤维。

扣量扣价标准：水分超出标准0.2%不扣价，超出标准0.21%～1.0%，按超1%扣1.5%扣价处理。粗蛋白质低于标准0.5%不扣价，低于标准0.5以上，按蛋白质价扣价。粗灰分超出标准0.2%不扣价，超出标准0.21%以上，按超1%扣1.5%扣价处理。粗纤维超出标准0.2%不扣价，超出标准0.21%以上，按超1%扣1.5%扣价处理。

粗纤维和粗蛋白质同时超标，以粗纤维单项扣价，超1%扣1.5%。

退货标准：粗蛋白质大于17%退货处理。粗纤维＞4.5%退货。有异味退货。生虫退货。掺假次粉(如掺石粉等)一律退货处理。细度60目标准筛下物≤90%退货处理。

(4) 麦麸

感官指标：大片状，色泽新鲜一致，无发酸、霉变、长虫、结块及异味、异臭、异物。

理化指标：水分≤14.0%，粗蛋白质≥15%，粗纤维＜11%，粗灰分＜5.5%。

检验指标：必检指标有水分、粗灰分。抽检指标有粗纤维、粗蛋白质。

扣量扣价标准：水分超出标准0.2%不扣价，超出标准0.21%～0.50%，按超1%扣1.5%扣价处理。粗灰分超出标准0.2%不扣价，超出标准0.21%以上，按超1%扣1.5%扣价处理。

退货标准：水分＞14.5%退货。出现发热、发酸、结块、有异味的退货处理。细麸皮退货。

(5) 米糠粕

感官指标：呈淡灰黄色粉状，色泽一致，口感甜，新鲜无哈味、发酵、霉味等异味异嗅，无虫蛀、结块，无掺杂掺假。符合国家饲料卫生标准：镉≤1.0mg/kg，六六六≤0.05mg/kg，霉菌总数＜40×10^3个，滴滴涕≤0.02mg/kg。

理化指标：水分≤13%，粗蛋白质≥15%，粗灰分≤10%，粗纤维≤10%。

扣量扣价标准：水分每超过验收标准0.1%，扣量0.1%。粗蛋白质每低于验收标准0.1%，按低于部分的蛋白质扣价。粗灰分每超过验收标准0.1%，扣量0.1%。

退货标准：水分＞14%，粗蛋白质＜14%，粗灰分＞11%，粗纤维＞11%，不符合感官指标验收标准，不符合国家饲料卫生标准。

(6) 玉米麸

感官标准：呈淡黄色、新鲜一致，固有香味、无发酵、异味异嗅，无掺杂掺假。符合国家饲料卫生标准：黄曲霉毒素B_1≤150μg/kg。

理化指标：水分≤10.0%，粗蛋白质≥18.0%，粗灰分≤7.0%，粗纤维≤12.0%。

扣量扣价标准：水分每超过验收标准0.1%，扣量0.1%。粗蛋白质每低于验收标准0.1%，按低于部分的蛋白质扣价。粗灰分每超过验收标准0.1%，扣量0.1%。

拒收标准：水分＞13.0%，粗蛋白质＜18.0%，粗灰分＞9.0%，粗纤维＞12.0，不符合感官指标验收标准，不符合国家饲料卫生标准。

2. 油脂类原料

(1) 进口脂肪粉

感官指标：呈淡黄色或白色细小圆球状，色泽一致，气味新鲜，无哈味、腐败臭味等异味异嗅，无掺杂掺假。符合国家饲料卫生标准。

理化指标：水分≤0.5%，粗脂肪≥98%，酸价≤3.0mg KOH/g，过氧化值≤5meq/kg。

扣量扣价标准：水分每超过验收标准0.1%，扣量0.1%。粗脂肪每低于验收标准0.1%，按低于部分的脂肪量扣价。

拒收标准：水分＞0.6%，粗脂肪＜97%，酸价＞3.5mg KOH/g，过氧化值＞5.1meq/kg，不符合感官指标验收标准，不符合国家饲料卫生标准。

(2) 国产脂肪粉

感官指标：与进口脂肪粉相同。

理化指标：水分≤0.5%，粗脂肪≥95%，酸价≤3.0mg KOH/g，过氧化值≤5meq/kg。

扣量扣价标准：同进口脂肪粉。

拒收标准：水分＞0.6%，粗脂肪＜97%，酸价＞3.5mg KOH/g，过氧化值＞5.1meq/kg，不符合感官指标验收标准，不符合国家饲料卫生标准。

(3) 棕榈油

感官指标：呈深黄色或红棕色，固有香味，无哈味、异味异嗅，无掺杂掺假。符合国家食用植物油卫生标准。

理化指标：水分≤0.5%，酸价≤2.0mg KOH/g，过氧化值≤5meq/kg。

扣量扣价标准：水分每超过验收标准 0.1%，扣量 0.1%。

拒收标准：水分＞0.5%，酸价＞3.0mg KOH/g，过氧化值＞5.1meq/kg，不符合感官指标验收标准，不符合国家食用植物油卫生标准。

(4) 大豆油

感官标准：呈浅黄色黏稠状液体，气味新鲜，具有大豆腥味或无具豆腥味，无哈味、腐败臭味等异味异嗅，无掺杂掺假。符合国家食用植物油卫生标准：黄曲霉毒素 B_1≤10μg/kg，总砷≤0.1mg/kg，铅≤0.1mg/kg。

理化指标：水分≤0.5%，杂质≤0.5%，酸价≤3.5mg KOH/g，过氧化值≤5meq/kg。

扣量扣价标准：水分每超过验收标准 0.1%，扣量 0.1%。

退货标准：水分＞0.6%，杂质＞0.6%，酸价＞1.1mg KOH/g，过氧化值＞5.1meq/kg，不符合感官指标验收标准，不符合国家食用植物油卫生标准。

(5) 精炼鱼油

感官标准：呈棕褐色，新鲜一致，带有鱼腥味，无哈味和腐败臭味，无沉淀物，无掺杂掺假。符合国家饲料卫生标准。

理化指标：水分≤0.5%，酸价≤2mg KOH/g，过氧化值≤5meq/kg，W-3 脂肪酸≥27.0%。

扣量扣价标准：水分每超过验收标准 0.1%，扣量 0.1%。

退货标准：水分≥0.5%，酸价≥2mg KOH/g，过氧化值＞5.1meq/kg，W-3 脂肪酸≤23.0%，不符合感官指标验收标准，不符合国家饲料卫生标准。

(6) 毛鱼油

感官标准：呈黄褐色棕褐色，固有鱼腥味，无哈味、酸败味、腐臭味、异嗅异味等，无掺杂掺假。符合国家饲料卫生标准。

理化指标：水分≤0.5%，酸价≤5mg KOH/g，过氧化值≤5meq/kg，W-3 脂肪酸≥27.0%。

扣量扣价标准：水分每超过验收标准 0.1%，扣量 0.1%。

退货标准：水分≥0.5%，酸价≥6mg KOH/g，过氧化值＞5.1meq/kg，W-3 脂肪酸≤23.0%，不符合感官指标验收标准，不符合国家饲料卫生标准。

3. 饼粕类原料

(1) 普通豆粕

感官指标：淡黄色、黄褐色不规则的碎片状，色泽一致，无发酵、霉变、烧焦结块、虫蛀及异味异臭、异物。

理化指标：水分≤13%，粗蛋白质≥43%，粗纤维≤7%，粗灰分≤7%，尿酶≤0.3，蛋白质溶解度≥75%。

检验指标。必检指标：水分、粗蛋白质、蛋白质溶解度、尿酶。抽检指标：粗纤维、粗灰分、脂肪。

扣量扣价标准：水分超出标准 0.2%不扣价，超出标准 0.21%～0.5%，按超 1%扣 1.5%扣价处理。粗蛋白质低于标准 0.5%不扣价，低于标准 0.5 以上，按蛋白质价扣价。

退货标准。水分＞13.5 退货，蛋白质溶解度＜75%退货，尿酶＞0.3 退货。

（2）蛋白质 46%去皮豆粕

感官指标：淡黄色、黄褐色不规则的碎片状，色泽一致，无发酵、霉变、烧焦结块、虫蛀及异味异臭、异物。

理化指标：水分≤13%，粗蛋白质≥46%，粗纤维≤5.0%，尿酶≤0.3，蛋白质溶解度≥75%。

检验指标：必检指标有水分、粗蛋白质、蛋白质溶解度、尿酶。抽检指标有粗纤维、粗灰分、脂肪。

扣量扣价标准：水分超出标准0.2%不扣价，超出标准0.21%～0.5%，按超1%扣1.5%扣价处理。粗蛋白质低于标准0.5%不扣价，低于标准0.5以上，按蛋白质价扣价。

退货标准：水分＞13.5，蛋白质溶解度＜75%，尿酶＞0.3。

（3）蛋白质 48%去皮豆粕

感官指标：淡黄色、黄褐色不规则的碎片状，色泽一致，无发酵、霉变、烧焦结块、虫蛀及异味异臭、异物。

理化指标：水分≤13%，粗蛋白质≥48%，粗纤维≤4.5%，粗灰分≤7%，尿酶≤0.3，蛋白质溶解度≥75%。

检验指标：必检指标有水分、粗蛋白质、蛋白质溶解度、尿酶。抽检指标有粗纤维、粗灰分、脂肪。

扣量扣价标准：水分超出标准0.2%不扣价，超出标准0.21%～0.5%，按超1%扣1.5%扣价处理。粗蛋白质低于标准0.5%不扣价，低于标准0.5以上，按蛋白质价扣价。

退货标准：水分＞13.5，蛋白质溶解度＜75%，尿酶＞0.3。

（4）花生饼

感官指标：色泽黄褐色、浅褐色，小扁块状或小瓦片状，无发酵霉变、虫蛀及异味、异臭，具有花生油香。

理化指标：

等级	水分	粗蛋白质	粗纤维	粗灰分
一级	7%	49%	5%	6%
二级	8%	47%	6%	7%
三级	9%	45%	7.5%	7%
四级	10%	42%	10%	8%

检验指标：水分、粗蛋白质、粗灰分（粗纤维）。

退货标准：低于四级。

(5) 棉粕

感官指标：色泽新鲜一致的黄褐色，脱绒干净，粗粉状，无发酵霉变、结块及异味异臭、异物。

理化指标：水分≤12%，粗纤维≤12%，粗灰分≤7%，粗蛋白质≥42%，蛋白质溶解度≥55%，棉酚＜1200mg/kg。

检验指标：必检指标有水分、粗蛋白质、棉酚、粗灰分、蛋白质溶解度。抽检指标：粗纤维。

扣量扣价标准：水分超出标准0.2%不扣价，超出标准0.21%～1.0%，按超1%扣1.5%扣价处理。粗纤维超出标准0.2%不扣价，超出标准0.21%以上，按超1%扣1.5%扣价处理。粗灰分超出标准0.2%不扣价，超出标准0.21%以上，按超1%扣1.5%扣价处理。粗蛋白质低于标准0.5%不扣价，低于标准0.5%以上，按蛋白质价扣价，高于标准1%以上，粗蛋白质每增加1%，在蛋白质溶解度合格的情况下，按蛋白质价50%进行奖励。否则取消奖励，按蛋白质溶解度不合格扣价，达到退货标准则退货。粗纤维和粗蛋白质同时超标，粗纤维不扣价；如粗纤维单项超标，超1%扣1.5%。蛋白质溶解度：48%＜蛋白质溶解度＜55%，扣价50元/t，有多项不合格项按最高项扣，不重复计扣。

退货标准：粗蛋白质低于40%退货，水分＞13%退货，蛋白质溶解度≤48%退货，棉酚≥1200mg/kg退货处理。

(6) 菜粕

感官指标：黄褐色或浅褐色粗粉状，具有菜籽油香，无发酵、霉变、结块及异味、异臭、异物。

理化指标：水分≤12%，粗蛋白质≥35%，粗灰分≤9%，粗纤维≤14%，蛋白质溶解度≥35%。

检验指标。必检指标有水分、粗蛋白质、粗灰分、蛋白质溶解度。抽检指标：粗纤维。

扣量扣价标准：水分超出标准0.2%不扣价，超出标准0.21%～1.0%，按超1%扣1.5%扣价处理。粗蛋白质低于标准0.5%不扣价，低于标准0.5以上，按蛋白质价扣价。粗灰分超出标准0.2%不扣价，超出标准0.21%以上，按超1%扣1.5%扣价处理。粗纤维超出标准0.2%不扣价，超出标准0.21%以上，按超1%扣1.5%扣价处理。粗纤维和粗蛋白质同时超标，粗纤维不扣价；如粗纤维单项超标，超1%扣1.5%。

退货标准：水分＞13%；有掺假退货。蛋白质溶解度＜35%退货。

(7) 玉米胚芽粕

感官指标：呈黄褐色碎片，味甜，无哈味、霉味、异嗅异味等，无掺杂掺假。

符合国家饲料卫生标准：黄曲霉毒素B_1≤150μg/kg。

理化指标：水分≤12.0%，粗蛋白质≥18.0%，粗灰分≤6.0%。

扣量扣价标准：水分每超过验收标准0.1%，扣量0.1%。粗蛋白质每低于验收标准0.1%，按低于部分的蛋白质扣价。粗灰分每超过验收标准0.1%，扣量0.1%。

退货标准：水分＞14.0%，粗蛋白质＜17.0%，粗灰分＞8.0%，不符合感官指标验收标准，不符合国家饲料卫生标准。

(8) 小麦型 DDGS

感官标准：呈深褐色粉状，固有酒香发酵味，无霉味、异味异嗅，无掺杂掺假。符合国家饲料卫生标准：黄曲霉毒素B_1≤150μg/kg。

理化指标：水分≤12.0%，粗蛋白质≥27.0%，粗灰分≤7.0%，粗脂肪≥7.0%。

扣量扣价标准：水分每超过验收标准0.1%，扣量0.1%。粗蛋白质每低于验收标准0.1%，按低于部分的蛋白质扣价。粗灰分每超过验收标准0.1%，扣量0.1%。

拒收标准：水分＞13.0%，粗蛋白质＜25.0%，粗灰分＞9.0%，粗脂肪＜5.0%，不符合感官指标验收标准，不符合国家饲料卫生标准。

(9) 玉米型 DDGS

感官指标：呈黄褐色粉状，固有清香味，无异嗅异味，无掺杂掺假。符合国家饲料卫生标准：黄曲霉毒素B_1≤150μg/kg。

理化指标：水分≤12.0%，粗蛋白质≥25.0%，粗灰分≤7.0%。

扣量扣价标准：水分每超过验收标准0.1%，扣量0.1%。粗蛋白质每低于验收标准0.1%，按低于部分的蛋白质扣价。粗灰分每超过验收标准0.1%，扣量0.1%。

拒收标准：水分＞13.0%，粗蛋白质＜23.0%，粗灰分＞9.0%，粗脂肪＜5.0%，不符合感官指标验收标准，不符合国家饲料卫生标准。

(10) 啤酒糟

感官指标：呈浅灰色粉状，有麦芽清香味，无掺杂掺假。符合国家饲料卫生标准：黄曲霉毒素B_1≤50μg/kg。

理化指标：水分≤10.0%，粗蛋白质≥28.0%，粗灰分≤6.0%，粗纤维≤16.0%。

扣量扣价标准：水分每超过验收标准0.1%，扣量0.1%。粗蛋白质每低于验收标准0.1%，按低于部分的蛋白质扣价。粗灰分每超过验收标准0.1%，扣量0.1%。

拒收标准：水分＞13.0%，粗蛋白质＜26.0%，粗灰分＞7.0%，粗纤维＞18.0%，不符合感官指标验收标准，不符合国家饲料卫生标准。

4. 动物蛋白质原料

(1)进口超级蒸汽鱼粉

感官指标：黄褐色或棕黄色、红棕色，有鱼腥味，细度均匀，手捻无砂粒感，手感松软，无结块、异味、异臭，无掺假、烧焦。

理化指标：水分≤10%；粗蛋白质≥64%；真蛋白质/粗蛋白质≥85%；粗脂肪≤12%；粗纤维＜0.5%；盐分＋砂分＜5%(砂分＜2%)；磷≥2%。酸价：蒸汽鱼粉＜5mg KOH/g；直火鱼粉＜4.5mg KOH/g；蒸汽鱼粉挥发性盐基氮TVN＜130mg/100g；直火鱼粉挥发性盐基氮TVN＜100mg/100g。

检验指标：全检(纤维、砂分视情况检测)。

扣量扣价标准：蛋白质按蛋白质价扣价，水分、粗纤维、钙、磷超标；盐分＋砂分＞5%，扣价处理。

(2)进口蒸汽鱼粉

感官指标：黄褐色或棕黄色、红棕色，有鱼腥味，细度均匀，手捻无砂粒感，手感松软，无结块、异味、异臭，无掺假、烧焦。

理化指标：水分≤10%；粗蛋白质≥64%；真蛋白质/粗蛋白质≥85%；粗脂肪≤12%；粗纤维＜0.5%；盐分＋砂分＜5%(砂分＜2%=；磷≥2%。酸价＜7mg KOH/g。挥发性盐基氮：蒸汽鱼粉TVN＜180mg/100g；直火鱼粉TVN＜150mg/100g。

检验指标：全检(纤维、砂分视情况检测)。

扣量扣价标准：蛋白质按蛋白质价扣价，水分、粗纤维、钙、磷超标；盐分＋砂分＞5%，扣价处理。

(3)国产鱼粉

感官指标：黄棕色或黄褐色有鱼腥味，无异物，无结块，无变质。

理化指标：水分≤12%；粗蛋白质≥62%；真蛋白质/粗蛋白质≥85%；粗脂肪≤12%；粗纤维＜0.5%；粗灰分＜18%；盐分＋砂分＜5%；钙≥3.5%；磷≥2%。

检验指标：全检。

扣量扣价标准：蛋白质按蛋白质价扣价，水分、粗纤维、粗灰分、钙、磷、盐分＋砂分按1.5%扣价。

退货标准：掺杂，粗蛋白质＜58%；真蛋白质/粗蛋白质＜80%；盐分＋砂分＞6%；粗纤维＞1%；粗灰分＞20%；水分＞13%退货处理。

5. 矿物质类原料

(1)磷酸氢钙(GB/T 22549—2008)

感官指标：白色或略带微黄色粉末，手感松软，色泽均匀一致，无结块，无异味、异臭、异物。

理化指标：游离水分<3.0%，Ca≥20.0%，P≥16.5%，枸溶磷/总磷≥95%，F≤1800mg/kg，As≤30mg/kg，Pb≤30mg/kg，Cd≤10mg/kg。粒度：全过60目筛。

检验指标：Ca、P(粒度、水分)(卫生指标首次必检，以后抽检)。

扣量扣价标准：Ca、P比例协调；卫生指标不超标。

退货标准：磷按磷价扣价。卫生指标超标则退货。

(2)磷酸二氢钙(GB/T 22548—2008)

感官指标：白色或略带微黄色粉末，无结块。

理化指标：游离水分≤4%，Ca≥13%，P≥22%，水溶性磷≥20%，F<1800mg/kg，As≤30mg/kg，Pb≤30mg/kg，Cd≤30mg/kg，pH(2.4g/L溶液)≥3.0%。

必检指标：Ca、总P、水溶性P(粒度、水分)(卫生指标首次必检，以后抽检)。

扣量扣价标准：Ca、P比例协调；卫生指标不超标。

退货标准：卫生指标超标则退货，磷按磷价扣价。

(3)石粉

感官指标：灰白色或白粉粉状，色均泽匀一致，无砂粒感，无结块及异味、异臭。

理化指标：Ca≥38%，F≤2000mg/kg，Cd≤0.75mg/kg，Hg≤0.1mg/kg，Pb≤10mg/kg，As≤2mg/kg。粒度：全过60目筛。

必检指标：粒度；Ca(卫生指标首次必检，以后抽检)。

扣量扣价标准：Ca≥38%，卫生指标不超标。

退货标准：钙<38%退货。卫生指标超标的退货。

(4)贝壳粉

感官指标及卫生标准验收标准：呈灰白色粉状，无哈味、腐败味，全部过12目筛。钙≥33.0%。拒收标准：钙<30%；不符合感官指标验收标准。

(5)食盐

感官指标及卫生标准验收标准：呈白色粉末或结晶性粉末、味咸，无可见杂质。全通过30目筛，卫生标准：砷≤0.5mg/kg，铅≤2mg/kg，镉≤0.5mg/kg，汞≤0.1mg/kg，氟≤2.5mg/kg，钡≤15mg/kg，亚硝酸盐≤2mg/kg，亚铁氰化钾≤10mg/kg，水分≤0.5%，氯化钠(NaCl)≥98.0%。拒收标准：水分＞1%，NaCl＜95.0%，不符合感官指标验收标准，不符合卫生标准。

(6)石膏粉(硫酸钙)

感官指标及卫生标准验收标准：呈白色或灰白色粉状，有的含部分碎粒，无掺杂掺假。95%通过60目筛。卫生标准：砷≤2mg/kg，铅≤2mg/kg，硒≤30mg/kg，氟≤50mg/kg，钙20.0%～25.0%，化学式$CaSO_4$。拒收标准：钙＜20.0%或＞25.0%，不符合感官指标验收标准，不符合卫生标准。